普通高等教育土建学科专业"十五"规划教材

水处理实验技术

（第二版）

李燕城　吴俊奇　主编

周玉文　主审

中国建筑工业出版社

图书在版编目（CIP）数据

水处理实验技术/李燕城，吴俊奇主编．—2版．—北京：
中国建筑工业出版社，2004
 普通高等教育土建学科专业"十五"规划教材
 ISBN 978-7-112-06154-9

Ⅰ．水… Ⅱ．①李… ②吴… Ⅲ．水处理-实验-高等
学校-教材　Ⅳ．TU991.2-33

中国版本图书馆 CIP 数据核字（2004）第 034844 号

　　责任编辑：刘爱灵
　　责任设计：孙　梅
　　责任校对：张　虹

普通高等教育土建学科专业"十五"规划教材
水处理实验技术
（第二版）
李燕城　吴俊奇　主编
周玉文　主审

*

中国建筑工业出版社出版、发行（北京西郊百万庄）
各地新华书店、建筑书店经销
北京同文印刷有限责任公司印刷

*

开本：787×960 毫米　1/16　印张：15 3/4　字数：382 千字
2004 年 6 月第二版　　2008 年 1 月第十四次印刷
印数：34231—36730 册　　定价：22.00 元
ISBN 978-7-112-06154-9
（12167）

版权所有　翻印必究
如有印装质量问题，可寄本社退换
（邮政编码 100037）

第二版前言

本书自 1989 年出版以来，一直是高等院校给水排水工程专业本科生的重要参考教材之一。近十几年来本学科发展很快，出现了许多新理论、新工艺和新方法，而且现今提出的素质教育对学生动手能力培养方面有了新的要求和含义，为此，给水排水工程专业指导委员会建议对本书进行修改。受本书主编李燕城教授的委托，吴俊奇副教授负责此次的全面修订工作。

本书是李燕城教授等几位教师多年教学和科研工作的结晶，书中收集了大量第一手科研资料和成果，对学生科研能力培养很有益处，且也基本符合现今素质教育的要求，故对原书只作了少量的改动，但增加了一些新的实验如给水处理动态模型实验、SBR 法实验、流动电流絮凝控制实验、膜生物反应器实验等。由于有些实验本身包括了生物处理、物理处理、化学处理、物理化学处理等原理，而有些实验又在给水处理、污水处理中都有应用，所以很难用物理处理、化学处理、生物处理或给水处理、污水处理来进行分类。但为了配合相关教材及沿袭过去的分类习惯，在参考了几所兄弟院校编写的水处理实验指导书后，对原书第 3 章按给水处理和污水处理进行分类编写。此外，为配合教学，本次修订尽可能使书中公式的符号与第四版《给水工程》和《排水工程》教材相一致。

本版所增加的给水排水动态模型实验主要是根据哈尔滨工业大学制造的水处理模型实验装置的说明资料和孙丽欣主编的《水处理工程应用实验》一书中有关内容编写而成，在此对有关作者表示衷心感谢。

本书在修订过程中得到了汪慧贞教授、张雅君教授、付婉霞副教授和韩芳工程师等多位教师的指导和帮助，在此一并表示感谢。

本书由北京工业大学周玉文教授主审。

因编者水平有限，书中不足之处敬请批评指正。

吴俊奇
2003 年 12 月于北京建筑工程学院

第一版前言

《水处理实验技术》是给水排水工程专业必选课，是水处理教学的重要组成部分，是培养给水排水工程、环境工程技术人员所必需的课程。本课程可以加深学生对水处理技术基本原理的理解；培养学生设计和组织水处理实验方案的初步能力；培养学生进行水处理实验的一般技能及使用实验仪器、设备的基本能力；培养学生分析实验数据与处理数据的基本能力。

本书根据1983年长沙给水排水工程专业教学大纲会议及1984年给水排水工程、环境工程教材编审委员会"水处理实验技术教学大纲"审定稿和1987年给水排水及环境工程教材编审委员会"水处理实验技术教学基本要求"审定稿编写。

本书内容包括：1. 实验方案的优化设计；2. 实验数据的分析处理；3. 给水处理及废水处理必开与选开的19个实验项目，其中（1）物理处理实验7项；（2）生物处理实验5项；（3）化学处理实验5项；（4）污泥处理实验2项。由于本书主要面向各高等院校教学，同时也面向生产和科研，考虑到本书的完整性、实验性及独立性，故编写了实验方案的优化设计及实验数据的分析处理部分。目前各院校情况不同，又考虑到科研、生产的需要，编写了19项水处理实验，有些实验项目还采用了几种不同的方法，或者选用了不同的实验设备。每个实验开头有简短的提要，主要介绍实验内容及在工程实践中的重要意义；结尾都有思考题以利于学生学习和实验工作的深入；在内容叙述上，力求做到：实验原理叙述清晰，计算公式推导完整，实验步骤简明扼要。

根据1987年给水排水及环境工程教材编审委员会第六次会议决定，本书作为给水排水工程专业本科教材，并决定本课程应开出包括水处理课在内的混凝沉淀、过滤、软化和除盐，自由沉淀（或成层沉淀）、生物处理（包括曝气充氧内容）、酸性废水中和、活性炭吸附、污泥处理9项必开实验，其他选开实验则由各院校根据本校的具体情况自定。

本书由北京建筑工程学院李燕城副教授主编。第一章及第二章由数学教研室马龙友副教授、贾玲华讲师及给水排水教研室李燕城副教授编写，第三章由给水排水教研室编写，其中实验1（2）、4、5（2）、7、13（1）、14、15（1）由柳新根副教授编写，实验5（1）、（3）、13（2）、15（2）由李耀曾副教授编写。此外给水排水教研室李常居助理工程师、邱少强工程师、王茂才实验师等参加了部分工作。

本书由哈尔滨建筑工程学院张自杰教授、重庆建筑工程学院姚雨霖教授主审。

由于编者水平有限，书中错误和不妥之处在所难免，欢迎广大读者给予批评指正。

编 者
1988年5月

目 录

绪论 ··· 1

第1章 实验设计 ·· 5
1.1 实验设计的几个基本概念 ·· 5
1.2 单因素优化实验设计 ··· 6
1.2.1 均分法与对分法 ··· 7
1.2.2   0.618法 ·· 7
1.2.3 分数法 ·· 9
1.3 多因素正交实验设计 ··· 11
1.3.1 正交实验设计 ·· 12
1.3.2 多指标的正交实验及直观分析 ··· 20
习题 ··· 24

第2章 实验数据分析处理 ··· 27
2.1 实验误差分析 ·· 27
2.1.1 测量值及误差 ·· 27
2.1.2 直接测量值误差分析 ··· 28
2.1.3 间接测量值误差分析 ··· 30
2.1.4 测量仪器精度的选择 ··· 32
2.2 实验数据整理 ·· 33
2.2.1 有效数字及其运算 ··· 33
2.2.2 实验数据整理 ·· 34
2.2.3 实验数据中可疑数据的取舍 ·· 35
2.2.4 实验数据整理计算举例 ··· 38
2.3 数据处理 ·· 40
2.3.1 单因素方差分析 ·· 40
2.3.2 正交实验方差分析 ··· 45
2.3.3 实验成果的表格、图形表示法 ··· 54
2.3.4 回归分析 ··· 55
习题 ··· 71

第3章 给水处理实验 ··· 74
3.1 混凝沉淀实验 ·· 74
3.2 过滤实验 ·· 79

  3.2.1 滤料筛分及孔隙率测定实验 ………………………………… 79
  3.2.2 过滤实验 ……………………………………………………… 83
  3.2.3 滤池冲洗实验 ………………………………………………… 86
 3.3 流动电流絮凝控制系统运行实验 ……………………………………… 91
 3.4 消毒实验 ………………………………………………………………… 95
  3.4.1 折点加氯消毒实验 …………………………………………… 95
  3.4.2 臭氧消毒实验 ………………………………………………… 100
  附：臭氧浓度的测定方法 ……………………………………………… 104
 3.5 离子交换软化实验 ……………………………………………………… 105
  3.5.1 强酸性阳离子交换树脂交换容量的测定实验 ……………… 105
  3.5.2 软化实验 ……………………………………………………… 106
 3.6 除盐实验 ………………………………………………………………… 109
  3.6.1 离子交换除盐实验 …………………………………………… 109
  3.6.2 电渗析除盐实验 ……………………………………………… 113
 3.7 给水处理动态模型实验 ………………………………………………… 119
  3.7.1 脉冲澄清实验 ………………………………………………… 120
  3.7.2 水力循环澄清池模型实验 …………………………………… 121
  3.7.3 重力式无阀滤池实验 ………………………………………… 123
  3.7.4 虹吸滤池实验 ………………………………………………… 125
  3.7.5 斜板沉淀池实验 ……………………………………………… 126
 3.8 冷却塔热力性能测试实验 ……………………………………………… 127

第4章 污水处理实验 ………………………………………………………… 132
 4.1 颗粒自由沉淀实验 ……………………………………………………… 132
  4.1.1 颗粒自由沉淀实验 …………………………………………… 132
  4.1.2 原水颗粒分析实验 …………………………………………… 138
 4.2 絮凝沉淀实验 …………………………………………………………… 140
 4.3 成层沉淀实验 …………………………………………………………… 145
 4.4 污水可生化性能测定 …………………………………………………… 151
  4.4.1 BOD_5/COD 比值法 ………………………………………… 152
  4.4.2 瓦勃氏呼吸仪测定污水可生化性实验 ……………………… 152
 4.5 活性污泥活性测定实验 ………………………………………………… 159
  4.5.1 吸附性能测定实验 …………………………………………… 159
  4.5.2 生物降解能力测定实验 ……………………………………… 161
 4.6 好氧生物处理实验 ……………………………………………………… 163
  4.6.1 曝气池混合液耗氧速率测定实验 …………………………… 164
  4.6.2 完全混合生化反应动力学系数测定实验 …………………… 166

4.7 曝气充氧实验 …………………………………………………… 177
　　4.7.1 曝气设备清水充氧性能测定实验 ……………………… 177
　　4.7.2 污水充氧修正系数 α、β 值测定实验 ………………… 185
4.8 间歇式活性污泥法（SBR 法）实验 ………………………… 189
4.9 高负荷生物滤池实验 ………………………………………… 192
4.10 污水处理动态模型实验 ……………………………………… 196
　　4.10.1 完全混合型活性污泥法曝气沉淀池实验 ……………… 196
　　4.10.2 生物转盘实验 …………………………………………… 198
　　4.10.3 塔式生物滤池实验 ……………………………………… 200
4.11 膜生物反应器实验 …………………………………………… 202
4.12 污水、污泥厌氧消化实验 …………………………………… 204
4.13 污泥脱水性能实验 …………………………………………… 211
　　4.13.1 污泥比阻测定实验 ……………………………………… 211
　　4.13.2 污泥滤叶过滤实验 ……………………………………… 215
4.14 气浮实验 ……………………………………………………… 217
　　4.14.1 气固比实验 ……………………………………………… 218
　　4.14.2 释气量实验 ……………………………………………… 221
4.15 活性炭吸附实验 ……………………………………………… 222
4.16 酸性污水升流式过滤中和及吹脱实验 ……………………… 228

附录　实验用数据表和图 …………………………………………… 231
附表 1　常用正交实验表 …………………………………………… 231
附表 2　离群数据分析判断表 ……………………………………… 238
　　(1) 克罗勃（Grubbs）检验临界值 T_a 表 …………………… 238
　　(2) Cochran 最大方差检验临界 C_α 表 ……………………… 239
附表 3　F 分布表 …………………………………………………… 240
附表 4　相关系数检验表 …………………………………………… 241
附表 5　氧在蒸馏水中的溶解度（饱和度）……………………… 242

参考文献 ……………………………………………………………… 243

绪 论

1. 水处理实验技术的作用

自然科学除数学而外,几乎都可以说是实验科学,离不开实验技术。实验不仅用来检验理论正确与否,而且大量的客观规律、科学理论的发现与确立又都是从科学实验中总结出来的,因此实验技术是科学研究的重要手段之一。

给水排水工程本身就不是一个纯理论性学科,因而实验技术更为重要,不仅一些现象、规律、理论,而且工程设计和运行管理中的很多问题,也都离不开实验。例如,给水处理工程中的混凝沉淀,其药剂种类的选择及生产运行适宜条件的确定;又如废水处理工程中活性污泥系统沉淀池的设计,其污泥沉速与极限固体通量等重要设计参数都要通过实验测定,才能正确地选择。同时,水处理实验可应用于指导水处理规律的研究,改进现有工艺、设备以及研究新工艺、新设备。因此在学习给水排水工程有关专业课程的同时,必须有意识地加强《水处理实验技术》课程的学习,注意培养自己独立解决工程实践中一些实验技术问题的能力。

水处理实验技术课的教学目的与任务是:

(1) 通过对实验的观察、分析,加深对水处理基本概念、现象、规律与基本原理的理解;

(2) 掌握一般水处理实验技能和仪器、设备的使用方法,具有一定的解决实验技术问题的能力;

(3) 学会设计实验方案和组织实验的方法;

(4) 学会对实验数据进行测定、分析与处理,从而能得出切合实际的结论;

(5) 培养实事求是的科学态度和工作作风。

2. 水处理实验过程

水处理实验过程一般分为:实验准备工作;实验;实验数据分析与处理 3 个步骤。

(1) 实验准备工作

实验前的准备工作,不仅关系到实验的进度,而且直接影响实验的质量和成果。其准备工作大致如下:

1) 理论准备工作

主要包括 3 个方面:

a. 搞清实验原理和实验目的。实验前搞清实验目的及实验原理,才能更好地指导实验、进行实验并得到满意的结果。例如,在研制生化处理中使用的曝气设备时，当搞清充氧原理和实验目的后，就可以通过清水充氧实验，分析产品的优缺点、存在问题和改进方向，以期得到一个较佳的新产品及适宜的运行条件。

b. 进行实验方案的优化设计。如何以最小代价迅速地圆满地得到正确的实验结论，关键在于实验方案的设计。所以在掌握实验原理和实验目的之后，要利用所学实验设计的知识及专业知识进行实验方案设计，从而正确地编排实验内容，指导实验。

c. 查阅有关文献资料。了解当前技术发展情况，掌握研究现状。

2) 实验设备、测试仪器的准备

设备、仪器是完成实验必不可少的工具，水处理问题的复杂性以及当前测试设备、仪器还不够完备，给水处理实验带来了一定的困难。

a. 一般设备、仪器的准备。为了保证实验顺利进行并有足够的精度，对所使用的设备、仪器要求做到：事先熟悉其性能、使用条件，并正确地选择仪器的精度；检查设备、仪器的完好度；记录各种必要的数据；某些易损易耗的设备、仪表要有备用品。

b. 专用实验设备的准备。为了进行某项水处理实验而选用专用设备时，必须注意这些设备的可靠性、使用条件和性能。当某些专用设备和某种工艺流程所需各种构筑物需自己设计加工时，除了从理论上要符合水处理、水力学等要求外，还要考虑到实验条件与今后生产运行条件的一致性，以使实验成果具有良好的实用价值。在没有运行前，一般要先经清水调试修改至正常运行为止。

3) 测试步骤与记录表格的准备

a. 步骤。整个实验分几步或几个工况完成，每一步或每一工况操作的内容、解决的问题、使用的设备、仪表、取样与化验项目、观察与记录内容、人员分工、注意事项、要求等，都要做到测试人员人人心中有数。

b. 记录表格。设计记录表格是一项重要的工作，实验前应认真地设计出各种测试所需的记录表格。对于某些新开实验则应根据实验过程中发现的问题，随时进行修改、调整。要求记录表格正规化，便于记录、便于整理。其内容包括：参加人员、测试条件、仪器设备名称、型号、精度、观察现象、测试原始数据等。

4) 人员分工。水处理实验，一般均需多人同时配合进行，因此要事先共同制定出实验方案，使每一个参加测试的人员对实验原理、目的、测试步骤，从整体上做到心中有数，同时每人分工负责各项工作，如：操作、取样、化验、观察、记录等，以便使实验有条不紊地进行。

(2) 实验

1) 仪器设备的安装与调试

使用各种仪器、设备进行实验时，必须满足仪器、设备的正常运行要求。安装调整后要认真检查，确认一切符合要求后方能开始实验，否则事倍功半，这一点特别要引起足够的重视。一般要注意，仪器设备安装位置应便于观察、读数和记录。条件允许时，最好通过试做以达到对整个实验的了解并检查全部准备工作。

2) 实验

在上述各项工作结束后，即可进入实验阶段，按人员分工，分别完成各项工作。

a. 取样与分析。取样一定要注意要求，例如，时间、地点、高度等，以便能正确地取出所需的样品，提供分析。样品分析，一般可参照水质分析要求进行。

b. 观察。实验中某些现象只能通过肉眼观察并加以描述，因此要求观察时一定要集中精力，排除外界干扰，边观察，边记录，用图与文字加以描述。例如做悬浮物絮凝沉淀时，对颗粒絮凝作用及絮凝体形成和凝聚变大、下沉过程的描述；曝气设备清水充氧实验时，各类曝气设备所形成的池内气泡分布，气泡大小变化的观察描述等。

c. 记录。记录是实验中一项经常的工作，它们记下的数据是今后整个实验计算、分析的依据，是整个实验的宝贵资料。一般要求有：

- 记录要记在记录纸或记录本上，不得随便乱记，更不得记后再整理抄写而丢掉原始记录。记错改动不得乱涂，而应打叉后重写，以便今后分析时参考。
- 记录就是如实地记下测试中所需要的各种数据，要求清楚、工整。
- 记录的内容要尽可能地详尽。一般分为，一般性内容：如实验日期、时间、地点、气温等；与实验有关的内容如：实验组号、参加人员、实验条件、测试仪表名称、型号、精度等；实验原始数据，即由仪表或其他测试方法所得，未经任何运算的数值。读出后马上记录，不要过后追记，尽可能减少差错；实验中所发现的问题及观测到的一些现象或某些特殊现象等，也应随时详细记录。

总之记录不要怕多、怕麻烦，避免由于实验前对其规律认识还不透彻、记录内容考虑不周，实验后进行分析、计算时发现缺这少那，又后悔莫及，造成不可弥补的损失。

(3) 实验数据分析处理与实验报告

1) 实验数据的分析处理

这是整个实验过程中的一个重要部分。实验过程中应随时进行数据整理分析，一方面可以看出实验效果是否能达到预期目的，另一方面又可以随时发现问题，修改实验方案，指导下一步实验的进行。整个实验结束后，要对数据进行分析处理，从而确定因素主次，最佳生产运行条件，建立经验式，给出事物内在规律等。其内容大致分为实验数据的误差分析，实验数据的分析整理，实验数据的处理。

2) 实验报告

这是对整个实验的全面总结。要求全篇报告文字通顺、字迹端正、图表整齐、结果正确、讨论认真。一般报告由以下几部分组成：(1) 实验名称；(2) 实验目的；(3) 实验原理；(4) 实验装置仪表；(5) 实验数据及分析处理；(6) 结论；(7) 问题讨论。

第1章 实 验 设 计

实验是解决水处理问题必不可少的一个重要手段,通过实验可以得出三方面结论。

1. 找出影响实验结果的因素及各因素的主次关系,为水处理方法揭示内在规律,建立理论基础。

2. 寻找各因素的最佳量,以使水处理方法在最佳条件下实施,达到高效、省能,从而节省土建与运行费用。

3. 确定某些数学公式中的参数,建立起经验式,以解决工程实际中的问题等。

在实验安排中,如果实验设计得好,次数不多,就能获得有用信息,通过实验数据的分析,可以掌握内在规律,得到满意结论;如果实验设计得不好,次数较多,也摸索不到其中的变化规律,得不到满意的结论。因此如何合理地设计实验,实验后又如何对实验数据进行分析,以用较少的实验次数达到我们预期的目的,是很值得我们研究的一个问题。

优化实验设计,就是一种在实验进行之前,根据实验中的不同问题,利用数学原理,科学地安排实验,以求迅速找到最佳方案的科学实验方法。它对于节省实验次数,节省原材料,较快得到有用信息是非常必要的。由于优化实验设计法为我们提供了科学安排实验的方法,因此,近年来优化实验设计越来越被科技人员重视,并得到广泛的应用。优化实验设计打破了传统均分安排实验等方法,其中单因素的 0.618 法和分数法、多因素的正交实验设计法在国内外已广泛地应用于科学实验上,取得了很好效果。本章将重点介绍这些内容。

1.1 实验设计的几个基本概念

1. 实验方法——通过做实验获得大量的自变量与因变量一一对应的数据,以此为基础来分析整理并得到客观规律的方法,称为实验方法。

2. 实验设计——是指为节省人力、财力,迅速找到最佳条件,揭示事物内在规律,根据实验中不同问题,在实验前利用数学原理科学编排实验的过程。

3. 指标——在实验设计中用来衡量实验效果好坏所采用的标准称为实验指标或简称指标。例如,天然水中存在大量胶体颗粒,使水浑浊,为了降低浑浊度需往水中投放混凝剂,当实验目的是求最佳投药量时,水样中剩余浊度即作为实验指标。

4. 因素——对实验指标有影响的条件称为因素。例如，在水中投入适量的混凝剂可降低水的浊度，因此水中投加的混凝剂即作为分析的实验因素，简称其为因素。有一类因素，在实验中可以人为地加以调节和控制，如水质处理中的投药量，叫做可控因素。另一类因素，由于自然条件和设备等条件的限制，暂时还不能人为地调节，如水质处理中的气温，叫做不可控因素。在实验设计中，一般只考虑可控因素。因此，书中说到因素，凡没有特别说明的，都是指可控因素。

5. 水平——因素在实验中所处的不同状态，可能引起指标的变化，因素变化的各种状态叫做因素的水平。某个因素在实验中需要考察它的几种状态，就叫它是几水平的因素。

因素的各个水平有的能用数量来表示，有的不能用数量来表示。例如：有几种混凝剂可以降低水的浑浊度，现要研究哪种混凝剂较好，各种混凝剂就表示混凝剂这个因素的各个水平，不能用数量表示。凡是不能用数量表示水平的因素，叫做定性因素。在多因素实验中，经常会遇到定性因素。对定性因素，只要对每个水平规定具体含义，就可与通常的定量因素一样对待。

6. 因素间交互作用——实验中所考察的各因素相互间没有影响，则称因素间没有交互作用，否则称为因素间有交互作用，并记为 A（因素）×B（因素）。

1.2 单因素优化实验设计

对于只有一个影响因素的实验，或影响因素虽多但在安排实验时，只考虑一个对指标影响最大的因素，其他因素尽量保持不变的实验，即为单因素实验。我们的任务是如何选择实验方案来安排实验，找出最优实验点，使实验的结果（指标）最好。

在安排单因素实验时，一般考虑三方面的内容：

首先确定包括最优点的实验范围。设下限用 a 表示，上限用 b 表示，实验范围就用由 a 到 b 的线段表示（如图1-1所示），并记作 $[a, b]$。若 x 表示实验点，则写成 $a \leq x \leq b$，如果不考虑端点 a、b，就记成 (a, b) 或 $a < x < b$。

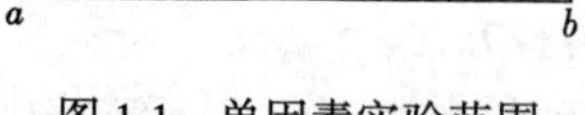

图 1-1 单因素实验范围

然后确定指标。如果实验结果（y）和因素取值（x）的关系可写成数学表达式 $y = f(x)$，称 $f(x)$ 为指标函数（或称目标函数）。根据实际问题，在因素的最优点上，以指标函数 $f(x)$ 取最大值、最小值或满足某种规定的要求为评定指标。对于不能写成指标函数甚至实验结果不能定量表示的情况，例如，比较水库中水的气味，就要确定评定实验结果好坏的标准。

最后确定实验方法，科学地安排实验点。本节主要介绍单因素优化实验设计方法。内容包括均分法、对分法、0.618法和分数法。

1.2.1 均分法与对分法

1. 均分法

均分法的作法如下，如果要做 n 次实验，就把实验范围等分成 $n+1$ 份，在各个分点上作实验。如图 1-2。

$$x_i = a + \frac{b-a}{n+1}i \qquad i=(1、2、\cdots\cdots n) \qquad (1-1)$$

把 n 次实验结果进行比较，选出所需要的最好结果，相对应的实验点即为 n 次实验中最优点。

图 1-2 均分法实验点

均分法是一种古老的实验方法。优点是只需把实验放在等分点上，实验可以同时安排，也可以一个接一个地安排；其缺点是实验次数较多，代价较大。

2. 对分法

对分法的要点是每次实验点取在实验范围的中点。若实验范围为 $[a,b]$，中点公式为

$$x = \frac{a+b}{2} \qquad (1-2)$$

用这种方法，每次可去掉实验范围的一半，直到取得满意的实验结果为止。但是用对分法是有条件的，它只适用于每作一次实验，根据结果就可确定下次实验方向的情况。

如某种酸性污水，要求投加碱量调整 pH = 7~8，加碱量范围为 $[a,b]$，试确定最佳投药量。若采用对分法，第一次加药量 $x_1 = \frac{a+b}{2}$，加药后水样 pH < 7（或 pH > 8），则加药范围中小于 x_1（或大于 x_1）的范围可舍弃，而取另一半重复实验，直到满意为止。

1.2.2 0.618 法

单因素优选法中，对分法的优点是每次实验可以将实验范围缩短一半，缺点是要求每次实验要能确定下次实验的方向。有些实验不能满足这个要求，因此，对分法的应用受到一定限制。

科学实验中，有相当普遍的一类实验，目标函数只有一个峰值，在峰值的两侧实验效果都差，将这样的目标函数称为单峰函数。图 1-3 所示为一个上单峰函数。

0.618 法适用于目标函数为单峰函数的情形。其做法如下：设实验范围为 $[a,b]$，第一次实验点 x_1 选在实验范围的 0.618 位置

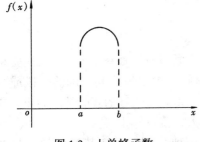

图 1-3 上单峰函数

上，即：

$$x_1 = a + 0.618(b - a) \tag{1-3}$$

第二次实验点选在第一点 x_1 的对称点 x_2 上，即实验范围的 0.382 位置上。

$$x_2 = a + 0.382(b - a) \tag{1-4}$$

实验点 x_1、x_2 如图 1-4 所示。

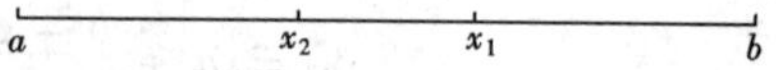

设 $f(x_1)$ 和 $f(x_2)$ 表示 x_1 与 x_2 两点的实验结果，且 $f(x)$ 值越大，效果越好。

图 1-4 0.618 法第 1、2 个试验点分布

(1) 如果 $f(x_1)$ 比 $f(x_2)$ 好，根据"留好去坏"的原则，去掉实验范围 $[a, x_2)$ 部分，在剩余范围 $[x_2, b]$ 内继续做实验。

(2) 如果 $f(x_1)$ 比 $f(x_2)$ 差，同样根据"留好去坏"的原则，去掉实验范围 $(x_1, b]$，在剩余范围 $[a, x_1]$ 内继续做实验。

(3) 如果 $f(x_1)$ 和 $f(x_2)$ 实验效果一样，去掉两端，在剩余范围 $[x_1, x_2]$ 内继续做实验。

根据单峰函数性质，上述 3 种做法都可使好点留下，将坏点去掉，不会发生最优点丢掉的情况。

继续做实验，第一种情况下，在剩余实验范围 $[x_2, b]$ 上用公式 (1-3) 计算新的实验点 x_3。

$$x_3 = x_2 + 0.618(b - x_2)$$

如图 1-5 所示，在实验点 x_3 安排一次新的实验。

在第二种情况下，剩余实验范围 $[a, x_1]$，用公式 (1-4) 计算新的实验点 x_3。

$$x_3 = a + 0.382(x_1 - a)$$

如图 1-6 所示，在实验点 x_3 安排一次新的实验。

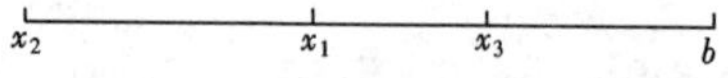

图 1-5 (1) 时第 3 个实验点 x_3    图 1-6 (2) 时第 3 个实验点 x_3

在第三种情况下，剩余实验范围为 $[x_2, x_1]$，用公式 (1-3) 和 (1-4) 计算两个新的实验点 x_3 和 x_4。

$$x_3 = x_2 + 0.618(x_1 - x_2)$$
$$x_4 = x_2 + 0.382(x_1 - x_2)$$

在 x_3，x_4 安排两次新的实验。

无论上述 3 种情况出现哪一种，在新的实验范围内都有两个实验点的实验结果，可以进行比较。仍然按照"留好去坏"原则，再去掉实验范围的一段或两段，这样反复做下去，直至找到满意的实验点，得到比较好的实验结果为止，或实验范围已很小，再做下去，实验结果差别不大，就可停止实验。

例如：为降低水中的浑浊度，需要加入一种药剂，已知其最佳加入量在

1000g 到 2000g 之间的某一点，现在要通过做实验找到它，按照 0.618 法选点，先在实验范围的 0.618 处做第 1 个实验，这一点的加入量可由公式（1-3）计算出来。

$$x_1 = 1000 + 0.618(2000 - 1000) = 1618g$$

再在实验范围的 0.382 处做第 2 次实验，这一点的加入量可由公式（1-4）算出，如图 1-7 所示。

1000 + 0.382（2000 - 1000）= 1382g

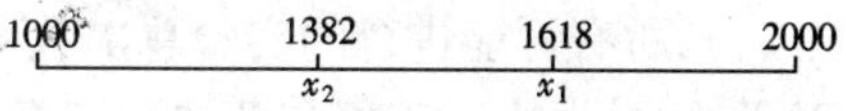

图 1-7　降低水中浊度第 1、2 次实验加药量

比较两次实验结果，如果 x_1 点较 x_2 点好，则去掉 1382g 以下的部分，然后在留下部分再用（1-3）式找出第 3 个实验点 x_3，在点 x_3 做第 3 次实验，这一点的加入量为 1764g，如图 1-8 所示。

如果仍然是 x_1 点好，则去掉 1764g 以上的一段，在留下部分按（1-4）式计算得出第 4 实验点 x_4，在点 x_4 做第 4 次实验，这一点的加入量为 1528g，如图 1-9 所示。

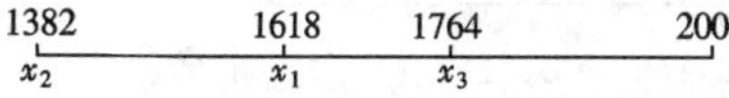

图 1-8　降低水中浊度第 3 次实验加药量 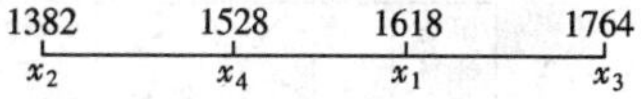　　图 1-9　降低水中浊度第 4 次实验加药量

如果这一点比 x_1 点好，则去掉 1618 到 1764 这一段，在留下部分按同样方法继续做下去，如此重复最终即能找到最佳点。

总之，0.618 法简便易行，对每个实验范围都可计算出两个实验点进行比较，好点留下，从坏点处把实验范围切开，丢掉短而不包括好点的一段，实验范围就缩小了。在新的实验范围内，再用（1-3）式、（1-4）式算出两个实验点，其中一个就是刚才留下的好点，另一个是新的实验点。应用此法每次可以去掉实验范围的 0.382，因此可以用较少的实验次数迅速找到最佳点。

1.2.3　分　数　法

1. 分数法又叫菲波那契数列法，它是利用菲波那契数列进行单因素优化实验设计的一种方法。

菲波那契数列是满足下列关系的数列，即 F_n 在 $F_0 = F_1 = 1$ 时符合下述递推式

$F_n = F_{n-1} + F_{n-2}$（$n \geq 2$）即从第 3 项起，每一项都是它前面两项之和，写出来就是

1、1、2、3、5、8、13、21、34、55、……相应的 F_n 为 F_0、F_1、F_2、F_3、F_4、F_5、F_6、F_7、F_8、F_9……。

分数法也是适合单峰函数的方法，它和 0.618 法不同之处在于要求预先给出实验总次数。在实验点能取整数时，或由于某种条件限制只能做几次实验时，或

由于某些原因，实验范围由一些不连续的、间隔不等的点组成或实验点只能取某些特定值时，利用分数法安排实验更为有利、方便。

2. 利用分数法进行单因素优化实验设计

设 $f(x)$ 是单峰函数，现分两种情况研究如何利用菲波那契数列来安排实验。

（1）所有可能进行的实验总次数 m 值，正好是某一个 F_{n-1} 值时，即可能的实验总次数 m 次，正好与菲波那契数列中的某数减一一致时。

此时，前两个实验点，分别放在实验范围的 F_{n-1} 和 F_{n-2} 的位置上，也就是先在菲波那契数列上的第 F_{n-1} 和 F_{n-2} 点上做实验，如图 1-10 所示。

例如通过某种污泥的消化实验确定其较佳投配率 P，实验范围为 2% ~ 13%，以变化 1% 为一个实验点，则可能实验总次数为 12 次，符合 12 = 13 − 1 = $F_6 - 1$。即 $m = F_n - 1$ 的关系，故第 1 个实验点为：

$$F_{n-1} = F_5 = 8$$

即放在 8 处或说放在第 8 个实验点处，如图 1-10 所示，投配率为 9%。

可能试次序	1	2	3	4	5	6	7	8	9	10	11	12
F_n 数列	F_0 1	F_1 1	F_2 2	F_3 3		F_4 5		F_5 8				F_6 13
相应投配率(%)	2	3	4	5	6	7	8	9	10	11	12	13
试次序		x_4	x_3	x_5		x_2		x_1				

图 1-10 分数法第一种情况实验安排

同理第 2 个实验点为：

$$F_{n-2} = F_4 = 5$$

即第 5 个实验点，投配率为 6%。

实验后，比较两个不同投配率的结果，根据产气率、有机物的分解率，若污泥投配率 6% 优于 9%，则根据"留好去坏"的原则，去掉 9% 以上的部分（同理，若 9% 优于 6% 时，去掉 6% 以下部分）重新安排实验。

此时实验范围如图中虚线左侧，可能实验总次数 $m = 7$ 符合 8 − 1 = 7，$m = F_n - 1$，$F_n = 8$ 故 $n = 5$。第 1 个实验点为：

$$F_{n-1} = F_4 = 5, P = 6\%$$

该点已实验，第 2 个实验点为：

$F_{n-2} = F_3 = 3$，$P = 4\%$（或利用在该范围内与已有实验点的对称关系找出第 2 个实验点，如在 1~7 点内与第 5 点相对称的点为第 3 点，相对应的投配率 $P = 4\%$）。比较投配率为 4% 和 6% 两个实验的结果并按上述步骤重复进行，如此进行下去，则对可能的 $F_6 - 1 = 13 - 1 = 12$ 次实验，只要 $n - 1 = 6 - 1 = 5$ 次实验，就能找出最优点。

(2) 可能的实验总次数 m，不符合上述关系，而是符合

$$F_{n-1} - 1 < m < F_n - 1$$

在此条件下，可在实验范围两端增加虚点，人为地使实验的个数变成 $F_n - 1$，使其符合第一种情况，而后安排实验。当实验被安排在增加的虚点上时，不要真正做实验，而应直接判定虚点的实验结果比其他实验点效果都差，实验继续做下去，即可得到最优点。

例如混凝沉淀中，要从 5 种投药量中，筛选出较佳投药量，利用分数法如下安排实验。

由菲波那契数列可知，$m = 5$ $F_5 - 1 = 8 - 1 = 7$

$$F_{n-1} - 1 = F_4 - 1 = 5 - 1 = 4$$

F_0	F_1	F_2	F_3	F_4	F_5
1	1	2	3	5	8

$4 < m(5) < 7$，符合 $F_{n-1} - 1 < m < F_n - 1$，故属于分数法的第二种类型。

首先要增加虚点，使其实验总次数达到 7 次，如图 1-11 所示。

则第 1 个实验点为 $F_{n-1} = 5$，投药量为 2.0mg/L，第 2 个实验点为 $F_{n-2} = 3$，投药量为 1.0mg/L。经过比较后，投药量 2.0mg/L，效果较理想，根据"留好去坏"的原则，舍掉 1.0 以下的实验点，由图 1-11 可知，第 3 个实验点应安排在实验范围 4～7 内 5 的对称点 6 处，即投加药量为 3.0mg/L。比较结果后投药量 3.0mg/L 优于 2.0mg/L 时，则舍掉 5 点以下数据，在 6～7 范围内根据对称点选取第 4 个实验点为虚点 7，投药量为 0mg/L，因此最佳投药量为 3mg/L。

可验能次试序	1	2	3	4	5	6	7
F_n 数列	F_0 1	F_1 1	F_2 2	F_3 3	F_4 5		F_5 8
相应投药	0	0.5	1.0	1.3	2.0	3.0	0
试验顺序			x_2		x_1	x_3	

图 1-11 分数法第二种情况实验安排

1.3 多因素正交实验设计

科学实验中考察的因素往往很多，而每个因素的水平数往往也多，此时要全面地进行实验，实验次数就相当多。如某个实验考察 4 个因素，每个因素 3 个水平，全部实验要 $3^4 = 81$ 次。要做这么多实验，既费时又费力，而有时甚至是不可能的。由此可见，多因素的实验存在两个突出的问题：

(1) 全面实验的次数与实际可行的实验次数之间的矛盾；

(2) 实际所做的少数实验与全面掌握内在规律的要求之间的矛盾。

为解决第一个矛盾，就需要我们对实验进行合理的安排，挑选少数几个具有

"代表性"的实验做；为解决第二个矛盾，需要我们对所挑选的几个实验的实验结果进行科学的分析。

我们把实验中需要考虑多个因素，而每个因素又要考虑多个水平的实验问题称为多因素实验。

如何合理地安排多因素实验？又如何对多因素实验结果进行科学的分析？目前应用的方法较多，而正交实验设计就是处理多因素实验的一种科学方法，它能帮助我们在实验前借助于事先已制好的正交表科学地设计实验方案，从而挑选出少量具有代表性的实验做，实验后经过简单的表格运算，分清各因素在实验中的主次作用并找出较好的运行方案，得到正确的分析结果。因此，正交实验在各个领域得到了广泛应用。

1.3.1 正交实验设计

正交实验设计，就是利用事先制好的特殊表格——正交表来安排多因素实验，并进行数据分析的一种方法。它不仅简单易行，计算表格化，而且科学地解决了上述两个矛盾。例如，要进行三因素二水平的一个实验，各因素分别用大写字母 A、B、C 表示，各因素的水平分别用 A_1、A_2、B_1、B_2、C_1、C_2 表示。这样，实验点就可用因素的水平组合表示。实验的目的是要从所有可能的水平组合中，找出一个最佳水平组合。一种办法是进行全面实验，即每个因素各水平的所有组合都做实验。共需做 $2^3 = 8$ 次实验，这 8 次实验分别是 $A_1B_1C_1$、$A_1B_1C_2$、$A_1B_2C_1$、$A_1B_2C_2$、$A_2B_1C_1$、$A_2B_1C_2$、$A_2B_2C_1$、$A_2B_2C_2$。为直观起见，将它们表示在图 1-12 中。

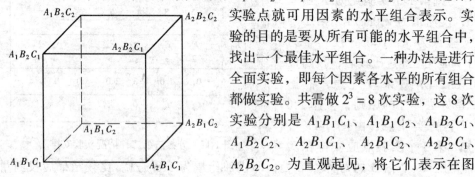

图 1-12　3 因素 2 水平全面实验点分布直观图

图 1-12 中的正六面体的任意两个平行平面代表同一个因素的两个不同水平。比较这 8 次实验的结果，就可找出最佳实验条件。

进行全面实验对实验项目的内在规律揭示得比较清楚，但实验次数多，特别是当因素及因素的水平数较多时，实验量很大，例如，6 个因素，每个因素 5 个水平的全面实验的次数为 $5^6 = 15625$ 次，实际上如此大量的实验是无法进行的。因此，在因素较多时，如何做到既要减少实验次数，又能较全面地揭示内在规律，这就需要用科学的方法进行合理的安排。

为了减少实验次数，一个简便的办法是采用简单对比法，即每次变化一个因素而固定其他因素进行实验。对三因素两水平的一个实验，首先固定 B、C 于 B_1、C_1。变化 A_1 如图 1-13（1）所示，较好的结果用 * 表示。

于是经过4次实验即可得出最佳生产条件为：$A_1B_2C_1$。这种方法叫简单对比法，一般也能获得一定效果。

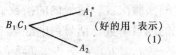

(好的用*表示) (1)

然后固定 A 为 A_1，C 为 C_1，变化 B

但是刚才我们所取的四个实验点：$A_1B_1C_1$、$A_2B_1C_1$、$A_1B_2C_1$、$A_1B_2C_2$，它们在图中所占的位置如图 1-14，从此图可以看出，4 个实验点在正六面体上分布得不均匀，有的平面上有 3 个实验点，有的平面上仅有一个实验点，因而代表性较差。

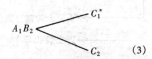

(2)

最后固定 A 为 A_1，B 为 B_2，变化 C

如果我们利用 $L_4(2^3)$ 正交表安排四个实验点：$A_1B_1C_1$、$A_1B_2C_2$、$A_2B_1C_2$、$A_2B_2C_1$，如图 1-15 正六面体的任何一面上都取了两个实验点，这样分布就很均匀，因而代表性较好。它能较全面地反映各种信息。由此可见，最后一种安排实验的方法是比较好的方法。这就是我们大量应用正交实验设计法进行多因素实验设计的原因。

(3)

图 1-13 3 因素 2 水平简单对比法示意

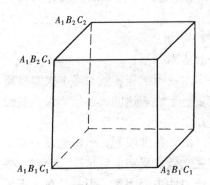

图 1-14 3 因素 2 水平简单对比法实验点分布

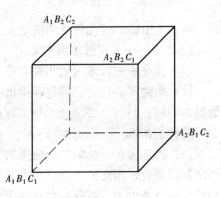

图 1-15 3 因素 2 水平正交实验法实验点分布

1. 正交表

正交表是正交实验设计法中合理安排实验，并对数据进行统计分析的一种特殊表格。常用的正交表有 $L_4(2^3)$，$L_3(2^7)$，$L_9(3^4)$，$L_8(4 \times 2^4)$，$L_{18}(2 \times 3^7)$ 等等。如表 1-1 为 $L_4(2^3)$ 正交表。

$L_4(2^3)$ 正交表 表 1-1

实验号	列号		
	1	2	3
1	1	1	1
2	1	2	2
3	2	1	2
4	2	2	1

(1) 正交表符号的含义。如图 1-16 所示，"L" 代表正交表，L 下角的数字表示横行数（以后简称行），即要做

的实验次数;括号内的指数,表示表中直列数(以后简称列),即最多允许安排的因素个数,括号内的底数,表示表中每列的数字,即因素的水平数。

$L_4(2^3)$ 正交表告诉我们,用它安排实验,需做 4 次实验,最多可以考察 3 个 2 水平的因素,而 $L_8(4 \times 2^4)$ 正交表则要做 8 次实验,最多可考察一个 4 水平和 4 个 2 水平的因素。

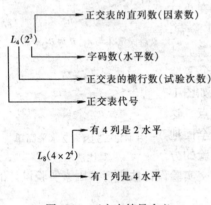

图 1-16 正交表符号含义

(2) 正交表的两个特点

1) 每一列中,不同的数字出现的次数相等。如表 1-1 中不同的数字只有两个即 1 和 2。它们各出现 2 次。

2) 任意两列中,将同一横行的两个数字看成有序数对(即左边的数放在前,右边的数放在后,按这一次序排出的数对)时,每种数对出现的次数相等。表 1-1 中有序数对共有四种:(1,1)、(1,2)、(2,1)、(2,2)它们各出现一次。

凡满足上述两个性质的表就称为正交表,附表 1 中给出了几种常用的正交表。

2. 利用正交表安排多因素实验

利用正交表进行多因素实验方案设计,一般步骤如下:

(1) 明确实验目的,确定评价指标。即根据水处理工程实践明确本次实验要解决的问题,同时,要结合工程实际选用能定量、定性表达的突出指标做为实验分析的评价指标。指标可能有一个,也可能有几个。

(2) 挑选因素。影响实验成果的因素很多,由于条件限制,不可能逐一或全面地加以研究,因此要根据已有专业知识及有关文献资料和实际情况,固定一些因素于最佳条件下,排除一些次要因素,而挑选一些主要因素。但是,对于不可控因素,由于测不出因素的数值,因而无法看出不同水平的差别,也就无法判断该因素的作用,所以不能被列为研究对象。

对于可控因素,考虑到若是丢掉了重要因素,可能会影响实验结果,不能正确地全面地反映事物的客观规律,而正交实验设计法正是安排多因素实验的有利工具,因素多几个,实验次数增加并不多,有时甚至不增加,因此,一般倾向于多挑选些因素进行考察,除非事先根据专业知识或经验等,能肯定某因素作用很小,而不选入外,对于凡是可能起作用或情况不明或看法不一的因素,都应当选入进行考察。

(3) 确立各因素的水平。因素的水平分为定性与定量两种,水平的确定包括两个含义,即水平个数的确定和各个水平的数量确定。

1) 定性因素:要根据实验具体内容,赋予该因素每个水平以具体含义。如药剂种类、操作方式或药剂投加次序等。

2）定量因素：因素的量大多是连续变化的，这就要我们根据有关知识或经验及有关文献资料等，首先确定该因素数量的变化范围，而后根据实验的目的及性质，并结合正交表的选用来确定因素的水平数和各水平的取值，每个因素的水平数可以相等也可以不等，重要因素或特别希望详细了解的因素，其水平可多一些，其他因素的水平可少一些。

(4) 选择合适的正交表。常用的正交表有几十个，可以灵活选择，但应综合考虑以下三方面的情况：

1）考察因素及水平的多少；
2）实验工作量的大小及允许条件；
3）有无重点因素要加以详细的考察。

(5) 制定因素水平表。根据上面选择的因素及水平的取值和正交表，制定出一张反映实验所需考察研究的因素及各因素的水平的"因素水平综合表"。该表制定过程中，对于各个因素用哪个水平号码，对应哪个用量可以任意规定，一般讲最好是打乱次序安排，但一经选定之后，实验过程中就不许再变了。

(6) 确定实验方案。根据因素水平表及选用的正交表，应做到：

1）因素顺序上列：按照因素水平表中固定下来的因素次序，顺序地放到正交表的纵列上，每列上放一种。

2）水平对号入座：因素上列后，把相应的水平按因素水平表所确定的关系，对号入座。

3）确定实验条件正交表在因素顺序上列、水平对号入座后，表的每一横行，即代表所要进行实验的一种条件，横行数即为实验次数。

(7) 实验按照正交表中每横行规定的条件，即可进行实验。实验中，要严格操作，并记录实验数据，分析整理出每组条件下的评价指标值。

3. 正交实验结果的直观分析

实验进行之后获得了大量实验数据，如何利用这些数据进行科学的分析，从中得出正确结论，这是正交实验设计的一个重要方面。

正交实验设计的数据分析，就是要解决：哪些因素影响大，哪些因素影响小，因素的主次关系如何；各影响因素中，哪个水平能得到满意的结果，从而找出最佳生产运行条件。

要解决这些问题，需要对数据进行分析整理。分析、比较各个因素对实验结果的影响，分析、比较每个因素的各个水平对实验结果的影响，从而得出正确的结论。

直观分析法的具体步骤如下：

以正交表 $L_4(2^3)$ 为例，其中各数字以符号 $L_n(f^m)$ 表示，见表1-2。

(1) 填写评价指标

将每组实验的数据分析处理后，求出相应的评价指标值 y_i，并填入正交表的右栏实验结果内。

(2) 计算各列的各水平效应值 K_{mf}、均值 $\overline{K}_{mf}$ 及极差 R_m 值

K_{mf}——m 列中 f 号的水平相应指标值之和。

$$\overline{K}_{mf} = \frac{K_{mf}}{m \text{ 列的 } f \text{ 号水平的重复次数}}$$

R_m——m 列中 K_f 的极大与极小值之差。

$L_4(2^3)$ 正交表直观分析　　　　　　　　　　表 1-2

水平		列号			实验结果（评价指标）y_i
		1	2	3	
实验号	1	1	1	1	y_1
	2	1	2	2	y_2
	3	2	1	2	y_3
	4	2	2	1	y_4
K_1					$\sum_{i=1}^{n} y_i$
K_2					$n = $ 实验组数
$\overline{K}_1$					
$\overline{K}_2$					
$R = \overline{K}_1 - \overline{K}_2$ 极差					

(3) 比较各因素的极差 R 值，根据其大小，即可排出因素的主次关系。这从直观上很易理解，对实验结果影响大的因素一定是主要因素。所谓影响大，就是这因素的不同水平所对应的指标间的差异大，相反，则是次要因素。

(4) 比较同一因素下各水平的效应值 $\overline{K}_{mf}$，能使指标达到满意的值（最大或最小）为较理想的水平值。如此，可以确定最佳生产运行条件。

(5) 作因素和指标关系图，即以各因素的水平值为横坐标，各因素水平相应的均值 $\overline{K}_{mf}$ 值为纵坐标，在直角坐标纸上绘图，可以更直观地反映出诸因素及水平对实验结果的影响。

4．正交实验分析举例

【例 1-1】　污水生物处理所用曝气设备，不仅关系到处理厂站基建投资，还关系到运行费用，为了研制自吸式射流曝气设备的结构尺寸、运行条件与充氧性能关系，拟用正交实验法进行清水充氧实验。

实验在 1.6m×1.6m×7.0m 的钢板池内进行，喷嘴直径 $d = 20$mm（整个实验中的一部分）。

(1) 实验方案确定及实验

1) 实验目的：实验是为了找出影响曝气充氧性能的主要因素及确定较理想的结构尺寸和运行条件。

2) 挑选因素：影响充氧的因素较多，根据有关文献资料及经验，对射流器本身结构主要考察两个，一是射流器的长径比，即混合段的长度 L 与其直径 D 之比 L/D，另一是射流器的面积比，即混合段的断面面积与喷嘴面积之比

$$m = \frac{F_2}{F_1} = \frac{D^2}{d^2}$$

对射流器运行条件，主要考察喷嘴工作压力 P 和曝气水深 H。

3) 确定各因素的水平：为了能减少实验次数，又能说明问题，因此，每个因素选用 3 个水平，根据有关资料选用，结果如表1-3。

自吸式射流曝气实验因素水平表　　　　　　　　　　表1-3

因素	1	2	3	4
内容	水深 H (m)	压力 P (MPa)	面积比 m	长径比 L/D
水平	1、2、3	1、2、3	1、2、3	1、2、3
数值	4.5、5.5、6.5	0.1、0.2、0.25	9.0、4.0、6.3	60、90、120

4) 确定实验评价指标：本实验以充氧动力效率为评价指标。氧动力效率系指曝气设备所消耗的理论功率为1kWh时，向水中充入氧的数量，以 kg/(kWh) 计。该值将曝气供氧与所消耗的动力联系在一起，是一个具有经济价值的指标，它的大小将影响到活性污泥处理厂站的运行费用。

5) 选择正交表：根据以上所选择的因素与水平，确定选用 $L_9(3^4)$ 正交表。见附表1 (5)。

6) 确定实验方案：根据已定的因素、水平及选用的正交表，则得出正交实验方案表1-4。

根据表1-4，共需组织 9 次实验，每组具体实验条件如表中 1、2、……9 各横行所示，第一次实验在水深4.5m，喷嘴工作压力 $P=0.1$MPa，面积比 $m=\frac{D^2}{d^2}=9.0$，长径比 $L/D=60$ 的条件下进行。

自吸式射流曝气正交实验方案表 $L_9(3^4)$　　　　　　表1-4

实验号	因子			
	H (m)	P (MPa)	m	L/D
1	4.5	0.10	9.0	60
2	4.5	0.20	4.0	90
3	4.5	0.25	6.3	120
4	5.5	0.10	4.0	120
5	5.5	0.20	6.3	60
6	5.5	0.25	9.0	90
7	6.5	0.10	6.3	90
8	6.5	0.20	9.0	120
9	6.5	0.25	4.0	60

(2) 实验结果直观分析

实验结果及分析如表 1-5 所列，具体做法如下：

自吸式射流曝气正交实验成果分析　　　　　　　　　表 1-5

实验号	因子				
	H (m)	P (MPa)	m	L/D	E_p [kg/(kWh)]
1	4.5	0.100	9.0	60	1.03
2	4.5	0.195	4.0	90	0.89
3	4.5	0.297	6.3	120	0.88
4	5.5	0.115	4.0	120	1.30
5	5.5	0.180	6.3	60	1.07
6	5.5	0.253	9.0	90	0.77
7	6.5	0.105	6.3	90	0.83
8	6.5	0.200	9.0	120	1.11
9	6.5	0.255	4.0	60	1.01
K_1	2.80	3.16	2.91	3.11	
K_2	3.14	3.07	3.20	2.49	$\Sigma E_p = 8.89$
K_3	2.95	2.66	2.78	3.29	
$\overline{K}_1$	0.93	1.05	0.97	1.04	
$\overline{K}_2$	1.05	1.02	1.07	0.83	$\mu = \dfrac{\Sigma E_p}{9} = 0.99$
$\overline{K}_3$	0.98	0.89	0.93	1.10	
R	0.12	0.16	0.14	0.27	

1) 填写评价指标

将每一实验条件下的原始数据，通过数据处理后求出动力效率，并计算算术平均值，填写在相应的栏内。

2) 计算各列的 K、$\overline{K}$ 及极差 R

如计算 H 这一列的因素时，各水平的 K 值如下：

第 1 个水平 $K_{4.5} = 1.03 + 0.89 + 0.88 = 2.80$

第 2 个水平 $K_{5.5} = 1.30 + 1.07 + 0.77 = 3.14$

第 3 个水平 $K_{6.5} = 0.83 + 1.11 + 1.01 = 2.95$

其均值 $\overline{K}$ 分别为

$$\overline{K}_{11} = \frac{2.80}{3} = 0.93$$

$$\overline{K}_{12} = \frac{3.14}{3} = 1.05$$

$$\overline{K}_{13} = \frac{2.95}{3} = 0.98$$

极差 $R_1 = 1.05 - 0.93 = 0.12$

以此分别计算 2、3、4 列,结果如表 1-5。

3) 成果分析

a. 由表中极差大小可见,影响射流曝气设备充氧放效率的因素主次顺序依次为 $L/D \to P \to m \to H$。

b. 由表中各因素水平值的均值可见各因素中较佳的水平条件分别为:

$L/D = 120$;$P = 0.1 \text{MPa}$;$m = 4.0$;$H = 5.5 \text{m}$

【例 1-2】 某直接过滤工艺流程如图 1-17,原水浊度约 30 度,水温约 22℃。今欲考察混凝剂硫酸铝投量,助滤剂聚丙烯酰胺投量,助滤剂投加点及滤速对过滤周期平均出水浊度的影响,进行正交实验。每个因素选用 3 个水平,根据经验及小型试验,混凝剂投量分别为 10mg/L、12mg/L 及 14mg/L;助滤剂投量分别为 0.008 mg/L、0.015 mg/L 及 0.03 mg/L;助滤剂投加点分别为 A、B、C 点;滤速分别为 8m/h、10m/h 及 12 m/h。用 $L_9(3^4)$ 表安排实验,实验成果及分析见表 1-6。

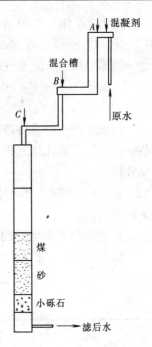

图 1-17 直接过滤流程示意
A、B、C—助滤剂投加点

表 1-6 $L_9(3^4)$ 直接过滤正交实验成果及直观分析

试验号	混凝剂投量 (mg/L)	助滤剂投量 (mg/L)	助滤剂投点	滤速 (m/h)	过滤出水平均浊度
1	10	0.008	A	8	0.60
2	10	0.015	B	10	0.55
3	10	0.03	C	12	0.72
4	12	0.008	B	12	0.54
5	12	0.015	C	8	0.50
6	12	0.03	A	10	0.48
7	14	0.008	C	10	0.50
8	14	0.015	A	12	0.45
9	14	0.03	B	8	0.37
K_1	1.87	1.64	1.53	1.47	
K_2	1.52	1.50	1.46	1.53	
K_3	1.32	1.57	1.72	1.71	
$\overline{K}_1$	0.62	0.55	0.51	0.49	
$\overline{K}_2$	0.51	0.50	0.49	0.51	
$\overline{K}_3$	0.44	0.52	0.57	0.57	
R	0.18	0.05	0.08	0.08	

注:助滤剂投加点 A—药剂经过混合设备;B—药剂未经设备,但经过设备出口处 0.25m 跌水混合;C—原水投药后未经混合即进入滤柱。

由表1-6知：各因素较佳值分别为：混凝剂投加量14mg/L，助滤剂投量0.015mg/L，助滤剂投加点B，滤速8m/h。而影响因素的主次分别为：混凝剂投量→助滤剂投点→滤速→助滤剂投量。

1.3.2 多指标的正交实验及直观分析

科研生产中经常会遇到一些多指标的实验问题，它的结果分析比单指标要复杂一些，但实验计算方法均无区别，关键是如何将多指标化成单指标然后进行直观分析。

常用的方法有：指标拆开单个处理综合分析法和综合评分法。下面以具体例子加以说明。

1. 指标拆开单个处理综合分析法

以本章1.3.1之4中的自吸式射流曝气器实验为例，正交实验及结果见表1-7。

多指标正交实验及结果　　　　　　　　　　　　　　　表1-7

试验号＼因素	H (m)	P (MPa)	m	L/D	E_p [kg/(kWh)]	K_{La} (1/h)
1	4.5	0.100	9.0	60	1.03	3.42
2	4.5	0.195	4.0	90	0.89	8.82
3	4.5	0.297	6.3	120	0.88	14.88
4	5.5	0.115	4.0	120	1.30	4.74
5	5.5	0.180	6.3	60	1.07	7.86
6	5.5	0.253	9.0	90	0.77	9.78
7	6.5	0.105	6.3	90	0.83	2.34
8	6.5	0.200	9.0	120	1.11	8.10
9	6.5	0.255	4.0	60	1.01	11.28

本例中选用两个考核指标，充氧动力效率E_p及氧总转移系数K_{La}。正交实验设计和实验与单指标正交实验没有区别。同样，也将实验结果填于表右栏内。但不同之处就在于将两个指标拆开，按两个单指标正交实验分别计算各因素不同水平的效应值K、$\bar{K}$及极差R值。如表1-8。而后再进行综合分析。

自吸式射流曝气实验结果分析　　　　　　　　　　　表1-8

因素＼K值	动力效率 E_p				氧总转移系数 K_{La}			
	H	P	m	L/D	H	P	m	L/D
K_1	2.80	3.16	2.91	3.11	27.12	10.50	21.30	22.56
K_2	3.14	3.07	3.20	2.49	22.38	24.78	24.84	20.94
K_3	2.95	2.66	2.78	3.29	21.72	35.94	25.08	27.72

续表

指标 因素 K值	动力效率 E_p				氧总转移系数 K_{La}			
	H	P	m	L/D	H	P	m	L/D
$\overline{K}_1$	0.93	1.05	0.97	1.04	9.04	3.50	7.10	7.52
$\overline{K}_2$	1.05	1.02	1.07	0.83	7.46	8.26	8.28	6.98
$\overline{K}_3$	0.98	0.89	0.93	1.10	7.24	11.98	8.36	9.24
R	0.12	0.16	0.14	0.27	1.80	8.48	1.26	2.26

根据表 1-8 结果，考虑指标 E_p、K_{La} 值均是越高越好，因此各因素主次与最佳条件分析如下：

(1) 分指标按极差大小列出因素的影响主次顺序，经综合分析后确定因素主次。

指标　　　　　　　　　　影响因素主次顺序
动力效率 E_p　　　　　　$L/D \to P \to m \to H$
氧总转移系数 K_{La}　　　$P \to L/D \to H \to m$

由于动力效率指标 E_p，不仅反映了充氧能力，而且也反映了电耗，是一个比 K_{La} 更有价值的指标，而由两指标的各因素主次关系可见，L/D、P 均是主要的，m、H 相对是次要的，故影响因素主次可以定为：

$$L/D \to P \to m \to H$$

(2) 各因素最佳条件确定

主要因素 L/D。不论是从 E_p，还是从 K_{La} 看，$P = 0.25$ 为佳。由于指标 E_p 比 K_{La} 重要，当生产上主要考虑能量消耗时，以选 $P = 0.10$ 为宜；若生产中不计动力消耗而追求的是高速率的充氧时，以选 $P = 0.25$ 为宜。

因素 m。由指标 E_p 定为 $m = 4.0$，由指标 K_{La} 定为 $m = 6.3$，考虑 E_p 指标重于 K_{La}，又考虑 m 定为 4.0 或 6.3，对 K_{La} 影响不如对 E_p 值影响大，故选用 $m = 4.0$ 为佳。

因素 H。由指标 E_p 定为 $H = 5.5m$，由指标 K_{La} 定为 $H = 2.8m$，考虑 E_p 指标重于 K_{La}，并考虑实际生产中水深太浅，曝气池占地面积大，故选用 $H = 5.5m$，由此得出较佳条件为：

$$L/D = 120 \quad P = 0.10\text{MPa} \quad m = 4.0 \quad H = 5.5\text{m}$$

由上述分析可见，多指标正交实验分析要复杂些，但借助于数学分析提供的一些依据，并紧密地结合专业知识，综合考虑后，还是不难分析确定的。但是由上述分析也可看出，此法比较麻烦，有时较难得到各指标兼顾的好条件。

2. 综合评分法

多指标正交实验直观分析除了上述方法外，多根据问题性质采用综合评分法，将多指标化为单指标而后分析因素主次和各因素的较佳状态。常用的有指标叠加法和排队评分法。

(1) 指标叠加法

所谓指标叠加法，就是将多指标按照某种计算公式进行叠加，将多指标化为单指标，而后进行正交实验直观分析，至于指标间如 y_1、y_2、……y_i 如何叠加，视指标的性质、重要程度而有不同的方式，如：

$$y = y_1 + y_2 + \cdots\cdots + y_i$$

$$y = ay + by_2 + \cdots\cdots + ny_i$$

式中　　y——多指标综合后的指标；

y_1、$y_2\cdots y_i$——各单项指标；

a、$b\cdots n$——系数，其大小正负要视指标性质和重要程序而定。

例如：为了进行某种污水的回收重复使用，采用正交实验来安排混凝沉淀实验，以出水 COD，SS 做为评价指标，实验结果如表 1-9 所示。

本例中：

1) 如回用水对 COD、SS 指标具有同等重要的要求，则采用综合指标 $y = y_1 + y_2$ 的计算方法。按此计算后所得综合指标如表 1-9。根据计算结果则：

混凝沉淀实验结果及综合评分法 (1) 　　表 1-9

实验号 \ 因素	药剂种类	投加量 (mg/L)	反应时间 (min)	出水 COD (mg/L)	出水 SS (mg/L)	综合评分 COD + SS
1	$FeCl_3$	15	3	37.8	24.3	62.1
2	$FeCl_3$	5	5	43.1	25.6	68.7
3	$FeCl_3$	20	1	36.4	21.1	57.5
4	$Al_2(SO_4)_3$	15	5	17.4	9.7	27.1
5	$Al_2(SO_4)_3$	5	1	21.6	12.3	33.9
6	$Al_2(SO_4)_3$	20	3	15.3	8.2	23.5
7	$FeSO_4$	15	1	31.6	14.2	45.8
8	$FeSO_4$	5	3	35.7	16.7	52.4
9	$FeSO_4$	20	3	28.4	12.3	40.7
K_1	188.3	135.0	138.0			
K_2	84.5	155.0	136.5			
K_3	138.9	121.7	137.2			
$\overline{K}_1$	62.77	45.00	46.00			
$\overline{K}_2$	28.17	51.67	45.50			
$\overline{K}_3$	46.30	40.57	45.73			
R	34.60	11.10	0.50			

按极差大小因素主次关系如下：

药剂种类→投加量→反应时间

由各因素水平效应值 $\overline{K}$ 所得较佳状态为：

药剂种类→$Al_2(SO_4)_3$
药剂投加量→20mg/L
反应时间→5min

2) 如果回用水对 COD 指标要求比 SS 指标要重要得多,则可采用 $y = ay_1 + by_2$ 的计算法,此时由于 COD、SS 均是越小越好,因此取 $a < 1$,$b = 1$ 的系数进行指标叠加,如表 1-10 示。

本例中采用综合指标 $y = 0.5COD + SS$

计算结果因素主次及较佳水平同前。

主次:　　　　　药剂种类→投加量→反应时间
较佳水平:　　　$Al_2(SO_4)_3$　　20mg/L　　　5min

(2) 排队评分法

所谓排队评分法,是将全部实验结果按照指标从优到劣进行排队,然后评分。最好的给 100 分,依次逐个减少,减少多少分大体上与它们效果的差距相应,这种方法虽然粗糙些但比较简便。

以表 1-9、表 1-10 实验为例,9 组实验中第 6 组 COD、SS 指标均最小,故得分为 100 分,而第 2 组 COD、SS 指标均最高,若以 50 分计,则参考其指标效果按比例计算,出水 COD 和 SS 两者之和每增加 10mg/L,分数可减少 11 分,按此计算排队评分并按综合指标进行单指标正交实验直观分析,结果如表 1-11 示。由极差 R 值及各因素水平效应值 $\overline{K}$ 可得出因素主次关系及较佳水平。

混凝沉淀实验结果及综合评分法 (2)　　　　表 1-10

实验号\因素	药剂种类	投加量 (mg/L)	反应时间 (min)	出水 COD (mg/L)	出水 SS (mg/L)	综合评分 0.5COD + SS
1	$FeCl_3$	15	3	37.8	24.3	43.2
2	$FeCl_3$	5	5	43.1	25.6	47.2
3	$FeCl_3$	20	1	36.4	21.1	39.3
4	$Al_2(SO_4)_3$	15	5	17.4	9.7	18.4
5	$Al_2(SO_4)_3$	5	1	21.6	12.3	23.1
6	$Al_2(SO_4)_3$	20	3	15.3	8.2	15.9
7	$FeSO_4$	15	1	31.6	14.2	30.0
8	$FeSO_4$	5	3	35.7	16.7	34.6
9	$FeSO_4$	20	3	28.4	12.3	26.5
K_1		129.7	91.6	93.7		
K_2		57.4	104.9	92.1		
K_3		91.1	81.7	92.4		
$\overline{K_1}$		43.23	30.53	31.23		
$\overline{K_2}$		19.13	34.97	30.70		
$\overline{K_3}$		30.37	27.23	30.80		
R		24.10	11.10	0.53		

混凝沉淀试验结果及排队评分计算法 表 1-11

实验号 \ 因素	药剂种类	投加量 (mg/L)	反应时间 (min)	出水 COD (mg/L)	出水 SS (mg/L)	综合评分 (%)
1	$FeCl_3$	15	3	37.8	24.3	58
2	$FeCl_3$	5	5	43.1	25.6	50
3	$FeCl_3$	20	1	36.4	21.1	63
4	$Al_2(SO_4)_3$	15	5	17.4	9.7	96
5	$Al_2(SO_4)_3$	5	1	21.6	12.3	89
6	$Al_2(SO_4)_3$	20	3	15.3	8.2	100
7	$FeSO_4$	15	1	31.6	14.2	75
8	$FeSO_4$	5	3	35.7	16.7	68
9	$FeSO_4$	20	3	28.4	12.3	81
K_1		171	229	226		
K_2		285	207	227		
K_3		224	244	227		
$\overline{K}_1$		57	76	75		
$\overline{K}_2$		95	69	76		
$\overline{K}_3$		75	81	76		
R		38	12	1		

主次： 药剂种类→投加量→反应时间

较佳水平： $Al_2(SO_4)_3$，20mg/L，5min

习　题

1. 确定某水样的最佳投药量的浓度。根据经验知道兑水的倍数为 50～100 倍，用 0.618 法做两次实验就找到了合适的加水倍数。试求第 2 次实验的加水倍数。

2. 某化学实验，需要对氧气的通入量进行优选。根据经验知道氧气的通入量是 20～70kg，用 0.618 法算出来，并填入表 1-12。

氧气通入量优选实验 表 1-12

实验序号	通氧量	比　　较
①		
②		①比②好
③		①比③好
④		①比④好

3. 某给水处理实验投药量分为 7 个水平，按照数值大小列表如表 1-13。经优选后发现第⑥水平最好，试写出优选过程，并画图示意。

给水处理实验投药量数值大小 表 1-13

投药量	0.30	0.33	0.35	0.40	0.45	0.48	0.50
编号	①	②	③	④	⑤	⑥	⑦

4. 为了节约软化水的用盐量,利用分数法对盐水浓度进行了优选。盐水浓度的实验范围是 3%~11%,1% 为一个等级,做了 4 次实验,就找到了好点的盐水浓度,如果已知第 2 点比第 1 点好,第 3 点比第 2 点和第 4 点都好,那么好点的浓度是多少?

5. 分数法、对分法、0.618 法各在什么情况下采用?

6. 某给水实验对三氯化铁和硫酸铝用量进行优选。

实验范围:三氯化铁 10mg/L~25mg/L

　　　　　硫酸铝 2mg/L~8mg/L

实验步骤:(1) 先固定硫酸铝为 5 mg/L,对三氯化铁用量用 0.618 法进行 5 次优选实验。

实验结果:②比①好,③比②好,③比④好,⑤比③好,⑤作为三氯化铁用量最佳点。

实验步骤:(2) 将三氯化铁用量固定在⑤上,对硫酸铝用量连续用 0.618 法进行四次实验。

实验结果:①比②、③、④均好,①作为硫酸铝用量好点,求三氯化铁、硫酸铝的用量。

7. 为了提高污水中某种物质的转化率,选择了 3 个有关的因素:反应温度 A,加碱量 B 和加酸量 C,每个因素选 3 个水平,如表 1-14。

污水中某种物质的转化率　　　　　　　　　　　　表 1-14

水平＼因素	A 反应温度 (℃)	B 加碱量 (kg)	C 加酸量 (kg)
1	80	35	25
2	85	48	30
3	90	55	35

(1) 试按 $L_9(3^4)$ 安排实验。

(2) 按实验方案进行 9 次实验,转化率(%)依次是 51,71,58,82,69,59,77,85,84。试分析实验结果,求出最好生产条件。

8. 为了解制革消化污泥化学调节的控制条件,对其比阻 r 影响进行实验。选用因素、水平如表 1-15。

消化污泥化学调节的控制条件　　　　　　　　　　　表 1-15

水平＼因素	A 加药体积 (mL)	B 加药量 (mg/L)	C 反应时间 (min)
1	1	5	20
2	5	10	40
3	9	15	60

问:(1) 选用哪张正交表合适?

(2) 试排出实验方案。

(3) 如果将3个因素依次放在 $L_9(3^4)$ 的第1、2、3列所得比阻值（$R \sim 10^8 s^2/g$）为 1.122、1.119、1.154、1.091、0.979、1.206、0.938、0.990、0.702。试分析实验结果，并找出制革消化污泥进行化学调节时其控制条件的较佳值组合。

9. 某原水进行直接过滤正交实验，投加药剂为碱式氯化铝，考察的因素、水平见表1-16，以出水浊度为评定指标，共进行9次实验，所得出水浊度依次为0.75度、0.80度、0.85度、0.90度、0.45度、0.65度、0.65度、0.85度和0.35度。试进行成果分析，确定因素的主次顺序及各因素较佳的水平条件。

碱式氯化铝投加药剂实验　　　　　　　　　　　　表 1-16

水平 \ 因素	混合速度梯度 (s^{-1})	滤速 (m/h)	混合时间 (s)	投药量 (mg/L)
1	400	10	10	9
2	500	8	20	7
3	600	6	30	5

第2章 实验数据分析处理

实验数据分析处理是从带有一定客观信息的大量实验数据中,经过数学的方法找出事物的客观规律。因此一个实验完成之后,往往要经过下述几个过程,即实验数据误差分析;实验数据整理;实验数据处理。

误差分析:目的在于确定实验直接测量值与间接值误差的大小,数据可靠性的大小,从而判断数据准确度是否符合工程实践要求。

数据整理:根据误差分析理论对原始数据进行筛选,剔除极个别不合理的数据,保证原始数据的可靠性,以供下一步数据处理之用。

数据处理:是将上述整理所得数据,利用数理统计知识,分析数据特点及各变量的主次,确立各变量间的关系,并用图形、表格或经验公式表达。这是本章的重点。

本章仅对实验中常用的一些数理统计知识结合实验数据分析处理的实用方法,予以简单介绍。

2.1 实验误差分析

2.1.1 测量值及误差

1. 直接与间接测量值

实验就是要对一些物理量进行测量,并通过对这些实测值或根据它们经过公式计算后所得到的另外一些测得值进行分析整理,得出结论。我们将前者称之为直接测量值,后者称之为间接测量值。水处理实验中到处可见这样两类测量值。例如曝气设备清水充氧实验中,充氧时间 t,水中溶解氧值 O_t(仪表测定)均为直接测量值,而设备氧总转移系数 $K_{La(20)}$ 则是间接测量值。

任何一个物理量都是在一定条件下的客观存在,这个客观存在的大小,即称为该物理量的真值。实验中要想获得该值,必须借助于一定的实验理论、方法及测试仪器在一定条件下由人工去完成。由于种种条件限制,如实验理论的近似性、仪器灵敏度、环境、测试条件、人的因素等而使得测量值与真值有所偏差,这种偏差即称为误差。为了尽可能减少误差,求出在测试条件下的最近真值,并分析测量值的可靠性,就必须研究误差的来源及性质。

2. 误差来源及性质

根据对测量值影响的性质,误差通常可分为系统误差、偶然误差和过失误差三类。

(1) 系统误差，是指在同一条件下多次测量同一量时，误差的数值保持不变或按某一规律变化的误差。造成系统误差的原因很多，可能是仪器、环境、装置、测试方法等等。

系统误差虽然可以采取措施使之降低，但关键是如何找到产生该误差的原因，这是实验讨论中的一个重要方面。

(2) 偶然误差又称为随机误差，其性质与前者不同，测量值总是有稍许变化且变化不定，误差时大、时小、时正、时负，其来源可能是：人的感官分辨能力不同，环境干扰等等，这种误差是无法控制的，它服从统计规律，但其规律必须要在大量观测数据中才能体现出来。

(3) 过失误差，这是由于实验时使用仪器不合理或粗心大意、精力不集中、记错数据而引起的。这种误差只要实验时严肃认真，一般是可以避免的。

3. 绝对误差与相对误差

绝对误差 ε 指测量值 x 与其真值 a 的差值，即 $\varepsilon = x - a$，单位同测量值。它反映测量值偏离真值的大小，故称为绝对误差。它虽然可以表示一个测量结果的可靠程度，但在不同测量结果的对比中，不如相对误差。

相对误差系指该值的绝对误差与测量值之比值，即：

$$\delta = \frac{\varepsilon}{x} 100\%$$

无单位，通常用百分数表示，多用在不同测量结果的可靠性对比中。

2.1.2 直接测量值误差分析

1. 单次测量值误差分析

水处理实验，不仅影响因素多而且测试量大，有时由于条件限制，有时由于测量准确度要求不高，但更多测量是由于在动态实验下进行，不容许对被测量值作重复测量，所以实验中往往对某些测量只进行一次测定。例如曝气设备清水充氧实验，取样时间，水中溶解氧值测定（仪器测定），压力计量等，均为一次测定值。这些测定值的误差，应根据具体情况进行具体分析。例如，对于偶然误差较小的测定值，可按仪器上注明的误差范围分析计算；无注明时，可按仪器最小刻度的 1/2 作为单次测量的误差。如用上海第二分析仪器厂的 SJ6—203 溶解氧测量仪记录，仪器精度为 0.5 级。当测得 DO = 3.2mg/L 时，其误差值为 3.2 × 0.005 = 0.016mg/L；若仪器未给出精度，由于仪器最小刻度为 0.2mg/L，故每次测量的误差可按 0.1mg/L 考虑。

2. 重复多次测量值误差分析——算术平均误差及均方根偏差

为了能得到比较准确可靠的测量值，在条件允许的情况下，尽可能进行多次测量，并以测量结果的算术平均值近似代替该物理量的真值。该值误差有多大，在工程中除用算术平均误差表示外,多用均方根偏差或称标准偏差来表示。

(1) 算术平均误差,是指测量值与算术平均值之差的绝对值的算术平均值。设各测量值为 x_i,则算术平均值为:

$$\overline{x} = \frac{1}{n}\sum_{i=1}^{n} x_i \tag{2-1}$$

偏差为 $d_i = x_i - \overline{x}$,则算术平均误差 Δx 为:

$$\Delta x = \frac{\sum_{i=1}^{n}|d_i|}{n} = \frac{\sum_{i=1}^{n}|x_i - \overline{x}|}{n}$$

则真值可表示为

$$a = \overline{x} \pm \Delta x$$

(2) 均方根偏差(标准偏差),是指各测量值与算术平均值差值的平方和的平均值的平方根,故又称为均方偏差。其计算式为:

$$\sigma = \sqrt{\frac{1}{n}\sum_{i=1}^{n}(x_i - \overline{x})^2} = \sqrt{\frac{\sum_{i=1}^{n} d_i^2}{n}} \tag{2-2}$$

在有限次测量中,工程上常用下式计算标准偏差:

$$\sigma_{n-1} = \sqrt{\frac{1}{n-1}\sum_{i=1}^{n}(x_i - \overline{x})^2} \tag{2-3}$$

由于上式中是用算术平均值代替了未知的真值,故用偏差这个词代替了误差,将由此式求得的均方根误差也称之为均方根偏差。测量次数越多,算术平均值越接近于真值,则各偏差也越接近于误差。因此工程中一般不去区分误差与偏差的细微区别,而将均方根偏差也称之为均方根误差简称为均方差,则真值可用多次测量值的结果表示为:

$$a = \overline{x} \pm \sigma$$

3. 误差计算举例

正交实验设计[例1-1]中,自吸式射流曝气器在水深 $H = 5.5 \mathrm{m}$,工作压力 $P = 0.10 \mathrm{MPa}$,面积比 $m = 4.0$,长径比 $L/D = 120$ 倍的情况下,12组清水充氧实验结果如表2-1所示。

自吸式射流曝气器清水充氧实验结果 表2-1

实验组号	动力效率 E_p (kg/(kWh))	实验组号	动力效率 E_p (kg/(kWh))	实验组号	动力效率 E_p (kg/(kWh))
60	1.00	64	1.35	68	1.45
61	1.08	65	1.21	69	1.14
62	1.20	66	1.33	70	1.63
63	1.32	67	1.62	71	1.31

(1) 求其均值并计算第64组结果的绝对误差与相对误差。

$$均值 \overline{E_p} = \frac{1}{n}\sum_{i=1}^{n} E_{pi} = 1.30$$

$$绝对误差 = E_{p64} - \overline{E_p} = 1.35 - 1.30 = 0.05 \text{kg/(kW·h)}$$

$$相对误差 = \frac{0.05}{1.30} \times 100\% = 3.8\%$$

(2) 求其算术平均误差和标准误差

1) 充氧动力效率的算术平均误差计算

$$按公式\ \Delta x = \frac{\sum_{i=1}^{n} |x_i - \overline{x}|}{n}$$

$$则\quad \Delta x = \frac{|(1.00-1.30)+(1.08-1.30)+\cdots\cdots+(1.31-1.30)|}{12} = 0.15$$

所以 $\quad E_p = 1.30 \pm 0.15 \text{kg/(kW·h)}$

2) 标准误差计算

$$\sigma_{n-1} = \sqrt{\frac{\sum_{i=1}^{n}(x_i-\overline{x})^2}{n-1}}$$

$$则\ \sigma_{n-1} = \sqrt{\frac{(1.00-1.30)^2+(1.08-1.30)^2+\cdots\cdots+(1.31-1.30)^2}{12-1}}$$

$$= \sqrt{\frac{0.428}{11}} = 0.197$$

所以 $E_p = 1.30 \pm 0.197 \text{kg/(kW·h)}$

2.1.3 间接测量值误差分析

间接测量值是通过一定的公式,由直接测量值计算而得。由于直接测量值均有误差,故间接测量值也必有一定的误差。该值大小不仅取决于各直接测量值误差大小,还取决于公式的形式。表达各直接测量值误差与间接测量值误差间的关系式,称之为误差传递公式。

1. 间接测量值算术平均误差计算

这种误差分析,是在考虑各项误差同时出现最不利情况时,其绝对值相加而得。计算时可分为以下几类。

(1) 加减法运算中间接测量值误差分析

设 $N = A + B$

$\quad N = A - B$

则有 $\qquad\qquad\qquad \Delta N = \Delta A + \Delta B \qquad\qquad\qquad$ (2-4)

即和、差运算的绝对误差等于各直接测得值的绝对误差之和。

(2) 乘、除运算中间接测量值误差

设 $N = A \cdot B$

$$N = \frac{A}{B}$$

则有
$$\delta = \frac{\Delta N}{N} = \frac{\Delta A}{A} + \frac{\Delta B}{B} \tag{2-5}$$

即乘、除运算的相对误差等于各直接测量值相对误差之和。

由上述结论可见，当间接测量值计算式只含加、减运算时，以先计算绝对误差后计算相对误差为宜；当式中只含乘、除、乘方、开方时，以先计算相对误差，后计算绝对误差为宜。

2. 间接测量值标准误差计算

由于间接测量值算术平均误差是在考虑各项误差同时出现最不利情况下的计算结果，这在实验工程中出现的可能性是很小的，因而按此法算得的误差夸大了间接测量值的误差，故工程实际多采用标准误差进行间接测量值的误差分析，其误差传递公式如下：

绝对误差

$$\sigma = \sqrt{\left(\frac{\partial f}{\partial x_1}\right)^2 \cdot \sigma_{x_1}^2 + \left(\frac{\partial f}{\partial x_2}\right)^2 \cdot \sigma_{x_2}^2 + \cdots\cdots + \left(\frac{\partial f}{\partial x_n}\right)^2 \cdot \sigma_{x_n}^2} \tag{2-6}$$

相对误差

$$\delta = \frac{\sigma}{N}$$

式中　　　σ——间接测量值的标准误差；

σ_{x_1}、$\cdots\cdots\sigma_{x_n}$——直接测量值 x_1、$\cdots\cdots x_n$ 的标准误差；

$\frac{\partial f}{\partial x_1}$、$\frac{\partial f}{\partial x_2}$、$\frac{\partial f}{\partial x_3}\cdots\cdots$——函数 $f(x_1 \cdot x_2 \cdots\cdots x_n)$ 对变量 $x_1 \cdot x_2 \cdots\cdots$ 的偏导数，并以 $\overline{x_1} \cdot \overline{x_2} \cdots\cdots$ 代入求其值。

由于上式更真实地反映了各直接测量值误差与间接测量值误差间的关系，因此在正式误差分析计算中都用此式。但实际实验中，并非所有直接测量值都进行多次测量，此时所算得的间接测量值误差，比用各直接测量值的误差均为标准误差算得的误差要大一些。

3. 间接测量值的标准误差分析举例

仍以上例中第 64 组实验为准。曝气充氧动力效率 E_p 的计算公式如下：

$$E_p = \frac{E_L}{N} = \frac{60}{1000} \frac{K_{La(20)} \cdot C_s \cdot V}{\frac{Q \cdot H}{367.2}}$$

式中　$K_{La(20)}$——氧总转移系数，1/min。第 64 组实验结果测得 $K_{La(20)}$ 共 11 个值，其值如下：

0.065，0.063，0.070，0.074，0.070，0.068，0.065，0.067，

0.071，0.072，0.069。

其均值 $\overline{K}_{La(20)} = 0.069$（1/min），标准差 $\sigma_{K_{La(20)}} = 0.003$

C_s——1atm、20℃水中氧饱和浓度值，$C_s = 9.17$mg/L；

$\dfrac{60}{1000}$——单位换算系数；

E_L——充氧能力 mg/(L·min)；

V——曝气液体积，$W = 14.08$m³，误差 $= 0.0001$；

N——水泵理论功率，为 $N = \dfrac{QH}{367.2}$，kW·h。

式中 Q——通过喷嘴的流量由转子流量计记量，精度2.5级，实验中 $Q = 15.3$m³/h，则误差 $\sigma_Q = 15.3 \times 0.025 = 0.38$m³/h；

H——水泵扬程，$H = 10$m 水柱，压力表精度 1.5 级，则误差 $\sigma_H = 10 \times 0.015 = 0.15$m。

按公式计算：

$$N = \dfrac{QH}{367.2} = \dfrac{15.3 \times 10}{367.2} = 0.417 \text{kW} \cdot \text{h}$$

按误差传递理论公式，则：

$$\sigma_N = \sqrt{\left(\dfrac{\partial N}{\partial Q}\right)^2 \cdot \sigma_Q^2 + \left(\dfrac{\partial N}{\partial H}\right)^2 \cdot \sigma_H^2}$$

$$= \dfrac{1}{367.2}\sqrt{(H \cdot \sigma_Q)^2 + (Q_{\sigma H})^2}$$

$$= \dfrac{1}{367.2}\sqrt{(10 \times 0.38)^2 + (15.3 \times 0.15)^2} = 0.012$$

相对误差 $\delta_N = \dfrac{\sigma_N}{N} = \dfrac{0.012}{0.417} \times 100\% = 2.9\%$

按传递理论公式，则充氧动力效率的绝对误差计算如下：

$$\sigma_{E_p} = \sqrt{\left(\dfrac{\partial E_p}{\partial K_{La(20)}}\right)^2 \cdot \sigma_{K_{La(20)}}^2 + \left(\dfrac{\partial E_p}{\partial V}\right)^2 \cdot \sigma_V^2 + \left(\dfrac{\partial E_p}{\partial N}\right)^2 \cdot \sigma_N^2}$$

$$= \dfrac{60 \times 9.17}{1000}\sqrt{\left(\dfrac{V}{N}\right)^2 \cdot \sigma_{K_{La(20)}}^2 + \left(\dfrac{K_{La(20)}}{N}\right)^2 \cdot \sigma_V^2 + \left(\dfrac{-K_{La(20)} \cdot V}{N^2}\right) \cdot \sigma_N^2}$$

$$= 0.55\sqrt{\left(\dfrac{14.08}{0.417}\right)^2 \cdot 0.003^2 + \left(\dfrac{0.069}{0.417}\right)^2 \cdot 0.0001^2 + \left(\dfrac{-0.069 \times 14.08}{0.417^2}\right)^2 \cdot 0.012^2}$$

$$= 0.55 \times 0.122 = 0.067$$

相对误差 $\delta_{E_p} = \dfrac{0.067}{1.30} \times 100\% = 5.2\%$

2.1.4 测量仪器精度的选择

掌握了误差分析理论后，就可以在实验中正确选择所使用仪器的精度，以保证实验成果有足够精度。

工程中，当要求间接测量值 N 的相对误差为 $\frac{\sigma_N}{N} = \delta_N \leq A$ 时，通常采用等分配方案将其误差分配给各直接测量值 x_i，即：

$$\frac{\sigma_{x_i}}{x_i} \leq \frac{1}{n}A$$

式中　　x_i——某待测量 x_i 的直接测量值；

σ_{x_i}——某直接测量值 x_i 的绝对误差值；

n——待测量值的数目。

则根据 $\frac{1}{n}A$ 的大小就可以选定测量 x_i 时所用仪器的精度。

在仪器精度能满足测试要求的前提下，尽量使用精度低的仪器，否则由于仪器对周围环境、操作等要求过高，使用不当，反而加速仪器的损坏。

2.2　实验数据整理

实验数据整理目的：分析实验数据的一些基本特点，计算实验数据的基本统计特征，利用计算得到一些参数，分析实验数据中可能存在的异常点，为实验数据取舍提供一定的统计依据。

2.2.1　有效数字及其运算

每一个实验都要记录大量原始数据，并对它们进行分析运算。但是这些直接测量数据都是近似数，存在一定误差，因此这就存在一个实验时记录应取几位数，运算后又应保留几位数的问题。

1. 有效数字

准确测定的数字加上最后一位估读数字（又称存疑数字）所得的数字称为有效数字。如用 20mL 刻度为 0.1mL 的滴管测定水中溶解氧含量，其消耗硫代硫酸钠为 3.63mL 时，有效数字为 3 位，其中 3.6 为确切读数，而 0.03 为估读数字。因此实验中直接测量值的有效数字与仪表刻度有关，根据实际可能一般都应尽可能估计到最小分度的 1/10 或是 1/5、1/2。

2. 有效数字的运算规则

由于间接测量值是由直接测量值计算出来的，因而也存在有效数字的问题，通常的运算规则：

（1）有效数字的加、减。运算后和、差小数点后有效数字的位数，与参加运算各数中小数点后位数最少的相同。

（2）有效数字的乘除。运算后积、商的有效数字的位数与各参加运算有效数中位数最少的相同。

(3) 乘方、开方的有效数字。乘方、开方运算后的有效数字的位数与其底的有效数字位数相同。

有效数字运算时，应注意到，公式中某些系数不是由实验测得，计算中不考虑其位数。对数运算中，首数不算有效数字。乘除运算中，首位数是8或9的有效数字多计一位。

2.2.2 实验数据整理

1. 实验数据的基本特点

对实验数据进行简单分析后，可以看出，实验数据一般具有以下一些特点：

(1) 实验数据总是以有限次数给出并具有一定波动性。

(2) 实验数据总存在实验误差，且是综合性的，即随机误差、系统误差和过失误差同时存在于实验数据中。今后我们所研究的实验数据，认为是没有系统误差的数据。

(3) 实验数据大都具有一定的统计规律性。

2. 几个重要的数字特征

用几个有代表性的数，来描述随机变量 x 的基本统计特征，一般把这几个数称为随机变量 x 的数字特征。

实验数据的数字特征计算，就是由实验数据计算一些有代表性的特征量，用以浓缩、简化实验数据中的信息，使问题变得更加清晰、简单、易于理解和处理，本处给出分别用来描述实验数据取值的大致位置、分散程度和相关特征等的几个数字特征参数。

(1) 位置特征参数及其计算

实验数据的位置特征参数，是用来描述实验数据取值的平均位置和特定位置的，常用的有均值、极大值、极小值、中值、众值等等。

1) 均值 $\bar{x}$。如由实验得到一批数据 x_1、x_2……x_n，n 为测试次数，则算术平均值为：

$$\bar{x} = \frac{1}{n} \cdot \sum_{i=1}^{n} x_i$$

算术平均值 $\bar{x}$ 具有计算简便，对于符合正态分布的数据与真值接近的优点，它是指示实验数据取值平均位置的特征参数。

2) 极大值 $a = \max \{x_1 \cdot x_2 \cdots x_n\}$

极小值 $b = \min \{x_1 \cdot x_2 \cdots x_n\}$

是一组测试数据中极大与极小值。

3) 中值 $\tilde{x}$

中值是一组实验数据的中项测量值，其中一半实验数据小于此值，另一半实验数据大于此值。若测得数为偶数时，则中值为正中两个值的平均值。该值可以反映全部实验数据的平均水平。

4) 众值 N 是实验数据中出现最频繁的量，故也是最可能值，其值即为所求频率的极大值出现时的量，因此，众值不像上述几个位置特征参数那样可以迅速直接求得，而是应先求得频率分布再从中确定。

(2) 分散特征参数及其计算

分散特征参数被用来描述实验数据的分散程度，常用的有极差、标准差、方差、变异系数等。

1) 极差 R

$$R = \max\{x_1 \cdot x_2 \cdots x_n\} - \min\{x_1 \cdot x_2 \cdots x_n\}$$

是一最简单的分散特征参数，为一组实验数据极大值与极小值之差，可以度量数据波动的大小，它具有计算简便的优点，但由于它没有充分利用全部数据提供的信息，而是过于依赖个别的实验数据，故代表性较差，反映实验情况的精度较差。实验应用中，多用以均值 $\bar{x}$ 为中心的分散特征参数，如方差、标准差、变异系数等。

2) 方差和标准差

$$\text{方差 } \sigma^2 = \frac{1}{n-1}\sum_{i=1}^{n}(x_i - \bar{x})^2$$

$$\text{标准差 } \sigma = \sqrt{\frac{1}{n-1}\sum_{i=1}^{n}(x_i - \bar{x})^2}$$

两者都是表明实验数据分散程度的特征数。标准差也叫均方差，与实验数据单位一致，可以反映实验数据与均值之间的平均差距，这个差距愈大，表明实验所取数据愈分散，反之表明实验数值愈集中。方差这一特征数所取单位与实验数据单位不一致，但是标准差大，则方差大，标准差小则方差小，所以方差同样可以表明实验数据取值的分散程度。

3) 变异系数 C_r

$$C_r = \frac{\sigma}{\bar{x}}$$

变异系数可以反映数据相对波动的大小，尤其是对标准差相等的两组数据，$\bar{x}$ 大的一组数据相对波动小，$\bar{x}$ 小的一组数据相对波动大。而极差 R、标准差 σ 只反映了数据的绝对波动大小，因此，此时变异系数的应用就显得更为重要。

(3) 相关特征参数

为表示变量间可能存在的关系，常常采用相关特征参数，如线性相关系数等。其计算将在回归分析中介绍，它反映变量间存在的线性关系的强弱。

2.2.3 实验数据中可疑数据的取舍

1. 可疑数据

整理实验数据进行计算分析时，常会发现有个别测量值与其他值偏差很大，这些值有可能是由于偶然误差造成，也可能是由于过失误差或条件的改变而造成。所以在实验数据整理的整个过程中，控制实验数据的质量，消除不应有的实验误差，是非常重要的，但是对于这样一些特殊值的取舍一定要慎重，不能轻易舍弃，因为任何一个测量值都是测试结果的一个信息，通常我们将个别偏差大的，不是来自同一分布总体的、对实验结果有明显影响的测量数据称为离群数据；而将可能影响实验结果，但尚未证明确定是离群数据的测量数据称为可疑数据。

2. 可疑数据的取舍

舍掉可疑数据虽然会使实验结果精密度提高，但是可疑数据并非全都是离群数据，因为正常测定的实验数据总有一定的分散性，因此不加分析，人为地全部删掉，虽然可能删去了离群数据，但也删去了一些误差较大的并非错误的数据，则由此得到的实验结果并不一定就符合客观实际，因此可疑数据的取舍，必须遵循一定的原则，一般这项工作由一些具有丰富经验的专业人员根据下述原则进行：

实验中由于条件改变、操作不当或其他人为的原因产生离群数值，并有当时记录可供参考。

没有肯定的理由证明它是离群数值，而从理论上分析，此点又明显反常时，可以根据偶然误差分布的规律，决定它的取舍。一般应根据不同的检验目的选择不同的检验方法，常用的方法有以下三种。

(1) 用于一组测量值的离群数据的检验

常用的方法有如下2个：

1) 3σ 法则

实验数据的总体是正态分布（一般实验数据多为此分布）时，先计算出数列标准误差，求其极限误差 $K_\sigma = 3\sigma$，此时测量数据落于 $\bar{x} \pm 3\sigma$ 范围内的可能性为99.7%，也就是说，落于此区间外的数据只有0.3%的可能性，这在一般测量次数不多的实验中是不易出现的，若出现了这种情况则可认为是由于某种错误造成的。因此这些特殊点的误差超过极限误差后，可以舍弃。一般把依次进行可疑数据取舍的方法称为 3σ 法则。

2) 肖维涅准则

实验工程中常根据肖维涅准则利用表 2-2 决定可疑数据的取舍。表中 n 为测量次数。K 为系数，$K_\sigma = K \cdot \sigma$ 为极限误差，当可疑数据的误差大于 K_σ 极限误差时，即可舍弃。

(2) 用于多组测量值的均值的离群数据的检验法——Crubbs 检验法（克罗勃斯法）

常用的克罗勃斯检验法的步骤为：

1) 计算统计量 T

将 m 个组的测定均值按大小顺序排列成 $\bar{x}_1$、$\bar{x}_2$、……$\bar{x}_{m-1}$、$\bar{x}_m$，其中最大、最小均值记为 $\bar{x}_{\max}$、$\bar{x}_{\min}$，求此数列的均值并记为总均值 $\bar{\bar{x}}$。求此数列的标准误差 $\sigma_{\bar{x}}$。

肖维涅准则系数 K 表 2-2

n	K	n	K	n	K
4	1.53	10	1.96	16	2.16
5	1.65	11	2.00	17	2.18
6	1.73	12	2.04	18	2.20
7	1.79	13	2.07	19	2.22
8	1.86	14	2.10	20	2.24
9	1.92	15	2.13		

$$\bar{\bar{x}} = \frac{1}{m}\sum_{i=1}^{m}\bar{x}_i$$

$$\sigma_{\bar{x}} = \sqrt{\frac{1}{m-1}\sum_{i=1}^{m}(\bar{x}_i - \bar{\bar{x}})^2}$$

并按下式进行可疑数据为最大及最小均值时的统计量 T 的计算：

$$T = \frac{\bar{x}_{\max} - \bar{\bar{x}}}{\sigma_{\bar{x}}} \tag{2-7}$$

$$T = \frac{\bar{\bar{x}} - \bar{x}_{\min}}{\sigma_{\bar{x}}} \tag{2-8}$$

2) 查临界值 T_a

根据给定的显著性水平 α 和测定的组数 m，由附表 2.（1）查得克罗勃斯检验临界值 T_a。

3) 判断

若计算统计量 $T > T_{0.01}$，则可疑均值为离群数值，可舍掉，即舍去了与均值相应的一组数据。

若 $T_{0.05} < T \leqslant T_{0.01}$，则 T 为偏离数值。

若 $T \leqslant T_{0.05}$ 则为正常数值。

(3) 用于多组测量值方差的离群数据检验法——Cochran 最大方差检验法

此法既可用于剔除多组测定中精密度较差的一组数据，也可用于多组测定值的方差一致性检验（即等精度检验）。

1) 计算统计量 C

将 m 个组测定的每组标准差按大小顺序排列 σ_1、σ_2、……σ_m 最大记为 $\sigma_{\max}$，按下式计算统计量 C：

$$C = \frac{\sigma_{max}^2}{\sum_{i=1}^{m} \sigma_i^2} \tag{2-9}$$

当每组仅测定两次时，统计量用极差计算：

$$C = \frac{R_{max}^2}{\sum_{i=1}^{m} R} \tag{2-10}$$

式中　R——每组的极差值；

　　　R_{max}——m 组极差中的最大值。

2) 查临界值 C_α 根据给定的显著性水平 α 及测定组数 m，每组测定次数 n，由附表 2.（2）Cochran 最大方差检验临界值 C_r 表查得 C_α 值。

3) 给出判断

若 $C > C_{0.01}$ 则可疑方差为离群方差，说明该组数据精密度过低，应予剔除。

当 $C_{0.05} < C < C_{0.01}$ 则可疑方差为偏离方差。

若 $C \leqslant C_{0.05}$ 则可疑方差为正常方差。

2.2.4　实验数据整理计算举例

前述自吸式射流曝气清水充氧实验中，喷嘴直径 $d = 20\text{mm}$。在水深 $H = 5.5\text{m}$，工作压力 $P = 0.10\text{MPa}$，面积比 $m = 4$，长径比 $L/D = 120$ 的情况下，共进行了 12 组实验。每一组实验中同时可得几个氧总转移系数值，求其均值后，则可得 12 组实验的 $K_{La(20)}$ 的均值，并可求得 12 组标准差 σ_{n-1}。现将第 64 组测定结果的 $K_{La(20)}$ 及 $K_{La(20)}$ 的均值和各组标准差值 σ_{n-1} 列于表 2-3。

自吸式射流曝气清水充氧 $K_{La(20)}$　　　　　表 2-3

第 64 组 $K_{La(20)}$ 值		12 组 $K_{La(20)}$ 的均值		12 组的 σ_{n-1} 值	
组号	$K_{La(20)}$ (1/min)	组号	$K_{La(20)}$ (1/min)	组号	$K_{La(20)}$ (1/min)
1	0.065	60	0.053	60	0.0027
2	0.063	61	0.082	61	0.0035
3	0.070	62	0.090	62	0.0026
4	0.074	63	0.067	63	0.0030
5	0.070	64	0.069	64	0.0033
6	0.068	65	0.060	65	0.0028
7	0.065	66	0.066	66	0.0029
8	0.067	67	0.085	67	0.0031
9	0.071	68	0.077	68	0.0032
10	0.072	69	0.061	69	0.0033
11	0.069	70	0.090	70	0.0028
		71	0.072	71	0.0029

现对这些数据进行整理，判断有否离群数据。

1. 首先判断每一组的 $K_{La(20)}$ 值有否离群数据，是否应予去除。

（1）按 3σ 法则

计算第 64 组 $K_{La(20)}$ 的标准差得 $\sigma = 0.003$，极限误差 $K_\delta = 3\sigma = 3 \times 0.003 = 0.009$

计算第 64 组 $K_{La(20)}$ 的均值 $\overline{K}_{La(20)} = 0.069$，则：

$$\overline{x} \pm 3\sigma = 0.069 \pm 0.009 = 0.060 \sim 0.078$$

由于第 64 组测得 $K_{La(20)}$ 值 $0.063 \sim 0.074$ 均落于 $0.060 \sim 0.078$ 范围内，故该组测得数据中，无离群数据。

（2）按肖维涅准则判断（不按 3σ 法按此法也可）

由于测量次数 $n = 11$，查表 2-2 得 $K = 2$，则极限误差为 $K_\delta = 2 \times 0.003 = 0.006$

因均值 $\overline{K}_{La(20)} = 0.069$，该组数据中，极大、极小值的误差为 $0.074 - 0.069 = 0.005 < K_\delta = 0.006$

$0.069 - 0.063 = 0.006 \leqslant K_\sigma = 0.006$

故该数据无离群数据。

2. 利用 Grubbs 检验法，检验 12 组测量均值有否离群数据。

12 组 $K_{La(20)}$ 的均值按大小顺序排列如下：

0.053、0.060、0.061、0.066、0.067、0.069、0.072、0.077、0.082、0.085、0.090、0.090。

将数列中最大值最小值记为 $K_{La(20)_{max}} = 0.090$，$K_{La(20)_{min}} = 0.053$

计算本数列均值为 $\overline{x} = 0.073$，标准差 $\sigma = 0.012$

当可疑数字为最大值时，按下式计算统计量 T_{max}

$$T_{max} = \frac{K_{La(20)_{max}} - \overline{K}_{La(20)}}{\sigma} = \frac{0.090 - 0.073}{0.012} = 1.42$$

当可疑数字为最小值时，按下式计算统计量 T_{min}

$$T_{min} = \frac{\overline{K}_{La(20)} - K_{La(20)_{min}}}{\sigma} = \frac{0.073 - 0.053}{0.012} = 1.67$$

由附表 2·（1）查得 $m = 12$ 显著性水平为 $\alpha = 0.05$ 时，$T_{0.05} = 2.285$

由于 $T_{max} = 1.42 < 2.285$

$T_{min} = 1.67 < 2.285$

故所得 12 组的 $K_{La(20)}$ 均值均为正常值。

3. 利用 Cochran 最大方差检验法，检验 12 组测量值的标准方差有否离群数据

12 组标准差按大小顺序排列如下：

0.0026、0.0027、0.0028、0.0028、0.0029、0.0029、0.0030、0.0031、0.0032、0.0033、0.0033、0.0035

最大标准差 $\sigma_{max} = 0.0035$，其统计量

$$C = \frac{\sigma_{max}^2}{\sum_{i=1}^{m}\sigma_i^2} = \frac{0.0035^2}{0.0026^2 + 0.0027^2 + \cdots\cdots + 0.0035^2} = 0.112$$

根据显著性水平 $\alpha = 0.05$，组数 $m = 12$，假定每组测定次数 $n = 6$，查得 $C_{0.05} = 0.262$。

由于 $C = 0.112 < 0.262$，故 12 组标准差值无离群数据。

2.3 数据处理

在对实验数据进行整理剔除了错误数据之后，数据处理的目的就是要充分使用实验所提供的这些信息，利用数理统计知识，分析各个因素（即变量）对实验结果的影响及影响的主次；寻找各个变量间的相互影响的规律或用图形、表格或经验式等加以表示。

水处理实验，不仅影响因素多，而且大多数因素相互间变化规律也不十分清晰，因而学好这一节，对于我们进行水处理实验的分析整理，正确认识客观规律，是一个关键。

2.3.1 单因素方差分析

1. 方差分析

方差分析 是在 20 年代由英国统计学家费舍尔（R. A. Fesher）所创，它是分析实验数据的一种方法。它所要解决的基本问题是通过数据分析，搞清与实验研究有关的各个因素（可定量或定性表示的因素）对实验结果的影响及影响的程度、性质。

方差分析的基本思想 是通过数据的分析，将因素变化所引起的实验结果间差异与实验误差的波动所引起的实验结果的差异区分开来，从而弄清因素对实验结果的影响，如果因素变化所引起实验结果的变动落在误差范围以内，或者与误差相关不大，我们可以判断因素对实验结果无显著影响；相反，如果因素变化所引起实验结果的变动超过误差范围，我们就可以判断因素变化对实验结果有显著的影响。从以上方差分析基本思想中可以了解，用方差分析法来分析实验结果，关键是寻找误差范围，利用数理统计中 F 检验法可以帮助我们解决这个问题。下面简要介绍应用 F 检验法进行方差分析的方法。

2. 单因素的方差分析

这是研究一个因素对实验结果是否有影响及影响程度如何的问题。

(1) 问题的提出

为研究某因素不同水平对实验结果有无显著的影响,设有 A_1、A_2……A_b 个水平,在每一水平下进行 a 次实验,实验结果是 x_{ij},x_{ij} 表示在 A_i 水平下进行的第 j 个实验。现在要通过对实验数据的分析,研究水平的变化对实验结果有无显著影响。

(2) 几个常用统计名词

1) 水平平均值,该因素下某个水平实验数据的算术平均值。

$$\overline{x_i} = \frac{1}{a} \sum_{j=1}^{a} x_{ij} \tag{2-11}$$

2) 因素总平均值,该因素下各水平实验数据的算术平均值。

$$\overline{x} = \frac{1}{n} \sum_{i=1}^{b} \sum_{j=1}^{a} x_{ij} \tag{2-12}$$

其中 $n = a \cdot b$

3) 总偏差平方和与组内、组间偏差平方和,总偏差平方和是各个实验数据与它们总平均值之差的平方和。

$$S_T = \sum_{i=1}^{b} \sum_{j=1}^{a} (x_{ij} - \overline{x})^2 \tag{2-13}$$

总偏差平方和反映了 n 个数据分散和集中程度,S_T 大说明这组数据分散,S_T 小说明这组数据集中。

造成总偏差的原因有两个,一个是由于测试中误差的影响所造成,表现为同一水平内实验数据的差异,以 S_E 组内差方和表示;另一个是由于实验过程中,同一因素所处的不同水平的影响,表现为不同实验数据均值之间的差异,以因素的组间差方和 S_A 表示。

因此,有 $S_T = S_E + S_A$

工程技术上,为了便于应用和计算,常用下式进行计算,将总偏差平方和分解成组间偏差平方和与组内偏差平方和,通过比较,从而判断因素影响的显著性。

组间差方和 $S_A = Q - P$ (2-14)

组内差方和 $S_E = R - Q$ (2-15)

总差方和 $S_T = S_A + S_E$ (2-16)

式中

$$P = \frac{1}{ab} \Big(\sum_{i=1}^{b} \sum_{j=1}^{a} x_{ij} \Big)^2 \tag{2-17}$$

$$Q = \frac{1}{a} \sum_{i=1}^{b} \Big(\sum_{j=1}^{a} x_{ij} \Big)^2 \tag{2-18}$$

$$R = \sum_{i=1}^{b} \sum_{j=1}^{a} x_{ij}^2 \tag{2-19}$$

4) 自由度,方差分析中,由于 S_A、S_E 的计算是若干项的平方和,其大小与参加求和项数有关，为了在分析中去掉项数的影响，故引入了自由度的概念。自由度是数理统计中的一个概念，主要反映一组数据中真正独立数据的个数。

S_T 的自由度为实验次数减 1

$$f_T = a \cdot b - 1 \tag{2-20}$$

S_A 的自由度为水平数减 1

$$f_A = b - 1 \tag{2-21}$$

S_E 的自由度为水平数与实验次数减 1 之积

$$f_E = b(a - 1) \tag{2-22}$$

(3) 单因素方差分析步骤

对于具有 b 个水平的单因素，每个水平下进行 a 次重复实验得到一组数据，方差分析的步骤、计算如下：

1) 列成表 2-4；

单因素方差分析计算表　　　　表 2-4

	A_1	A_2	…	A_i	…	A_b	
1	x_{11}	x_{21}	…	x_{i1}	…	x_{b1}	
2	x_{12}	x_{22}	…	x_{i2}	…	x_{b2}	
⋮	⋮	⋮		⋮		⋮	
j	x_{1j}	x_{2j}	…	x_{ij}	…	x_{bj}	
⋮	⋮	⋮		⋮		⋮	
a	x_{1a}	x_{2a}	…	x_{ia}	…	x_{ba}	
Σ	$\sum_{j=1}^{a} x_{1j}$	$\sum_{j=1}^{a} x_{2j}$	…	$\sum_{j=1}^{a} x_{ij}$	…	$\sum_{j=1}^{a} x_{bj}$	$\sum_{i=1}^{b}\sum_{j=1}^{a} x_{ij}$
$(\Sigma)^2$	$\left(\sum_{j=1}^{a} x_{1j}\right)^2$	$\left(a\sum_{j=1}^{a} x_{2j}\right)^2$	…	$\left(a\sum_{j=1}^{a} x_{ij}\right)^2$	…	$\left(\sum_{j=1}^{a} x_{bj}\right)^2$	$\sum_{i=1}^{b}\left(\sum_{j=1}^{a} x_{ij}\right)^2$
Σ^2	$\sum_{j=1}^{a} x_{1j}^2$	$\sum_{j=1}^{a} x_{2j}^2$	…	$\sum_{j=1}^{a} x_{ij}^2$	…	$\sum_{j=1}^{a} x_{bj}^2$	$\sum_{i=1}^{b}\sum_{j=1}^{a} x_{ij}^2$

2) 计算有关的统计量 S_T、S_A、S_E 及相应的自由度；

3) 列成表 2-5 并计算 F 值。

方　差　分　析　表　　　　表 2-5

方差来源	差方和	自由度	均方	F
组间误差（因素 A）	S_A	$b - 1$	$\overline{S}_A = \dfrac{S_A}{b-1}$	$F = \dfrac{\overline{S}_A}{\overline{S}_E}$
组内误差	S_E	$b(a-1)$	$\overline{S}_E = \dfrac{S_E}{b(a-1)}$	
总和	$S_T = S_A + S_E$	$Ab - 1$		

F值是因素不同水平对实验结果所造成的影响和由于误差所造成的影响的比值。F值越大，说明因素变化对成果影响越显著；F越小，说明因素影响越小，判断影响显著与否的界限由F表给出。

4) 由附表3F分布表，根据组间与组内自由度 $n_1 = f_A = b - 1$，$n_2 = f_E = b(a-1)$ 与显著性水平 α，查出临界值 λ_α。

5) 分析判断

若 $F > \lambda_\alpha$，则反映因素对实验结果（在显著性水平 α 下）有显著的影响，是个重要因素。反之若 $F < \lambda_\alpha$，则因素对实验结果无显著影响，是一次要因素。

在各种显著性检验中，常用 $\alpha = 0.05$，$\alpha = 0.01$ 二个显著水平，选取哪一种水平，取决于问题的要求。通常称在水平 $\alpha = 0.05$ 下，当 $F < \lambda_{0.05}$ 时，认为因素对实验结果影响不显著；当 $\lambda_{0.05} < F < \lambda_{0.01}$ 时，认为因素对实验结果影响显著，记为 *；当 $F > \lambda_{0.01}$ 时，认为因素对实验结果影响特别显著，记为 * *。

对于单因素各水平不等重复实验或虽然是等重复实验，但由于数据整理中剔除了离群数据或其他原因造成各水平的实验数据不等时，此时单因素方差分析，只要对公式做适当修改即可，其他步骤不变。如某因素水平为 A_1、A_2……A_b 相应的实验次数为 a_1、a_2……$a_j a_a$ 则

$$P = \frac{1}{\sum_{i=1}^{b} a_j} \left(\sum_{i=1}^{b} \sum_{j=1}^{a_a} x_{ij} \right)^2 \tag{2-23}$$

$$Q = \sum_{i=1}^{b} \frac{1}{a_j} \left(\sum_{j=1}^{a_a} x_{ij} \right)^2 \tag{2-24}$$

$$R = \sum_{i=1}^{b} \sum_{j=1}^{a_a} x_{ij}^2 \tag{2-25}$$

3. 单因素方差分析计算举例

同一曝气设备在清水与污水中充氧性能不同，为了能根据污水生化需氧量正确地算出曝气设备在清水中所应供出的氧量，引入了曝气设备充氧修正系数 α、β 值。

$$\alpha = \frac{K_{La(20)w}}{K_{La(20)}}$$

$$\beta = \frac{C_{sw}}{C_s}$$

式中 $K_{La(20)w}$，$K_{La(20)}$——同条件下，20℃同一曝气设备在污水与清水中氧总转移系数，1/min；

C_{sw}，C_s——污水、清水中同温度、同压力下氧饱和溶解浓度，mg/L。

影响 α 值的因素很多,例如水质、水中有机物含量、风量、搅拌强度、曝气池内混合液污泥浓度等。今欲对混合液污泥浓度这一因素对 α 值的影响进行单因素方差分析,从而判定这一因素的显著性。

实验在其他因素固定,只改变混合液污泥浓度的条件下进行。实验数据如表2-6 所示,试进行方差分析,判断因素显著性。

不同污泥浓度对 α 值影响 表 2-6

污泥浓度 x (g/L)	$K_{La(20)w}$ (20℃) (1/min)			$\overline{K}_{La(20)w}$ (1/min)	α
1.45	0.2199	0.2377	0.2208	0.2261	0.958
2.52	0.2165	0.2325	0.2153	0.2214	0.938
3.80	0.2259	0.2097	0.2165	0.2174	0.921
4.50	0.2100	0.2134	0.2164	0.2133	0.904

污泥影响显著性方差分析 表 2-7 (1)

n \ x \ α	1.45	2.52	3.80	4.50	
1	0.932	0.917	0.957	0.890	
2	1.007	0.985	0.889	0.904	
3	0.936	0.912	0.917	0.917	
Σ	2.875	2.814	2.763	2.711	11.163
$(\Sigma)^2$	8.266	7.919	7.634	7.350	31.169
Σ^2	2.759	2.643	2.547	2.450	10.399

【解】

(1) 按照表2-4 的形式,列表 2-7 (1) 计算清水中 $K_{La(20)} = 0.2360$ (1/min)。

(2) 计算统计量与自由度。

$$P = \frac{1}{a \cdot b}\left(\sum_{i=j}^{b}\sum_{j=1}^{a} x_{ij}\right)^2$$

$$= \frac{1}{3 \times 4}(11.163)^2 = 10.384$$

$$Q = \frac{1}{a}\sum_{i=j}^{b}\left(\sum_{j=1}^{a} x_{ij}\right)^2$$

$$= \frac{1}{3} \times 31.169 = 10.390$$

$$R = \sum_{i=j}^{b}\sum_{j=1}^{a} x_{ij}^2 = 10.399$$

$$S_A = Q - P = 10.390 - 10.384 = 0.006$$

$$S_E = R - Q = 10.399 - 10.390 = 0.009$$
$$S_T = S_A + S_E = 0.006 + 0.009 = 0.15$$
$$f_T = a \cdot b - 1 = 3 \times 4 - 1 = 11$$
$$f_A = b - 1 = 4 - 1 = 3$$
$$f_E = b(a - 1) = 4(3 - 1) = 8$$

(3) 列表计算 F 值，见表2-7 (2)。

(4) 查临界值 λ_α。

由附表3 (1) F 分布表中，根据给出显著性水平 $\alpha = 0.05$，$n_1 = f_A = 3$，$n_2 = f_E = 8$，查得 $\lambda_{0.05} = 4.1$。

由于 $1.8 < 4.1$ 故污泥对 α 值有影响，但95%的置信度说明它不是一个显著影响因素。

污泥影响显著性分析 表2-7 (2)

方差来源	差方和	自由度	均方	F
污泥 S_A	0.006	3	0.002	1.82
误差 S_E	0.009	8	0.0011	
总和 S_T	0.015	11		

2.3.2 正交实验方差分析

1. 概述

正交实验成果分析，除了第1章介绍过的直观分析法外，还有方差分析法。直观分析法，优点是简单、直观，分析计算量小，容易理解，但因缺乏误差分析，所以不能给出误差大小的估计，有时难以得出确切的结论，也不能提供一个标准，用来考察、判断因素影响是否显著。而使用方差分析法，虽然计算量大一些，但却可以克服上述缺点，因而科研生产中广泛使用正交实验的方差分析法。

(1) 正交实验方差分析基本思想

与单因素方差分析一样，关键问题也是把实验数据总的差异即总偏差平方和，分解成两部分。一部分反映因素水平变化引起的差异，即组间（各因素的）偏差平方和；另一部分反映实验误差引起的差异，即组内偏差平方和。而后计算它们的平均偏差平方和即均方和，进行各因素组间均方和与误差均方和的比较，应用 F 检验法，判断各因素影响的显著性。

由于正交实验是利用正交表所进行的实验，所以方差分析与单因素方差分析也有所不同。

(2) 正交实验方差分析类型

利用正交实验法进行多因素实验，由于实验因素、正交表的选择、实验条件、精度要求等不同，正交实验结果的方差分析也有所不同，一般常遇到以下几类：

1）正交表各列未饱和情况下的方差分析；
2）正交表各列饱和情况下的方差分析；
3）有重复实验的正交实验方差分析。

三种正交实验方差分析的基本思想、计算步骤等等均一样，所不同之处，关键在于误差平方和 S_E 的求解，下面分别通过实例论述多因素正交实验的因素显著性判断。

2. 正交表各列未饱和情况下方差分析

多因素正交实验设计中，当选择正交表的列数大于实验因素数目时，此时正交实验结果的方差分析，即属这类问题。

由于进行正交表的方差分析时，误差平方和 S_E 的处理十分重要，而且又有很大的灵活性，因而在安排实验，进行显著性检验时，所进行正交实验的表头设计，应尽可能不把正交表的列占满，即要留有空白列，此时各空白列的偏差平方和及自由度，就分别代表了误差平方和 S_E 与误差项自由度 f_E。现举例说明正交表各列未饱和情况下方差分析的计算步骤。

【例题 2-1】 研究同底坡、同回流比、同水平投影面积下，表面负荷及池型（斜板与矩形沉淀池）对回流污泥浓缩性能的影响。指标以回流污泥浓度 x_R 与曝气池混合液（进入二沉池）的污泥浓度 x 之比表示。x_R/x 大，则说明污泥在二次沉淀池内浓缩性能好，在维持曝气池内污泥浓度 x 不变的前提下，可以减少污泥回流量，从而减少运行费用。

【解】

实验是一个 2 因素 2 水平的多因素实验，为了进行因素显著性分析，选择了 $L_4(2^3)$ 正交表，留有一空白项，以计算 S_E。

实验及结果如表 2-8。

斜板、矩形池回流污泥性能实验 $R = 100\%$　　　　表 2-8

实验号	因　　素			指标 (x_R/x)
	水力负荷 $[m^3/(m^2 \cdot h)]$	池　型	空　白	
1	0.45	斜	1	2.06
2	0.45	矩	2	2.20
3	0.60	斜	2	1.49
4	0.60	矩	1	2.04
K_1	4.26	3.55	4.10	$\Sigma = 7.79$
K_2	3.53	4.24	3.69	

(1) 列表计算各因素不同水平的效应值 K 及指标 y 之和,如表 2-8。
(2) 根据表 2-9 计算公式,求组间、组内偏差平方和。

正交实验统计量与偏差平方和计算式　　　　表 2-9

内容		计算式	
统计量	P	$P = \dfrac{1}{n}\left[\sum\limits_{z=1}^{n} y_z\right]^2$	(2-26)
	Q_i	$Q_i = \dfrac{1}{a}\sum\limits_{j=1}^{b} K_{ij}^2$	(2-27)
	W	$W = \sum\limits_{z=1}^{n} y_z^2$	(2-28)
偏差平方和	组间(即某因素的) S_i	$S_i = Q_i - P$ $i = A\,(1)、B\,(2) \cdots m$	(2-29)
	组内(即误差) S_E	$S_E = S_0 = Q_0 - P$ 或　$S_E = S_T - \sum\limits_{i=1}^{m} S_i$	(2-30) (2-31)
	总偏差 S_T	$S_T = W - P$ 或　$S_T = \sum\limits_{i=A}^{m} S_i + S_E$	(2-32) (2-33)

式中　n——实验总次数,即正交表中排列的总实验次数;
　　　b——某因素下水平数;
　　　a——某因素下同水平的实验次数;
　　　m——因素个数;
　　　i——因素代号,1、2、3……或 A、B、C……;
　　　S_0——空列项偏差平方和。

由表可见,误差平方和有两种计算方法。一是由总偏差减去各因素的偏差和,另一是由正交表中空余列的偏差平方和作为误差平方和,两种计算方法实质是一样的,因为根据方差分析理论,$S_T = \sum\limits_{i=1}^{m} S_i + S_E$,自由度间 $f_T = \sum\limits_{i=1}^{m} f_i + f_E$ 总是成立的。正交实验中,排有因素列的偏差,就是该因素的偏差平方和,而没有排上因素(或交互作用)列的偏差(即空白列的偏差),就是随机误差引起的偏差平方和,即 $S_E = \sum S_0$ 之和,而,

$$f_E = \sum f_0,\ \text{故}\ S_E = S_T - \sum S_i = \sum S_0$$

本例中

$$P = \frac{1}{n}\left(\sum_{z=1}^{n} y_z\right)^2 = \frac{1}{4}(7.79)^2 = 15.17$$

$$Q_A = \frac{1}{a}\sum_{j=1}^{b} K_{Aj}^2 = \frac{1}{2}(4.26^2 + 3.53^2) = 15.30$$

$$Q_B = \frac{1}{a}\sum_{j=1}^{b} K_{Bj}^2 = \frac{1}{2}(3.55^2 + 4.24^2) = 15.29$$

$$Q_C = \frac{1}{a}\sum_{j=1}^{b} K_{Cj}^2 = \frac{1}{2}(4.10^2 + 3.69^2) = 15.22$$

$$W = \sum_{z=1}^{n} y_z^2 = 2.06^2 + 2.2^2 + 1.49^2 + 2.04^2 = 15.47$$

则

$$S_A = Q_A - P = 15.30 - 15.17 = 0.13$$
$$S_B = Q_B - P = 15.29 - 15.17 = 0.12$$
$$S_E = S_C = Q_C - P = 15.22 - 15.17 = 0.05$$

或

$$S_T = W - P = 15.47 - 15.17 = 0.30$$

则

$$S_E = S_T - \sum S_i = 0.3 - 0.13 - 0.12 = 0.05$$

(3) 计算自由度

总和自由度为实验总次数减 1，$f_T = n - 1$
各因素自由度为水平数减 1，$f_i = b - 1$
误差自由度 $f_E = f_T - \Sigma f_i$
本例中

$$f_T = 4 - 1 = 3$$
$$f_A = 2 - 1 = 1$$
$$f_B = 2 - 1 = 1$$
$$f_E = F_T - f_A - f_B = 3 - 1 - 1 = 1$$

(4) 列方差分析检验表（表 2-10）

根据因素与误差的自由度，$n_1 = 1$、$n_2 = 1$ 和显著性水平 $\alpha = 0.05$，查附表 3F 分布表，得 $\lambda_{0.05} = 161.4$，由于 $F < \lambda_{0.05}$，故该二因素均为非显著性因素。（这一结论可能是因本实验中负荷选择偏小，变化范围过窄之故。）

方差分析检验表　　　　　　　　　表 2-10

方差来源	偏差平方和	自由度	均方	F 值	$F_{0.05}$
因素 A（负荷）	0.13	1	0.13	2.6	161.4
因素 B（池型）	0.12	1	0.12	2.4	161.4
误　差	0.05	1	0.05		
总　和	0.30	3			

3. 正交表各列饱和情况下方差分析

当正交各表各列全被实验因素及要考虑的交互作用占满,即没有空白列时,此时方差分析中 $S_E = S_T - \sum S_i$, $f = f_T - \sum f_i$。由于无空白列 $S_T = \sum S_i$, $f_T = \sum f_i$,而出现 $S_E = 0$, $f_E = 0$,此时,若一定要对实验数据进行方差分析,则只有用正交表中各因素偏差中几个最小的平方和来代替,同时,这几个因素不再作进一步的分析。或者是进行重复实验后,按有重复实验的方差分析法进行分析。下面举例说明各列饱和时正交实验的方差分析。

【例题 2-2】 为探讨制革消化污泥真空过滤脱水性能,确定设备过滤负荷与运行参数,利用 $L_9(3^4)$ 正交表进行了叶片吸滤实验。实验与结果如表 2-11 所示。

叶片吸滤实验及结果　　　　　表 2-11

实验号 \ 因素	吸滤时间 t_i (min)	吸干时间 t_d (min)	滤布种类	真空柱（Pa）	过滤负荷 (kg/(m²·h))
1	0.5	1.0	a	39990	15.03
2	0.5	1.5	b	53320	12.31
3	0.5	2.0	c	66650	10.87
4	1.0	1.0	b	66650	18.13
5	1.0	1.5	c	39990	12.86
6	1.0	2.0	a	53320	11.79
7	1.0	1.0	c	53320	17.28
8	1.5	1.5	a	66650	14.04
9	1.5	2.0	b	39990	11.34
K_1	38.21	50.44	40.86	39.23	
K_2	42.78	39.21	41.78	41.38	$\sum y = 123.65$
K_3	42.66	34.00	41.01	43.04	

注: 1mmHg = 133.322Pa; 39990Pa = 300mmHg;
　　53320Pa = 400mmHg; 66650Pa = 500mmHg;
　　a—尼龙 6501—5226;
　　b—涤纶小帆布;
　　c—尼龙 6501—5236。

试利用方差分析判断影响因素的显著性。

【解】
1. 列表计算各因素不同水平的水平效应值 K 及指标 y 之和,如表 2-11。
2. 根据表 2-9 公式,计算统计量与各项偏差平方和。

$$P = \frac{1}{n}\left(\sum_{z=1}^{n} y_z\right)^2 = \frac{1}{9}(123.65)^2 = 1698.81$$

$$Q_A = \frac{1}{a}\sum_{j=1}^{b} K_{Aj}^2 = \frac{1}{3}(38.21^2 + 42.78^2 + 42.66^2) = 1703.34$$

$$Q_B = \frac{1}{a}\sum_{j=1}^{b} K_{Bj}^2 = \frac{1}{3}(50.44^2 + 39.21^2 + 34.00^2) = 1745.87$$

$$Q_C = \frac{1}{a}\sum_{j=1}^{b} K_{Cj}^2 = \frac{1}{3}(40.86^2 + 41.78^2 + 41.01^2) = 1698.98$$

$$Q_D = \frac{1}{a}\sum_{j=1}^{b} K_{Dj}^2 = \frac{1}{3}(39.23^2 + 41.38^2 + 43.04^2) = 1701.25$$

$$W = \sum_{z=1}^{n} y_z^2 = 15.03^2 + 12.31^2 + 10.87^2 + 18.13^2 + 12.86^2 + 11.79^2 + 17.28^2 + 14.04^2 + 11.34^2 = 1752.99$$

则有

$$S_A = Q_A - P = 1703.34 - 1698.81 = 4.53$$
$$S_B = Q_B - P = 1745.87 - 1698.81 = 47.06$$
$$S_C = Q_C - P = 1698.98 - 1698.81 = 0.17$$
$$S_D = Q_D - P = 1701.25 - 1698.81 = 2.44$$

总偏差

$$S_T = W - P = 1752.99 - 1698.81 = 54.18$$

而

$$S_T = S_A + S_B + S_C + S_D = 4.53 + 47.06 + 0.17 + 2.44 = 54.2$$

由此可见,正交实验各列均排满因素,其误差平方和不能用式 $S_E = S_T - \Sigma S_i$ 求得,此时只能将正交表中因素偏差中几个小的偏差平方和代替误差平方和。本例中：

$$S_E = S_C + S_D = 0.17 + 2.44 = 2.61$$

3. 计算自由度

$$f_A = f_B = 3 - 1 = 2$$

4. 列方差分析检验表如表 2-12

$$f_E = f_C + f_D = 2 + 2 = 4$$

叶片吸滤实验方差分析检验表　　　　表 2-12

方差来源		差方和	自由度	均方	F 值	$\lambda_{0.05}$	显著性
因素（A）	吸滤时间	4.53	2	2.27	3.49	19.00	
因素（B）	吸滤时间	47.06	2	23.53	36.20	19.00	
误差 S_E		2.61	4	0.65			
总和		54.2	8				

根据因素的自由度 n_1 和误差的自由度 n_2,查附表 3（1）F 分布表 $\lambda_{0.05}$ = 19.00。

由于 $F_A < \lambda_{0.05}$,$F_B > \lambda_{0.05}$,故只有因素 B 为显著性因素。

4. 有重复实验的正交方差分析

除了前面谈到的,在用正交表安排多因素实验时,各列均被各因素和要考察的交互作用所排满,要进行正交实验方差分析,最好进行重复实验外,更多的是为了提高实验的精度,减少实验误差的干扰,也要进行重复实验。所谓重复实验,是真正的将每号实验内容重复做几次,而不是重复测量,也不是重复取样。

重复实验数据的方差分析,一种简单的方法,是把同一实验的重复实验数据取算术平均值,然后和没有重复实验的正交实验方差分析一样进行。这种方法虽简单,但是由于没有充分利用重复实验所提供的信息,因此不太常用。下面介绍一下工程中常用的分析方法。

重复实验方差分析的基本思想、计算步骤与前述方法基本一致,由于它与无重复实验的区别就在于实验结果的数据多少不同,因此,二者在方差分析上也有不同,其区别为:

(1) 在列正实验成果表与计算各因素不同水平的效应及指标 y 之和时

1) 将重复实验的结果(指标值)均列入成果栏内。

2) 计算各因素不同水平的效应 K 值时,是将相应的实验成果之和代入,个数为该水平重复数 a 与实验重复数 C 之积。

3) 成果 y 之和为全部实验结果之和,个数为实验次数 n 与重复次数 C 之积。

(2) 求统计量与偏差平方和时

1) 实验总次数 n' 为正交实验次数 n 与重复实验次数 C 之积。

2) 某因素下同水平实验次数 a' 为正交表中该水平出现次数 a 与重复实验次数 C 之积。

统计量 P、Q、W 按下列公式求解:

$$P = \frac{1}{n \cdot c} \cdot \left(\sum_{z=1}^{n} y_z \right)^2 \tag{2-34}$$

$$Q_i = \frac{1}{a \cdot c} \sum_{j=1}^{b} \cdot K_{ij}^2 \tag{2-35}$$

$$W = \frac{1}{c} \sum_{z=1}^{h} y_z^2 \tag{2-36}$$

(3) 重复实验时,实验误差 S_E 包括二部分,S_{E1} 和 S_{E2},$S_E = S_{E1} + S_{E2}$。

S_{E1} 为空列偏差平方和,本身包含有实验误差和模型误差两部分。由于无重复实验中误差项是指此类误差,故又叫第一类误差变动平方和,记为 S_{E1}。

S_{E2} 是反映重复实验造成的整个实验组内的变动平方和,是只反映实验误差大小的,故又叫第二类误差变动平方和,记为 S_{E2},其计算式为:

$$S_{E2} = 各成果数据平方和 - \frac{同一实验条件下成果数据和的平方之和}{重复实验次数}$$

$$= \sum_{i=1}^{n}\sum_{j=1}^{c} y_{ij}^2 - \frac{\sum_{i=1}^{n}(\sum_{j=1}^{c} y_{ij})^2}{c} \tag{2-37}$$

下面举例说明有重复实验的正交实验的方差分析。

【例题2-3】 同本章节2.3.1，由于曝气设备在清水与污水中充氧性能不同，在进行曝气系统设计时，必须引入修正系数 α、β 值。

根据国内外的实验研究：污水种类、有机物多少、混合液污泥浓度、风量（搅拌强度）、水温和曝气设备类型等，均影响 α 值。为了从中找出主要影响因素，从而确定 α 值与主要影响因素间的关系，进行了城市污水的 α 值影响因素实验，每次实验重复进行一次。

1) 正交实验成果见表2-13。

$L_9(3^4)$ 实验成果表　　　　　　　　　　表2-13

水平　因素　实验号	有机物 COD (mg/L)	风量 (m³/h)	温度 (℃)	曝气设备	α_1	α_2	$\alpha_1 + \alpha_2$
1	293.5	0.1	15	微	0.712	0.785	1.497
2	293.5	0.3	25	大	0.617	0.553	1.170
3	293.5	0.2	35	中	0.576	0.557	1.133
4	66	0.1	25	中	0.879	0.690	1.569
5	66	0.3	35	微	1.016	1.028	2.044
6	66	0.2	15	大	0.769	0.872	1.641
7	136.5	0.1	35	大	0.870	0.891	1.761
8	136.5	0.3	15	中	0.832	0.683	1.515
9	136.5	0.2	25	微	0.738	0.964	1.702
K_1	3.800	4.827	4.653	5.243		$\Sigma = 14.032$	
K_2	5.254	4.729	4.441	4.572			
K_3	4.978	4.476	4.938	4.217			

表中 $K_1 = 0.712 + 0.785 + 0.617 + 0.553 + 0.576 + 0.557 = 3.800$

2) 求统计量与各偏差平方和

$$P = \frac{1}{n \cdot c}\left(\sum_{z=1}^{n} y_z\right)^2 = \frac{1}{9 \times 2}(14.032)^2 = 10.939$$

$$Q_A = \frac{1}{a \cdot c}\sum_{z=1}^{n} K_{Aj}^2 = \frac{1}{3 \times 2}(3.8^2 + 5.254^2 + 4.978^2) = 11.138$$

$$Q_B = \frac{1}{a \cdot c}\sum_{z=1}^{n} K_{Bj}^2 = \frac{1}{3 \times 2}(4.827^2 + 4.729^2 + 4.476^2) = 10.950$$

$$Q_C = \frac{1}{a \cdot c} \sum_{z=1}^{n} K_{Cj}^2 = \frac{1}{3 \times 2}(4.653^2 + 4.441^2 + 4.938^2) = 10.959$$

$$Q_B = \frac{1}{a \cdot c} \sum_{z=1}^{n} K_{Dj}^2 = \frac{1}{3 \times 2}(5.243^2 + 4.572^2 + 4.217^2) = 11.029$$

则

$$S_A = Q_A - P = 11.138 - 10.939 = 0.199$$
$$S_B = Q_B - P = 10.950 - 10.939 = 0.011$$
$$S_C = Q_C - P = 10.950 - 10.939 = 0.02$$
$$S_D = Q_D - P = 11.029 - 10.939 = 0.09$$
$$S_{E1} = S_B = 0.011$$

$$S_{E2} = \sum_{c=1}^{c} \sum_{j=1}^{n} y_{cj}^2 - \frac{\sum_{j=1}^{n}(\sum_{c=1}^{c} y_{jc})^2}{c}$$

$$= 0.712^2 + 0.785^2 + \cdots\cdots + 0.738^2 + 0.964^2$$
$$- \frac{1.497^2 + 1.17^2 + \cdots\cdots + 1.515^2 + 1.702^2}{2}$$

$$= 11.325 - \frac{22.519}{2} = 11.325 - 11.260 = 0.065$$

则
$$S_E = S_{E1} + S_{E2} = 0.011 + 0.065 = 0.076$$

3) 计算自由度

重复实验的自由度分别为：

各个因素的自由度为水平数减1，故 f_A、f_B、f_C 均为

$$f_i = b - 1 = 3 - 1 = 2$$

总和的自由度　　　　$f_T = n \cdot c - 1 = 9 \times 2 - 1 = 17$

误差 S_{E2} 的自由度　　$f_{E2} = n \cdot (c-1) = 9 \times (2-1) = 9$

误差 S_{E1} 的自由度　　$f_{E1} = f_T - \sum f_i - f_{E2} = 17 - 9 - 2 - 2 = 4$

4) 列方差分析检验表（表2-14）

方　差　分　析　表　　　　　表 2-14

方差来源	平方和	自由度	均方	F	$\lambda_{0.05}$	$\lambda_{0.01}$	显著性
S_A 有机物	0.199	2	0.0995	14.4	4	7.2	* *
S_C 水温	0.020	2	0.010	1.45			
S_D 设备	0.090	2	0.045	6.51			*
S_E	0.076	13	0.0069				
S_T	0.365	17					

根据因素与误差的自由度，查 F 分布表 $\lambda_{0.05} = 4.0$，$\lambda_{0.01} = 7.2$，与 F 值相

比，有机物多少，不同曝气设备是非常显著性的因素。

2.3.3 实验成果的表格、图形表示法

水处理实验的目的，不仅要通过实验及对实验数据的分析，找出影响实验成果的因素、主次关系及给出最佳工况，而且还在于找出这些变量间的关系。

给水排水处理工程同其他学科一样，反映客观规律的变量间的关系也分为两类，一类是确定性关系，一类是相关关系，但不论是哪一类关系，均可用表格、图形及公式表示。

1. 表格表示法

表格表示法，就是将实验中的自变量与因变量的各个数据通过分析处理后依一定的形式和顺序——相应列出来，借以反映各变量间的关系。

列表法虽然具有简单易做，使用方便的优点，但是也有对客观规律反映不如其他表示法明确，在理论分析中不方便的缺点。

2. 图示法

(1) 图示法 是在坐标纸上绘制图线反映所研究变量之间相互关系的一种表示法。它具有形式简明直观，便于比较，易于显示变化的规律，并可直接提供某些数据等特点。

(2) 图线类型 一般可分为两类，一类是已知变量间的依赖关系图形，通过实验，利用有限次的实验数据作图，反映变量间的关系，并求出相应的一些参数；另一类是两个变量间的关系不清，在坐标纸上将实验点绘出，一来反映变量间数量的关系，二来分析变量间内在关系、规律。图示法要求图线必须清楚并能正确反映变量间的关系，且便于读数。

3. 图线的绘制

(1) 选择合适的坐标纸 坐标纸有直角坐标纸、对数坐标纸、极坐标纸等，作图时要根据研究变量间的关系及欲表达的图线形式，选择适宜的坐标纸。

(2) 选轴 横轴为自变量，纵轴为因变量，一般是以被测定量为自变量。轴的末端注明所代表的变量及单位。

(3) 坐标分度 即在每个坐标轴上划分刻度并注明其大小。

1) 精度的选择应使图线显示其特点，划分得当，并和测量的有效数字位数对应。

2) 坐标原点不一定和变量零点一致。

3) 二个变量的变化范围表现在坐标纸上的长度应相差不大，以尽可能使图线在图纸正中，不偏于一角或一边。

(4) 描点 将自变量与因变量一一对应地点在坐标纸内，当有几条图线时，应用不同符号加以区别，并在空白处注明符号意义。

(5) 连线 根据实验点的分布或连成一条直线或连成一条光滑曲线，但不论

是哪一类图线，连线时，必须使图线紧靠近所有实验点，并使实验点均匀分布于图线的两侧。

(6) 注图名　在图线上方或下方注上图名等。

2.3.4 回归分析

实验结果、变量间关系虽可列表或用图线表示。但是为理论分析讨论、计算方便，多用数学表达式反映，而本节所研究的回归分析，正是用来分析、解决两个或多个变量间数量关系的一个有效的工具。

1. 概述

(1) 变量间的两种关系

水处理实验中所遇到的变量关系，也和其他学科中所存在的变量关系一样，分为两大类。

1) 一类是确定性关系，即函数关系，它反映着事物间严格的变化规律、依存性。例如沉淀池表面积 F 与处理水量 Q、水力负荷 q 之间的依存关系，可以用一个不变的公式确定，即 $F = \dfrac{Q}{q}$。在这些变量关系中，当一个变量值固定，只要知道一个变量，即可精确地计算出另一个变量值，这种变量都是非随机变量。

2) 另一类是相关关系，其特点是：对应于一个变量的某个取值，另一个变量以一定的规律分散在它们平均数的周围。例如前面讲述过的曝气设备池污水中充氧修正系数 α 值与有机物 COD 值间的关系。当取某种污水后，水中有机物 COD 值为已定，曝气设备类型固定，此时可以有几个不同的 α 值出现，这是因为除了有机物这一影响 α 值的主要因素外，还有水温、风量（搅拌）等在起作用。这些变量间虽存在着密切的关系，但是又不能由一个（或几个）变量的数值精确地求出另一个变量的值，这类变量的关系就是相关关系。

函数关系与相关关系间，并没有一条不可逾越的鸿沟，因为误差的存在，函数关系在实际中往往以相关关系表现出来。反之，当对事物的内部规律了解得更加深刻、更加准确时，相关关系也可转化为函数关系。

(2) 回归分析的主要内容

对于相关关系而言，虽然找不出变量间的确定性关系，但经过多次实验与分析，从大量的观测数据中也可以找到内在规律性的东西。回归分析正是应用数学的方法，通过大量数据所提供信息，经去伪存真，由表及里的加工后，找出事物间的内在联系，给出（近似）定量表达式，从而可以利用该式去推算未知量，因此，回归分析的主要内容有：

1) 以观测数据为依据，建立反映变量间相关关系的定量关系式（回归方程），并确定关系式的可信度。

2) 利用建立的回归方程式，对客观过程进行分析、预测和控制。

(3) 回归方程建立概述

1) 回归方程或经验公式

根据两个变量 x 和 y 的 n 对实验数据 $(x_1、y_1)$、$(x_2、y_2)$ …… $(x_n、y_n)$，通过回归分析建立一个确定的函数 $y=f(x)$（近似的定量表达式）来大体描述这两个变量 y、x 间变化的相关规律。这个函数 $f(x)$ 即是 y 对 x 的回归方程，简称回归。因此，y 对 x 的回归方程 $f(x)$ 反映了当 x 固定在 x_0 值时 y 所取值的平均值。

2) 回归方程的求解

求解回归的过程，也称为曲线拟合，实质上就是采用某一函数的图线去逼近所有的观测数据，但不是通过所有的点，而是要求拟合误差达到最小，从而建立一个确定的函数关系。因此回归过程一般分两个步骤。

a. 选择函数 $y=f(x)$ 的类型，即 $f(x)$ 属哪一类函数，是正比例函数 $y=kx$、线性函数 $y=a+bx$、指数函数 $y=ae^{bx}$，还是幂函数 $y=ax^b$ 或其他函数等等，其中 k、a、b 等为公式中的系数。只有函数形式确定了，然后才能求出式中的系数，建立回归方程。

选择的函数类型，首先应使其曲线最大程度地与实验点接近，此外，还应力求准确、简单明了、系数少。通常是将经过整理的实验数据，在几种不同的坐标纸上作图（多用直角坐标纸），将形成的两变量变化关系的图形，称为散点图。然后根据散点图提供的变量间的有关信息来确定函数关系。其步骤：

● 作散点图；
● 根据专业知识、经验并利用解析几何知识，判断图线的类型；
● 确定函数形式。

b. 确定函数 $f(x)$ 中的参数。当函数类型确定后，可由实验数据来确定公式中的系数，除作图法求系数外，还有许多其他的方法，但最常见的是最小二乘法。

(4) 几种主要回归分析类型

由于变量数目不同，变量间内在规律的不同，因而由实验数据进行的回归方法也不同，工程中常用的有以下几类：

1) 一元线性回归　当两变量间关系可用线性函数表达时，其回归即为一元线性回归。这是最简单的一类回归问题。

2) 可化为一元线性回归的非线性回归　两变量间关系虽为非线性，但是经过变量替换，函数可化为一线性关系，则可用第一类线性回归加以解决，此为可转化为一元线性回归的非线性回归。

3) 多元线性回归是研究变量大于 2 个、相互间呈线性关系的一类回归问题。

2. 一元线性回归

(1) 求一元线性回归方程

一元线性回归就是工程中经常遇到的配直线的问题。也就是说如果变量 x 和 y 之间存在线性相关关系，那么就可以通过一组观测数据 (x_i, y_i) $(i = 1, 2, \cdots n)$ 用最小乘法求出参数 a、b，并建立起回归直线方程 $y = a + bx$。

所谓最小二乘法，就是要求上述 n 个数据的绝对误差的平方和达到最小，即选择适当的 a 与 b 值，使

$$Q = \sum_{i=1}^{n}(y_i - \hat{y}_i)^2$$

$$= \sum_{i=1}^{n}[y_i - (a + bx_i)]^2 = 最小值，以此求出 a、b 值，并$$

建立方程，其中 b 称为回归系数，a 称为截距。

一元线性回归的计算步骤如下：

1) 将变量 x、y 的实验数据一一对应列表，并计算填写在表 2-15 中。

一元线性回归计算表　　　　　　　　表 2-15

序号	x_i	y_i	x_j^2	y_j^2	$x_i y_i$
Σ					
平值 Σ/n	$\overline{x}_i$	$\overline{y}_i$	—	—	$\Sigma x_i y_i / n$

2) 计算 L_{xy}、L_{xx}、L_{yy} 值：

$$L_{xy} = \sum_{i=1}^{n} x_i y_i - \frac{1}{n}\Big(\sum_{i=1}^{n} x_i\Big)\Big(\sum_{i=1}^{n} y_i\Big) \tag{2-38}$$

$$L_{xx} = \sum_{i=1}^{n} x_i^2 - \frac{1}{n}\Big(\sum_{i=1}^{n} x_i\Big)^2 \tag{2-39}$$

$$L_{yy} = \sum_{i=1}^{n} y_i^2 - \frac{1}{n}\Big(\sum_{i=1}^{n} y_i\Big)^2 \tag{2-40}$$

3) 根据公式计算 a、b 值并建立经验式：

$$b = \frac{L_{xy}}{L_{xx}} \tag{2-41}$$

$$a = \overline{y} - b\overline{x} \tag{2-42}$$

$$y = a + bx$$

(2) 相关系数

用上述方法可以配出回归线，建立线性关系式，但它是否真正能反映出两个变量间的客观规律？尤其是对变量间的变化关系根本不了解的情况更为担心，相关分析就是用来解决这类问题的一种数学方法，引进相关系数 r 值，用该值大小判断建立的经验式正确与否。步骤如下：

1) 计算相关系数 r 值：

$$r = \frac{L_{xy}}{\sqrt{L_{xx} \cdot L_{yy}}} \tag{2-43}$$

相关系数 r 绝对值越接近于 1，两变量 x、y 间线性关系越好。若 r 接近于零，则认为 x 与 y 间没有线性关系，或两者间具有非线性关系。

2) 给定显著性水平 α，按 $n-2$ 的值，在附表 4 相关系数检验表中查出相应的临界 r_α 值。

3) 判断

若 $|r| \geq r_\alpha$，两变量间存在线性关系，方程式成立，并称 r 在水平 α 下显著。$|r| < r_\alpha$ 则两变量不存在线性关系，并称 r 在水平 α 下不显著。

(3) 回归线的精度

由于回归方程给出的是 x、y 两个变量间的相关关系，而不是确定性关系，因此，对于一个固定的 $x = x_0$ 值，并不能精确地得到相应的 y_0 值，而是由方程得到的估计值 $y_0 = a + bx_0$，或说在 x 固定在 x_0 值时，y 所取值的平均值 y_0，那么用 y_0 作为 Y_0 的估计值时，偏差有多大，也就是用回归算得的结果精度如何呢？这就是回归线的精度问题。

虽然对于一固定的 x_0 值相应的 Y_0 值无法确切知道，但相应 x_0 值实测的 y_0 值是按一定的规律分布在 Y_0 上下，波动规律一般都认为是正态分布，也就是说 y_0 是具有某正态分布的随机变量。因此能算出波动的标准离差，也就可以估计出回归线的精度了。

回归线精度的判断：

1) 计算标准离差 σ（也叫剩余标准离差）

$$\sigma = \sqrt{\frac{Q}{n-2}} = \sqrt{\frac{(1-r^2)L_{yy}}{n-2}} \tag{2-44}$$

2) 由正态分布性质可知

y_0 落在 $y_0 \pm \sigma$ 范围内的概率为 68.3%；y_0 落在 $y_0 \pm 2\sigma$ 范围内的概率为 95.4%；y_0 落在 $y_0 \pm 3\sigma$ 范围内的概率为 99.7%。

也就是说，对于任何一个固定的 $x = x_0$ 值，我们都有 95.4% 的把握断言其 y_0 值落在 $(Y_0 - 2\sigma, Y_0 + 2\sigma)$ 范围之中。

显然 σ 越小，则回归方程精度越高，故可用 σ 作为测量回归方程精密度之值。

3. 可化为一元线性回归的非线性回归

实际问题中，有时两个变量 x 与 y 间关系并不是线性相关的，而是某种曲线关系，这就需要用曲线作为回归线。对曲线类型的选择，理论上并无依据，只能根据散点图提供的信息，并根据专业知识与经验和解析几何知识，选择既简单而计算结果与实测值又比较相近的曲线，用这些已知曲线的函数近似地作为变量间的回归方程式。而这些已知曲线的关系式，有些只要经过简单的变换，就可以变成线性型式，这样，这些非线性问题就可以作线性回归问题处理。

例如，当随机变量 y 随着 x 渐增而愈来愈急剧地增大时，变量间的曲线关系可近似用指数函数 $y = ab^x$ 拟合，其回归过程，只要把函数两侧取对数，则 $y = ab^x$ 将变成 $\lg y = \lg a + x \lg b$ 化成了 $y' = A + Bx$ 的线性关系，只要用线性回归的方法，即可求得 A、B 值，进而可求出变量间关系 $y = ab^x$。

下面列举一些常用的通过坐标变换可化为直线的函数图形，供选择曲线时参考。

(1) 双曲线 $\dfrac{1}{y} = a + \dfrac{b}{x}$（见图 2-1）

令 $y' = \dfrac{1}{y}$，$x' = \dfrac{1}{x}$，则有 $y' = a + bx'$。曲线有二条渐近线 $x = -\dfrac{b}{a}$ 和 $y = \dfrac{1}{a}$

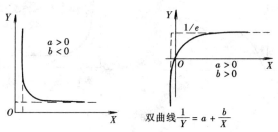

图 2-1　双曲线函数

(2) 幂函数 $y = dx^b$（见图 2-2）

令 $y' = \ln y$，$x' = \ln x$，$a = \ln d$，则有 $y' = a + bx'$

(3) 指数函数 $y = de^{bx}$（见图 2-3）

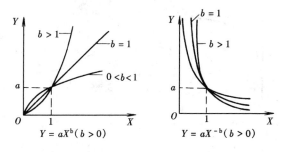

图 2-2　幂函数

令 $y' = \ln y$，$a = \ln d$，则有 $y' = a + bx$，曲线经过点 $(0, d)$。

(4) 指数函数 $y = de^{\frac{b}{x}}$（图见 2-4）

令 $y' = \ln y$，$a = \ln d$

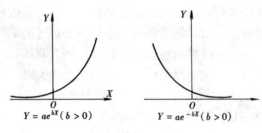

图 2-3　指数函数（1）

$$x' = \frac{1}{x}$$

则有 $y' = a + bx'$

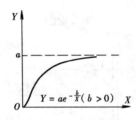
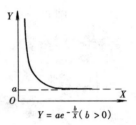

图 2-4　指数函数（2）

(5) 对数函数 $y = a + b\log x$ （见图 2-5）

令 $x' = \log x$

则有 $y = a + bx'$

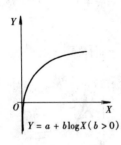
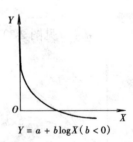

图 2-5　对数函数

(6) S 型曲线 $y = \dfrac{1}{a + be^{-x}}$ （见图 2-6）

令 $y' = \dfrac{1}{y}$，$x' = e^{-x}$

则有 $y' = a + bx'$

如果散点图所反映出的变量 x 与 y 之间的关系和两个函数类型都有些相近，

即一下子确定不出来选择哪种曲线型式更好，更能客观地反映出本质规律，则可以都作回归并按下式计算剩余平方和或剩余标准离差 σ 并进行比较，选择 Q 或 σ 值最小的函数类型。

$$Q = \sum_{i=1}^{n}(y_i - \hat{y}_i)^2 \quad (2\text{-}45)$$

$$\sigma = \sqrt{\frac{1}{n-2}\sum_{i=1}^{n}(y_i - \hat{y}_i)^2} \quad (2\text{-}46)$$

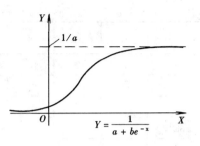

图 2-6 S 曲线函数

式中　y_i——实测值；

　　　$\hat{y}_i$——计算值，$\hat{y}_i = a + bx_i$。

4. 二元线性回归

前面研究了两个变量间相关关系的回归问题，但客观事物的变化常受多种因素的影响，要考察的独立变量往往不止一个，因此人们把研究某一变量与多个独立变量之间的相关关系的统计方法叫做多元回归。

在多元回归分析中，多元线性回归是比较简单也是应用较广泛的一种方法。但是工程实践中，为简便起见，往往是变化两个因素，让其他因素处于稳态，也就是只研究变化着的两个因素与指标之间的相关关系，即二元回归问题。以下我们着重讨论二元线性回归问题。

(1) 求二元线性回归方程

二元线性回归的数学表达式为：

$$y = a + b_1 x_1 + b_2 x_2 \quad (2\text{-}47)$$

式中　　y——因变量；

　　x_1、x_2——两个独立的自变量；

　　b_1、b_2——回归系数；

　　　a——常数项。

二元线性回归的计算步骤为：

1) 将变量 x_1、x_2 与 y 的实验数据一一对应列表（表 2-16），并计算。

2) 利用上表的结果并根据公式计算 L_{00}、L_{11}、L_{22}、L_{12}、L_{10}、L_{20}。

$$L_{00} = \sum_{i=1}^{n} y^2 - \frac{1}{n}\left(\sum_{i=1}^{n} y\right)^2 \quad (2\text{-}48)$$

$$L_{11} = \sum_{i=1}^{n}(x_{1i})^2 - \frac{1}{n}\left(\sum_{i=1}^{n} x_{1i}\right)^2 \quad (2\text{-}49)$$

$$L_{12} = \sum_{i=1}^{n}(x_{2i})^2 - \frac{1}{n}\left(\sum_{i=1}^{n} x_{2i}\right)^2 \quad (2\text{-}50)$$

二元线性回归计算表　　　　　　　　表 2-16

序号	x_{1i}	x_{2i}	y_i	x_{1i}^2	x_{2i}^2	y_i^2	$x_{1i}x_{2i}$	$x_{1i}y_i$	$x_{2i}y_i$
1									
2									
⋮	⋮		⋮		⋮		⋮		⋮
抽样									
抽样									
n									
Σ									
Σ/n									

$$L_{12} = \sum_{i=1}^{n} x_{1i}x_{2i} - \frac{1}{n}\left(\sum_{i=1}^{n} x_{1i}\right)\left(\sum_{i=1}^{n} x_{2i}\right) \tag{2-51}$$

$$L_{10} = \sum_{i=1}^{n} x_{1i} \cdot y_i - \frac{1}{n}\left(\sum_{i=1}^{n} x_{1i}\right)\left(\sum_{i=1}^{n} y_i\right) \tag{2-52}$$

$$L_{20} = \sum_{i=1}^{n} x_{2i} \cdot y_i - \frac{1}{n}\left(\sum_{i=1}^{n} x_{2i}\right)\left(\sum_{i=1}^{n} y_i\right) \tag{2-53}$$

3) 建立方程组并求解回归常数 b_1、b_2 值

$$\begin{cases} L_{11}b_1 + L_{12}b_2 = L_{10} \\ L_{21}b_1 + L_{22}b_2 = L_{20} \end{cases} \tag{2-54}$$

4) 求解常数项 a

$$a = \bar{y} - b_1\bar{x}_1 - b_2\bar{x}_2 \tag{2-55}$$

式中 $\bar{y} = \dfrac{\sum_{i=1}^{n} y_i}{n}$　　$\bar{x}_1 = \dfrac{\sum_{i=1}^{n} x_{1i}}{n}$　　$\bar{x}_2 = \dfrac{\sum_{i=1}^{n} x_{2i}}{n}$

由 a、b_1、b_2 可以建立方程：$Y = a + b_1x_1 + b_2x_2$

(2) 二元线性回归的全相关系数 R 值

按上法建立的二元线性回归方程，是否反映客观规律，除了靠实验检验外，和一元线性回归一样，也可从数学角度来衡量，即引入全相关系数 R：

$$R = \sqrt{\frac{S_0}{L_{00}}} \tag{2-56}$$

$0 \leqslant R \leqslant 1$，$R$ 越接近于 1，方程越理想。

式中　　　　　　　　　$S_0 = b_1 \cdot L_{10} + b_2 L_{20}$ 　　(2-57)

S_0 为回归平方和，表示由于自变量 x_1 和 x_2 的变化而引起的因变量 y 的变化。

(3) 二元线性回归方程式的精度

同一元线性回归方程一样，精度也由剩余标准差 σ 来衡量。

$$\sigma = \sqrt{\frac{L_{00} - S_0}{n - m - 1}} \tag{2-58}$$

式中　n——实验次数；
　　　m——自变量的个数；
L_{00}、S_0——同前。

（4）因素对实验结果影响的判断

二元线性回归是研究两个因素的变化对实验成果的影响，但在两个影响因素（变量）间，总有主次之分，如何判断谁是主要因素，谁是次要因素，哪个因素对实验成果的影响可以忽略不计？除了利用双因素方差分析方法外，还可以用以下方法。

1）标准回归系数绝对值比较法

标准回归系数

$$b'_1 = b_1 \sqrt{\frac{L_{11}}{L_{00}}} \tag{2-59}$$

$$b'_2 = b_2 \sqrt{\frac{L_{22}}{L_{00}}} \tag{2-60}$$

比较 $|b'_1|$ 和 $|b'_2|$，哪个值大，哪个即为主要影响因素。

2）偏回归平方和比较

Y 对于某个特定的自变量 x_1 的偏回归平方和 P_1，是指在回归方程中除去这个自变量而使回归平方和减小的数值，其计算式为

$$P_1 = b_1^2 \cdot \left(L_{11} - \frac{L_{12}^2}{L_{22}} \right) \tag{2-61}$$

$$P_2 = b_2^2 \cdot \left(L_{22} - \frac{L_{12}^2}{L_{11}} \right) \tag{2-62}$$

比较 P_1、P_2 值的大小，大者为主要因素，小者为次要因素。次要因素对 y 值的影响有时可以忽略，如果可以忽略，则在回归计算中可以不再计入此变量，而使问题变得简单明了，便于进行回归。

3）T 值判断法

下式中的 T_1 称为自变量 x_i 的 T 值，$i = 1, 2$。

$$T_i = \frac{\sqrt{P_i}}{\sigma} \tag{2-63}$$

式中　P_i——$i = 1, 2$，由式（2-61）、（2-62）求得；
　　　σ——二元回归剩余偏差，由式（2-58）求得。

T 值越大，该因素越重要，一般由经验式得：

$T < 1$ 该因素对结果影响不大，可忽略；

$T > 1$ 该因素对结果有一定的影响；

$T > 2$ 该因素为重要因素。

5. 回归计算举例

(1) 一元线性回归计算举例

完全混合式生物处理曝气池，每天产生的剩余污泥量 ΔX 与污泥负荷 N_s 间存在如下关系式：

$$\frac{\Delta X}{V \cdot X} = a \cdot N_s - b$$

式中 ΔX——每天产生剩余污泥量，kg/d；

V——曝气池容积，m^3；

X——曝气池内混合液污泥浓度，kg/m^3；

N_s——污泥有机负荷，kg/(kg·d)；

a——产率系数，降解每千克 BOD_5 转换成污泥的千克数，kg/kg；

b——污泥自身氧化率，kg/(kg·d)。

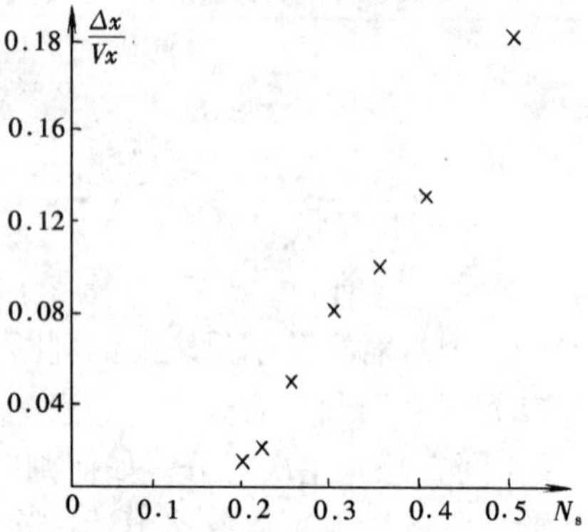

图 2-7 $\frac{\Delta X}{V \cdot X} \sim N_s$ 的散点图

a、b 均是待定数值。

通过实验，曝气池容积 $V = 10m^3$，池内污泥浓度 $x = 3g/L$，实验数据如表 2-17，试进行回归分析。

实验结果　　　　　　　　　　　　　　　　　表 2-17

N_S (kg/(kg·d))	0.20	0.21	0.25	0.30	0.35	0.40	0.50
ΔX (kg/d)	0.45	0.61	1.50	2.40	3.15	3.90	6.00

【解】

1) 根据给出的实验数据，求出 $\frac{\Delta X}{V \cdot X}$，并以此为纵坐标，以 N_s 为横坐标，作散点图（图 2-7）。

由图可见，$\frac{\Delta X}{V \cdot X} \sim N_s$ 基本上呈线性关系。

2) 列表计算各值（表 2-18）。

3) 计算统计量 L_{xy}，L_{xx}，L_{yy}：

$$L_{xy} = \Sigma x_i y_i - \frac{1}{n}(\Sigma x_i) \cdot (\Sigma y_i) = 0.2325 - \frac{1}{7} \cdot (2.21) \cdot (0.600) = 0.0431$$

$$L_{xx} = \Sigma x_i^2 - \frac{1}{n}(\Sigma x_i)^2 = 0.77 - \frac{1}{7} \cdot (2.21)^2 = 0.072$$

$$L_{yy} = \Sigma y_i^2 - \frac{1}{n}(\Sigma y_i)^2 = 0.0774 - \frac{1}{7}(0.600)^2 = 0.026$$

一元线性回归计算 表 2-18

序号\项目	N_s	$\Delta X/(V \cdot X)$	N_s^2	$(\Delta X/(V \cdot X))^2$	$N_s \cdot (\Delta X/(V \cdot X))$
1	0.20	0.015	0.040	0.0002	0.0030
2	0.21	0.020	0.044	0.0004	0.0042
3	0.25	0.050	0.063	0.0025	0.0125
4	0.30	0.080	0.090	0.0064	0.0240
5	0.35	0.105	0.123	0.0110	0.0368
6	0.40	0.130	0.160	0.0169	0.0520
7	0.50	0.200	0.250	0.0400	0.1000
Σ	2.21	0.600	0.770	0.0774	0.2325
Σ/n	0.316	0.086	0.110	0.0111	0.0332

4)求系数 a、b 值

$$b = \frac{L_{xy}}{L_{xx}} = \frac{0.0431}{0.072} = 0.6$$

$$a = \overline{y} - b\overline{x} = 0.086 - 0.6 \times 0.316 = -0.104$$

则回归方程为:

$$\frac{\Delta X}{VX} = 0.6 N_s - 0.104$$

5)相关系数及检验

$$r = \frac{L_{xy}}{\sqrt{L_{xx} \cdot L_{yy}}} = \frac{0.0431}{\sqrt{0.072 \times 0.0260}} = 0.996$$

根据 $n-2 = 7-2 = 5$ 和 $\alpha = 0.01$ 查附表 4 相关系数检验表得 $r_{0.01} = 0.874$。因为 $0.996 > 0.874$,故上述线性关系成立。

6)公式精度

$$\sigma = \sqrt{\frac{(1-r^2) \cdot L_{xy}}{n-2}} = \sqrt{\frac{(1-0.996^2) \times 0.0431}{5}} = 0.0083$$

(2) 可化为一元线性回归的非线性回归计算举例

经实验研究,影响曝气设备污水中充氧修正系数 α 值的主要因素为污水中有机物含量及曝气设备的类型。今用穿孔管曝气设备,测得城市污水不同的有机物 COD (x) 与 α 值 (y) 的一组相应数值如表 2-19,试求出 $\alpha \sim$ COD 回归方程式。

穿孔管曝气设备、城市污水 COD～α 实验数据　　　　表 2-19

COD (mg/L)	α	COD (mg/L)	α	COD (mg/L)	α
208.0	0.698	90.4	1.003	293.5	0.593
58.4	1.178	288.0	0.565	66.0	0.791
288.3	0.667	68.0	0.752	136.5	0.865
249.5	0.593	136.0	0.847		

【解】

1) 作散点图在直角坐标纸上，以有机物（COD）浓度为横坐标，α 值为纵坐标，将相应的（COD，α）值点绘于坐标系中，得出 COD～α 分布的散点图（图 2-8）。

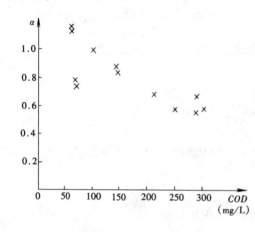

图 2-8　α～COD 散点图

2) 选择函数类型根据得到的散点图，首先可以肯定 COD，α 间一种非线性关系。由图 2-8 中可见，α 值随 COD 的增加急剧减小，而后逐渐减小，曲线类型与双曲线、幂函数、指数函数类似。为了能得到较好的关系式，可用这三种函数回归，比较它们的精度，最后确定回归方程。

a. 假定 α～COD 的关系符合幂函数 $y = dx^b$

x 表示 COD，y 表示 α 值。

令 $y' = \lg y$；$x' = \lg x$；$a = \lg d$；则有：

$y' = a + bx'$

(a) 列表计算（表 2-20）

(b) 计算 L_{xy}、L_{xx}、L_{yy} 值

$$L_{xy} = \Sigma x'_i y'_i - \frac{1}{n}(\Sigma x'_i)(\Sigma y'_i)$$

$$= -3.084 - \frac{1}{11} \times 23.746 \times (-1.323) = -0.228$$

$$L_{xx} = \Sigma x'^2_i - \frac{1}{n}(\Sigma x'_i)^2 = 52.037 - \frac{1}{11} \times (23.746)^2 = 0.776$$

$$L_{yy} = \Sigma y'^2_i - \frac{1}{n}(\Sigma y'_i)^2 = 0.260 - \frac{1}{11}(-1.323)^2 = 0.101$$

计 算 表　　　　　　　　　　　　表 2-20

序 号	$x' = \lg x$	$y' = \lg y$	x'^2	y'^2	$x' \cdot y'$
1	2.318	-0.156	5.373	0.024	-0.362
2	1.766	0.071	3.119	0.005	0.125
3	2.460	-0.176	6.052	0.031	-0.433
4	2.397	-0.227	5.746	0.052	-0.544
5	1.956	0.001	3.826	0.000	0.002
6	2.459	-0.248	6.047	0.062	-0.610
7	1.833	-0.124	3.360	0.015	-0.227
8	2.134	-0.072	4.554	0.005	-0.154
9	2.468	-0.227	6.091	0.052	-0.560
10	1.820	-0.102	3.312	0.010	-0.186
11	2.135	-0.063	4.558	0.004	-0.135
Σ	23.746	-1.323	52.037	0.260	-3.084
Σ/n	2.159	-0.120	4.731	0.024	-0.280

(c) 计算 a、b 值，并建立公式

$$b = \frac{L_{xy}}{L_{xx}} = \frac{-0.228}{0.776} = -0.294$$

$$a = \bar{y} - b\bar{x} = -0.12 - (-0.294 \times 2.159) = 0.515$$

$$y' = 0.515 - 0.294 x'$$

$$y = 3.27 x^{-0.294}$$

(d) 计算剩余偏差 σ 值（表 2-21）

求得 $\Sigma(\hat{y} - y)^2 = 0.141$

则 $\sigma = \sqrt{\dfrac{\Sigma(\hat{y} - y)^2}{n - 2}} = \sqrt{\dfrac{0.141}{9}} = 0.125$

剩 余 偏 差 计 算　　　　　　　　　　表 2-21

x	y	$\hat{y}$	$\hat{y} - y$	x	y	$\hat{y}$	$\hat{y} - y$
208.0	0.698	0.681	-0.017	68.0	0.752	0.946	0.194
58.4	1.178	0.989	-0.189	136.0	0.847	0.771	-0.076
288.3	0.667	0.619	-0.048	293.5	0.593	0.615	0.022
249.5	0.593	0.645	0.052	66.0	0.791	0.954	0.163
90.4	1.003	0.870	-0.133	136.5	0.865	0.771	-0.094
288.0	0.565	0.619	0.054				

b. 假定 α ~ COD 的关系符合指数函数 $y = de^{\frac{b}{x}}$

x 表示 COD, y 表示 α 值。

令 $y' = \ln y$; $x' = \dfrac{1}{x}$; $a = \ln d$

对函数 $y = de^{\frac{b}{x}}$ 取对数，有：

$$\ln y = \ln d + b \cdot \dfrac{1}{x}$$

则有 $y' = a + bx'$

(a) 列表计算（表 2-22）

(b) 计算 L_{xy}、L_{xx}、L_{yy}

$$L_{xy} = \Sigma x'_i y'_i - \dfrac{1}{n}(\Sigma x'_i)(\Sigma y'_i)$$

$$= -0.01623 - \dfrac{1}{11} \times 0.092 \times (-3.045) = 0.0092$$

$$L_{xx} = \Sigma x'^2_i - \dfrac{1}{n}(\Sigma x'_i)^2 = 0.001045 - \dfrac{1}{11}(0.092)^2 = 0.000276$$

$$L_{yy} = \Sigma y'^2_i - \dfrac{1}{n}(\Sigma y'_i)^2 = 1.3781 - \dfrac{1}{11}(-3.045)^2 = 0.535$$

指数函数计算表　　　　　　　表 2-22

序号	$x' = \dfrac{1}{x}$	$y' = \ln y$	x'^2	y'^2	$x' \cdot y'$
1	0.0048	-0.360	0.000023	0.1296	-0.00173
2	0.0171	0.164	0.000292	0.0269	0.00280
3	0.0035	-0.405	0.000012	0.1640	-0.00142
4	0.0040	-0.523	0.000016	0.2735	-0.00209
5	0.0111	0.003	0.000123	0.0000	0.00003
6	0.0035	-0.571	0.000012	0.3260	-0.00199
7	0.0147	-0.285	0.000216	0.0812	-0.00419
8	0.0074	-0.166	0.000055	0.0276	-0.00123
9	0.0034	-0.523	0.000012	0.2735	-0.00178
10	0.0152	-0.234	0.000231	0.0548	-0.00356
11	0.0073	-0.145	0.000053	0.0210	-0.00106
Σ	0.0920	-3.045	0.001045	1.3781	-0.01623
Σ/n	0.0084	-0.277	0.000095	0.1253	-0.00148

(c) 计算 a、b 值，并联立方程

$$b = \dfrac{L_{xy}}{L_{xx}} = \dfrac{0.0092}{0.000276} = 33.3$$

$$a = \bar{y} - b\bar{x} = -0.277 - 33.3 \times 0.0084 = -0.557$$

$$y' = -0.557 + 33.3x'$$

则
$$y = 0.557 e^{\frac{33.3}{x}}$$

(d) 计算剩余偏差 σ 值 (表 2-23)

剩余偏差计算表 表 2-23

x	y	$\hat{y}$	$\hat{y} - y$	x	y	$\hat{y}$	$\hat{y} - y$
208.0	0.698	0.654	-0.044	68.0	0.752	0.909	0.157
58.4	1.178	0.985	-0.193	136.0	0.847	0.712	-0.135
288.3	0.667	0.625	-0.042	293.5	0.593	0.624	0.031
249.5	0.593	0.637	0.044	66.0	0.791	0.923	0.132
90.4	1.003	0.805	-0.198	136.5	0.865	0.711	-0.154
288.0	0.565	0.625	0.060				

求得 $\Sigma(\hat{y} - y)^2 = 0.171$

则
$$\sigma = \sqrt{\frac{0.171}{11 - 2}} = 0.138$$

c. 假定 $\alpha \sim$ COD 的关系，符合双曲线函数

$\dfrac{1}{y} = a + \dfrac{b}{x}$ x 表示 COD，y 表示 α 值

令 $y' = \dfrac{1}{y}$，$x' = \dfrac{1}{x}$ 则有 $y' = a + bx'$

双曲线函数计算表 表 2-24

序号	$x' = \dfrac{1}{x}$	$y' = \dfrac{1}{y}$	x'^2	y'^2	$x' \cdot y'$
1	0.0048	1.433	0.000023	2.053	0.0069
2	0.0171	0.849	0.000292	0.721	0.0145
3	0.0035	1.499	0.000012	2.248	0.0052
4	0.0040	1.686	0.000016	2.844	0.0067
5	0.0111	0.997	0.000123	0.994	0.0111
6	0.0035	1.770	0.000012	3.133	0.0062
7	0.0147	1.330	0.000216	1.768	0.0196
8	0.0074	1.181	0.000055	1.394	0.0087
9	0.0034	1.686	0.000012	2.844	0.0057
10	0.0152	1.264	0.000231	1.598	0.0192
11	0.0073	1.156	0.000053	1.336	0.0084
Σ	0.0920	14.851	0.001045	20.93	0.1122
Σ/n	0.0084	1.350	0.000095	1.903	0.0102

(a) 计算 L_{xy}、L_{xx}、L_{yy} 值 (表 2-24)

$$L_{xy} = \Sigma x_i y_i - \frac{1}{n}(\Sigma x_i)(\Sigma y_i)$$

$$= 0.1122 - \frac{1}{11} \times 0.092 \times 14.85 = -0.012$$

$$L_{xx} = \Sigma x_i^2 - \frac{1}{n}(\Sigma x_i)^2 = 0.001045 - \frac{1}{11}(0.092)^2 = 0.00028$$

$$L_{yy} = \Sigma y_i^2 - \frac{1}{n}(\Sigma y_i)^2 = 20.93 - \frac{1}{11}(14.851)^2 = 0.8798$$

(b) 计算 a、b 值,并建立方程

$$b = \frac{L_{xy}}{L_{xx}} = \frac{-0.012}{0.00028} = -42.86$$

$$a = \bar{y} - b\bar{x} = 1.35 - (-42.86 \times 0.0084) = 1.71$$

$$y' = 1.71 - 42.9x'$$

则

$$y = \frac{1}{1.71 - 42.9\frac{1}{x}}$$

(c) 计算剩余偏差 σ 值(表2-25)

剩余偏差计算表　　　　　　　　表2-25

x	y	$\hat{y}$	$\hat{y} - y$	x	y	$\hat{y}$	$\hat{y} - y$
208.0	0.698	0.665	−0.033	68.0	0.752	0.927	0.175
58.4	1.178	1.025	−0.153	136.0	0.847	0.717	−0.130
288.3	0.667	0.641	−0.026	293.5	0.593	0.639	0.046
249.5	0.593	0.650	0.057	66.0	0.791	0.943	0.152
90.4	1.003	0.809	−0.194	136.5	0.865	0.716	−0.149
288.0	0.565	0.641	0.076				

求得 $\Sigma(\hat{y} - y)^2 = 0.167$

则

$$\sigma = \sqrt{\frac{0.167}{11 - 2}} = 0.136$$

由剩余偏差结果可见表2-26。

剩余偏差比较结果　　　　　　　　表2-26

函　数	幂函数	指数函数	双曲线函数
σ	0.125	0.138	0.136
2σ	0.250	0.276	0.272

由于幂函数 $\sigma = 0.125$ 最小,故选用中气泡曝气设备。城市污水 $\alpha \sim$ COD 关系式为 $y = 3.27x^{-0.294}$,此式95%以上的误差落在 $2\sigma = 0.25$ 范围内。

习　题

1. 为了摸索某种污水生物处理规律，在容积为 $V = 10\text{m}^3$ 的曝气池内进行完全混合式生物处理，运行稳定后，测定每天进水流量、进出水水质，曝气池内污泥浓度。连续测定 10 天左右，而后改进时水流量，待运行稳定后，重复上述测定。实验数据见表 2-27。

(1) 第一工况实验数据

1) 某天测定数据

某天测定数据　　　　　　　　　　　　　　　　　　表 2-27

序号 项目	1	2	3	4	5	6	7	8	9	10	11	12
进水流量 Q (m³/h)	0.32	0.33	0.31	0.32	0.33	0.34	0.31	0.32	0.33	0.32	0.31	0.32
污泥浓度 x (mg/L)		2988		3105		2765		2826		3060		3128
进水水质 S_0 (mg/L)		598		620		525		632		610		580
出水水质 S_e (mg/L)		14		13		14		16		10		11

2) 连续 10 天测定数据的均值

第一工况每天测定的均值　　　　　　　　　　　　　表 2-28

序号 项目	1	2	3	4	5	6	7	8	9	10
进水流量 Q (m³/h)	0.32	0.33	0.30	0.34	0.31	0.33	0.33	0.29	0.33	0.32
污泥浓度 x (mg/L)	2979	3308	2765	3506	2748	2639	3108	2672	2960	3215
进水水质 S_0 (mg/L)	594	618	627	640	570	565	604	582	590	615
出水水质 S_e (mg/L)	13	16	15	20	17	21	17	14	21	18

(2) 整个实验共七个工况的均值

七个工况均值　　　　　　　　　　　　　　　　　　表 2-29

序号 项目	1	2	3	4	5	6	7
污泥负荷 N_s (kg/(kg·d))	0.15	0.20	0.25	0.30	0.35	0.40	0.50
出水水质 S_e (mg/L)	17.2	24.8	30.5	35.4	42.1	48.0	62.0

注：进、出水质均以 BOD_5 计，出水 BOD_5 为溶解性有机物。

试利用上述数据：

a. 判断第一工况测试数据中有否离群数据。

b. 求第一工况污泥负荷 N_s 的误差值。(将第一工况的测得值 Q、x、S_0 及 S_e 均看成多次直接测量值,利用表 2-28 数据计算)。

c. 利用整个实验结果(表 2-29),进行回归分析,建立 $N_s \sim S_e$ 的关系式。

2. 某生物处理数据如表 2-30 示,利用方差分析法,判断污泥负荷对出水水质有无显著影响。

测 试 数 据　　　　　　　　　　　　　　　　　　　　　　表 2-30

出水水质＼序号 污泥负荷	1	2	3	4	5	6	7
0.15	11.9	12.0	12.3	12.1	11.8	11.9	12.3
0.25	16.3	16.2	15.7	15.8	16.4	16.3	16.0
0.35	21.5	21.2	21.7	22.0	21.0	21.9	22.0

3. 利用第 1 章习题中的第 8 题数据,进行正交实验方差分析,判断影响因素的显著性。

4. 利用第 1 章习题中的第 7 题数据,进行正交实验方差分析,判断影响因素的显著性。

5. 利用第 1 章习题中的第 9 题,若重复一次后出水浊度依次为:

1.25　　　　0.50　　　　0.37
1.36　　　　0.28　　　　0.27
0.84　　　　0.43　　　　0.40

试利用两组测定结果进行有重复实验的正交方差分析。

6. 为了探索生物脱氮的规律,进行了普通曝气、A/O、A·A/O 三种流程实验。实验结果,污泥负荷与出水中硝酸氮 $NO_3^- -N$ 数据,经分析整理后填入表 2-31 ~ 表 2-33)。

厌氧、缺氧、好氧流程(32 个数据整理后)A·A/O　　　　表 2-31

污泥负荷 N_s (kg/(kg·d))	0.18	0.22	0.28	0.32	0.38	0.58	0.58
出水中硝酸氮浓度 $NO_3^- -N$ (mg/L)	9.48	5.35	5.06	6.19	6.61	3.75	2.80

缺氧、好氧流程 A/O　　　　表 2-32

N_s (kg/(kg·d))	0.17	0.22	0.27	0.32	0.37	0.42	0.47	0.52	0.57	0.72	0.82	0.95	1.20
$NO_3^- -N$ (mg/L)	12.43	7.62	6.89	9.66	11.21	8.67	3.68	2.47	4.82	3.20	1.70	1.28	1.62

普通曝气法流程 表 2-33

N_s (kg/(kg·d))	0.17	0.25	0.37	0.45	0.55	0.65	0.75	0.85	1.05	1.30	1.48
NO_3^--N (mg/L)	9.68	22.9	12.7	13.72	9.22	16.24	5.77	15.19	4.53	0.99	1.33

利用上述数据，进行回归分析，求出污泥负荷与出水硝酸盐氮的关系式。

第3章 给水处理实验

为了与水处理教材配合使用，本书按照常规水处理和工业水处理的顺序编排有关给水处理实验项目。

3.1 混凝沉淀实验

混凝沉淀实验是给水处理的基础实验之一，被广泛地用于科研、教学和生产中。通过混凝沉淀实验，不仅可以选择投加药剂种类和数量，还可确定其他混凝最佳条件。

1. 目的
(1) 通过本实验，确定某水样的最佳投药量。
(2) 观察絮凝体（俗称矾花）的形成过程及混凝沉淀效果。
2. 原理

天然水中存在大量胶体颗粒，是使水产生浑浊的一个重要原因，胶体颗粒靠自然沉淀是不能除去的。

水中的胶体颗粒，主要是带负电的黏土颗粒。胶粒间的静电斥力、胶粒的布朗运动及胶粒表面的水化作用，使得胶粒具有分散稳定性，三者中以静电斥力影响最大。向水中投加混凝剂能提供大量的正离子，压缩胶团的扩散层，使 ξ 电位降低，静电斥力减小。此时，布朗运动由稳定因素转变为不稳定因素，也有利于胶粒的吸附凝聚。水化膜中的水分子与胶粒有固定联系，具有弹性和较高的黏度，把这些水分子排挤出去需要克服特殊的阻力，阻碍胶粒直接接触。有些水化膜的存在决定于双电层状态，投加混凝剂降低 ξ 电位，有可能使水化作用减弱。混凝剂水解后形成的高分子物质或直接加入水中的高分子物质一般具有链状结构，在胶粒与胶粒间起吸附架桥作用，即使 ξ 电位没有降低或降低不多，胶粒不能相互接触，通过高分子链状物吸附胶粒，也能形成絮凝体。

消除或降低胶体颗粒稳定因素的过程叫做脱稳。脱稳后的胶粒，在一定的水力条件下，才能形成较大的絮凝体，俗称矾花。直径较大且较密实的矾花容易下沉。

自投加混凝剂直至形成较大矾花的过程叫混凝。混凝离不开投混凝剂。混凝过程见表 3-1。

由于布朗运动造成的颗粒碰撞絮凝，叫"异向絮凝"；由机械运动或液体流动造成的颗粒碰撞絮凝,叫"同向絮凝"。异向絮凝只对微小颗粒起作用,当粒径大于 $1 \sim 5\mu m$ 时,布朗运动基本消失。

混凝过程　　　　　　　　　　　表 3-1

阶段	凝			聚	絮 凝
过程	混 合	脱 稳		异向絮凝为主	同向絮凝为主
作用	药剂扩散	混凝剂水解	杂质胶体脱稳	脱稳胶体聚集	微絮凝体的进一步碰撞聚集
动力	质量迁移	溶解平衡	各种脱稳机理	分子热运动（布朗扩散）	液体流动的能量消耗
处理构筑物	混合设备				反应设备
胶体状态	原始胶体		脱稳胶体	微絮凝体	絮凝体
胶体粒径	$0.001 \sim 0.1\mu m$		约 $5 \sim 10\mu m$		$0.5 \sim 2mm$

从胶体颗粒变成较大的矾花是一个连续的过程,为了研究的方便可划分为混合和反应两个阶段。混合阶段要求浑水和混凝剂快速均匀混合,一般说来,该阶段只能产生用眼睛难以看见的微絮凝体；反应阶段则要求将微絮凝体形成较密实的大粒径矾花。

混合和反应均需消耗能量,而速度梯度 G 值能反映单位时间单位体积水耗能值的大小,混合的 G 值应大于 $300 \sim 500s^{-1}$,时间一般不超过 30s, G 值大时混合时间宜短。水泵混合是一种较好的混合方式,本实验水量小便可采用机械搅拌混合。由于粒径大的矾花抗剪强度低,易破碎,而 G 值与水流剪力成正比,故反应开始至反应结束,随着矾花逐渐增大, G 值宜逐渐减小。从理论上讲反应开始时的 G 值宜接近混合设备出口的 G 值,反应终止时的 G 值宜接近沉淀设备进口的 G 值,但这样会带来一些问题,例如反应设备构造较复杂,在沉淀设备前产生沉淀。实际设计中, G 值在反应开始时可采用 $100s^{-1}$ 左右,反应结束时可采用 $10s^{-1}$ 左右。整个反应设备的平均 G 值约为 $20 \sim 70s^{-1}$,反应时间 $15 \sim 30min$,本实验采用机械搅拌反应, G 值及反应时间 T 值（以 s 计）应符合上述要求。近年来出现的若干高效反应设备,由于能量利用率高,反应时间比 15min 短。

混合或反应的速度梯度 G 值:

$$G = \sqrt{\frac{P}{\mu V}} \tag{3-1}$$

式中　P——混合或反应设备中水流所耗功率,W, $1W = 1J/s = 1N \cdot m/s$；

　　　V——混合或反应设备中水的体积, m^3；

　　　μ——水的动力黏度, $Pa \cdot s$, $1Pa \cdot s = 1N \cdot s/m^2$。

不同温度水的动力黏度 μ 值见表 3-2。

不同水温水的动力黏度 μ 值　　　　表3-2

温度（℃）	0	5	10	15	20	25	30	40
μ (10^{-3}N·s/m^2)	1.781	1.518	1.307	1.139	1.002	0.890	0.798	0.653

本实验搅拌设备垂直轴上装设两块桨板，如图3-1所示，桨板绕轴旋转时克服水的阻力所耗功率 P 为：

$$P = \frac{C_D \rho L \omega^3}{4g}(r_2^4 - r_1^4) \tag{3-2}$$

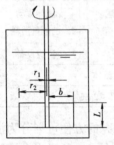

式中　L——桨板长度，m；
　　　r_2——桨板外缘旋转半径，m；
　　　r_1——桨板内缘旋转半径，m；
　　　ω——相对于水的桨板旋转角速度，可采用0.75倍轴转速，r/s；
　　　ρ——水的重度，N/m³；
　　　g——重力加速度，9.81m/s²；
　　　C_D——阻力系数，取决于桨板长宽比，见表3-3。

图3-1　搅拌设备示意

阻力系数 C_D 值　　　　表3-3

b/L	<1	1~2	2.5~4	4.5~10	10.5~18	>18
C_D	1.10	1.15	1.19	1.29	1.40	2.00

当 $C_D = 1.10$（即 $b/L < 1$），$\rho = 9810\text{N/m}^3$，$g = 9.81\text{m/s}^2$，及转速为 n（r/min）（即 $\omega = \frac{2\pi r}{60} \times 0.75 = 0.00785n$，r/s）时：

$$P = 0.133 L n^3 (r_2^4 - r_1^4)$$

式中　P、L、r_2、r_1 符号意义及单位同前。

3. 设备及用具

(1) 无极调速六联搅拌机 1 台，见图3-2。

(2) 1000mL 烧杯 12 个。

(3) 200mL 烧杯 14 个。

(4) 100mL 注射器 2 个，移取沉淀水上清液用。

(5) 100mL 洗耳球 1 个，配合移液管移药用。

(6) 1mL 移液管 1 根。

(7) 5mL 移液管 1 根。

(8) 10mL 移液管 1 根。

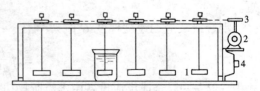

图3-2　六联搅拌机示意
1—搅拌叶片；2—变速电动机；
3—传动装置；4—控制装置

(9) 温度计 1 个，测水温用。
(10) 秒表 1 块，测转速用。
(11) 1000mL 量筒 1 个，量原水体积。
(12) 1%浓度硫酸铝（或其他混凝剂溶液）溶液 1 瓶。
(13) 酸度计 1 台。
(14) 浊度仪 1 台。

4．步骤及记录

(1) 测原水水温、浑浊度及 pH。

(2) 用 1000mL 量筒量取 12 个水样至 12 个 1000mL 烧杯中。

(3) 设最小投药量和最大投药量，利用均分法确定第Ⅰ组实验其他 4 个水样的混凝剂投加量。

(4) 将第Ⅰ组水样置于搅拌机中，开动机器，调整转速，中速运转数分钟，同时将计算好的投药量，用移液管分别移取至加药试管中。加药试管中药液少时，可掺入蒸馏水，以减小药液残留在试管上产生的误差。

(5) 将搅拌机快速运转（例如 300～500 r/min，但不要超过搅拌机的最高允许转速），待转速稳定后，将药液加入水样杯中，同时开始记时，快速搅拌 30s。

(6) 30s 后，迅速将转速调到中速运转（例如 120r/min）。然后用少量（数毫升）蒸馏水洗加药试管，并将这些水加到水样烧杯中。搅拌 5min 后，迅速将转速调至慢速（例如 80r/min）搅拌 10min。

(7) 搅拌过程中，注意观察并记录矾花形成的过程、矾花外观、大小、密实程度等，并记入表 3-4 中。

混凝沉淀观察记录　　　　　　　　　　　表 3-4

实验组号	观察记录		小　结
	水样编号	矾花形成及沉淀过程的描述	
Ⅰ	1		
	2		
	3		
	4		
	5		
	6		
Ⅱ	1		
	2		
	3		
	4		
	5		
	6		

(8) 搅拌过程完成后，停机，将水样杯取出，放置一旁静沉 15min，并观察记录矾花沉淀的过程。与此同时，再将第Ⅱ组 6 个水样置于搅拌机下。

(9) 第Ⅰ组6个水样，静沉15min后，用注射器每次吸取水样杯中上清液约130mL（以够测浊度、pH即可），置于6个洗净的200mL烧杯中，测浊度及pH并记入表3-5中。

原始数据记录表　　　　　　　　　　　　　表3-5

实验组号	混凝剂名称：		原水浑浊度：	原水温度℃：		原水pH值	
Ⅰ	水样编号		1	2	3	4	5	6
	投药量	mL						
		mg/L						
	剩余浊度							
	沉淀后pH值							
Ⅱ	水样编号		1	2	3	4	5	6
	投药量	mL						
		mg/L						
	剩余浊度							
	沉淀后pH值							

(10) 比较第Ⅰ组实验结果。根据6个水样所分别测得的剩余浊度，以及水样混凝沉淀时所观察到的现象，对最佳投药量的所在区间做出判断。缩小实验范围（加药量范围）重新设定第Ⅱ组实验的最大和最小投药量值 a 和 b，重复上述实验。

【注意事项】

(1) 电源电压应稳定，如有条件，电源上宜设一台稳压装置。

(2) 取水样时，所取水样要搅拌均匀，要一次量取以尽量减少所取水样浓度上的差别。

(3) 移取烧杯中沉淀水上清液时，要在相同条件下取上清液，不要把沉下去的矾花搅起来。

5. 成果整理

以投药量为横坐标，以剩余浊度为纵坐标，绘制投药量—剩余浊度曲线，从曲线上可求得不大于某一剩余浊度的最佳投药量值。

【思考题】

(1) 根据实验结果以及实验中所观察到的现象，简述影响混凝的几个主要因素。

(2) 为什么最大投药量时，混凝效果不一定好。

(3) 测量搅拌机搅拌叶片尺寸，计算中速、慢速搅拌时的 G 值及 GT 值。计算整个反应器的平均 G 值。

(4) 参考本实验写出测定最佳pH值实验过程。

(5) 当无六联搅拌机时，试说明如何用0.618法安排实验求得最佳投药量。

3.2 过滤实验

过滤是给水处理的基础实验之一，被广泛地用于科研、教学、生产之中，通过过滤实验不仅可以研究新型过滤工艺，还可研究滤料的级配、材质、过滤运行最佳条件等，本实验包括3个内容：1. 滤料筛分及孔隙率测定；2. 过滤实验；3. 滤池冲洗实验。

3.2.1 滤料筛分及孔隙率测定实验

目的
(1) 测定天然河砂的颗粒级配。
(2) 绘制筛分级配曲线，求 d_{10}、d_{80}、K_{80}。
(3) 按设计要求对上述河砂进行再筛选。
(4) 求定滤料孔隙率。

一、滤料筛分实验

1. 原理

滤料级配是指将不同大小粒径的滤料按一定比例加以组合，以取得良好的过滤效果。滤料是带棱角的颗粒，其粒径是指把滤料颗粒包围在内的假想球体直径。

在生产中简单的筛分方法是用一套不同孔径的筛子筛分滤料试样，选取合适的粒径级配。我国现行规范是以筛孔孔径0.5mm及1.2mm两种规格的筛子过筛，取其中段。这虽然简便易行，但不能反映滤料粒径的均匀程度，因此还应考虑级配情况。

能反映级配状况的指标是通过筛分级配曲线求得的有效粒径 d_{10}，以及 d_{80} 和不均匀系数 K_{80}。d_{10} 是表示通过滤料重量10%的筛孔孔径，它反映滤料中细颗粒尺寸，即产生水头损失的"有效"部分尺寸；d_{80} 系指通过滤料重量80%的筛孔孔径，它反映粗颗粒尺寸，K_{80} 为 d_{80} 与 d_{10} 之比，即 $K_{80} = d_{80}/d_{10}$。K_{80} 越大表示粗细颗粒尺寸相差越大，滤料粒径越不均匀，这样的滤料对过滤及反冲均不利。尤其是反冲时，为了满足滤料粗颗粒的膨胀要求就会使细颗粒因过大的反冲强度而被冲走；反之，若为满足细颗粒不被冲走的要求而减小反冲强度，粗颗粒可能因冲不起来而得不到充分清洗。故滤料需经过筛分级配。

2. 设备及用具

(1) 圆孔筛1套，直径0.177mm～1.68mm，筛孔尺寸如表3-6所示。
(2) 托盘天平，称量300g，感量0.1g。
(3) 烘箱。
(4) 带拍摇筛机，如无，则人工手摇。

(5) 浅盘和刷（软、硬）。

(6) 量筒 1000 mL。

3. 步骤及记录

(1) 取样：取天然河砂 300g，取样时要先将取样部位的表层铲去，然后取样。

将取样器中的砂样洗净后放在浅盘中，将浅盘置于 105℃ 恒温箱中烘干，冷却至室温备用；

(2) 称取冷却后的砂样 100g，选用一组筛子过筛。筛子按筛孔大小顺序排列，砂样放在最上面的一只筛中（即 1.68mm 筛）；

(3) 将该组套筛装入摇筛机，摇筛约 5min，然后将套筛取出，再按筛孔大小顺序在洁净的浅盘上逐个进行手筛，直至每 min 的筛出量不超过试样总量的 0.1% 时为止。通过的砂颗粒并入下一筛号一起过筛，这样依次进行直至各筛号全部筛完。若无摇筛机，可直接用手筛；

(4) 称量在各个筛上的筛余试样的重量（精确至 0.1g）。所有各筛余重量与底盘中剩余试样重量之和与筛分前的试样总重相比，其差值不应超过 1%。

上述所求得的各项数值填入表 3-6。

筛 分 记 录 表　　　　　　表 3-6

筛 号	筛孔（mm）	留在筛上的砂量		通过该号筛的砂量	
		重量（g）	%	重量（g）	%
10	1.68				
12	1.41				
14	1.19				
16	1.00				
24	0.71				
32	0.50				
60	0.25				
80	0.177				

【注意事项】

(1) 试样在各号筛上的筛余量均不得超过 50g，如超过则应将试样分成两份再次筛分，筛余量应是两份筛余之和；

(2) 筛分实验最好采用两个试样分别进行，并以其实验结果的算术平均值作为测定值。

4. 成果整理

(1) 分别计算留在各号筛上的筛余百分率，即各号筛上的筛余量除以试样总重量的百分率（精确至 0.1%）；

(2) 计算通过各号筛的砂量百分率；

(3) 根据表 3-6 数值，以通过筛孔的砂量百分率为纵坐标，以筛孔孔径（mm）为横坐标，绘制滤料筛分级配曲线，如图 3-3 示。

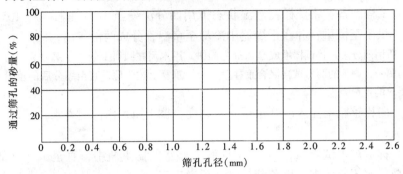

图 3-3　滤料筛分级配坐标图

由图中所绘筛分曲线上可求得 d_{10}、d_{80}、K_{80}。如求得的不均匀系数 K_{80} 大于设计要求，则需根据设计要求筛选滤料。

(4) 滤料的再筛选：滤料的再筛选是根据在筛分级配曲线上作图求得的数值进行，方法如下：

例如设计要求 $d_{10} = 0.60$mm，$K_{80} = 1.80$ 时，则 $d_{80} = 1.80 \times 0.60 = 1.08$mm，按此要求筛选。

1) 先自横坐标 0.60mm 和 1.08mm 两点各作一垂线与筛分曲线相交，自两交点作与与横坐标相平行的两条线与右边纵坐标轴线相交于上、下两点；

2) 再以上面之点作为新的 d_{80}，下面之点作为新的 d_{10}，重新建立新坐标；

3) 找出新坐标原点和 100% 点，由此两点向左方作平行于横坐标的直线，并与筛分曲线相交，在此两条平行线内所夹面积即是所选滤料，其余全部筛除。

二、孔隙率测定

1. 原理

滤料孔隙率大小与滤料颗粒的形状、均匀程度和级配等有关。均匀的或形状不规则的颗粒孔隙率大，反之则小。对于石英砂滤料，要求孔隙率为 42% 左右，如孔隙率太大将影响出水水质，孔隙率太小则影响滤速及过滤周期。

孔隙率为滤料体积内孔隙体积所占的百分数。孔隙体积等于自然状态体积与绝对密实体积之差。孔隙率的测定要先借助于比重瓶测出比重，然后经过计算求出孔隙率。

2. 设备及用具

(1) 托盘天平，称量 100g，感量 0.1g。

(2) 李氏比重瓶，容量 250mL。

(3) 烘箱。

(4) 烧杯，容量 500 mL。

(5) 浅盘、干燥器、料勺、温度计等。

3. 步骤及记录

(1) 试样制备：将试样在潮湿状态下用四分法缩至 120g 左右，在 105 ± 5℃ 的烘箱中烘干至恒重，并在干燥器中冷却至室温，分成两份备用；

注：所谓四分法是将试样堆成厚 2cm 之圆饼，用木尺在圆饼上划一十字分为 4 份，去掉不相邻的两份，剩下的两份试样混合重拌、再分。重复上述步骤，直至缩分后的重量略大于实验所要求的重量为止。

(2) 向比重瓶中注入冷开水至一定刻度，擦干瓶颈内部附着水，记录水的体积（V_1）；

(3) 称取烘干试样 50g（g_0）徐徐装入盛水的比重瓶中，直至试样全部装入为止，瓶中水不宜太多，以免装入试样后溢出；

(4) 用瓶内水将粘附在瓶颈及瓶内壁上的试样全部洗入水中，摇转比重瓶以排除气泡。静置 24h 后记录瓶中水面升高后的体积（V_2）。至少测二个试样，取其平均值，记录如表 3-7。

用比重瓶测滤料比重记录表　　　　表 3-7

瓶上刻度体积 (cm³)	试样			平均值
	1	2	3	
V_1				
V_2				

4. 成果整理

(1) 求定滤料比重 γ，按下式计算：

$$\gamma = \frac{g_0}{V_2 - V_1} \ (\text{g/cm}^3) \tag{3-3}$$

式中　g_0——试样烘干后重量，g；
　　　V_1——水的原有体积，cm³；
　　　V_2——投入试样后水和试样的体积，cm³。

(2) 求孔隙率：将测定比重之后的滤料放入过滤柱中，用清水过滤一段时间，然后量测滤料层体积，并按下式求出滤料孔隙率（m）：

$$m = 1 - \frac{G}{\gamma V} \tag{3-4}$$

式中　G——烘干后滤料的重量，g；
　　　V——滤料体积，cm³；
　　　γ——滤料比重，g/cm³。

【思考题】

(1) 为什么 d_{10} 称"有效粒径"？K_{80} 过大或过小各有何利弊？

(2) 我国用 d_{min}、d_{max} 衡量滤料，与用 d_{10}、d_{80} 相比，有什么优缺点？

(3) 孔隙率大小对过滤有什么影响？

3.2.2 过 滤 实 验

1. 目的

(1) 熟悉普通快滤池过滤、冲洗的工作过程。

(2) 加深对滤速、冲洗强度、滤层膨胀率、初滤水浊度的变化、冲洗强度与滤层膨胀率关系以及滤速与清洁滤层水头损失关系的理解。

2. 原理

快滤池滤料层能截留粒径远比滤料孔隙小的水中杂质，主要通过接触絮凝作用，其次为筛滤作用和沉淀作用。要想使过滤出水水质好，除了滤料组成需符合要求外，沉淀前或滤前投加混凝剂也是必不可少的。

当过滤水头损失达到最大允许水头损失时，滤池需进行冲洗。少数情况下，虽然水头损失未达到最大允许值，但如果滤池出水浊度超过规定要求，也需进行冲洗。冲洗强度需满足底部滤层恰好膨胀的要求。根据运行经验，冲洗排水浊度降至 10~20 度以下可停止冲洗。

快滤池冲洗停止时，池中水杂质较多且未投药，故初滤水浊度较高。滤池运行一段时间（约 5~10min 或更长）后，出水浊度始符合要求。时间长短与原水浊度、出水浊度要求、药剂投量、滤速、水温以及冲洗情况有关。如初滤水历时短，初滤水浊度比要求的出水浊度高不了多少，或者说初滤水对滤池过滤周期出水平均浊度影响不大时，初滤水可以不排除。

清洁滤层水头损失计算公式见《给水工程》（第四版）教材公式（17-1）式。当滤速不高，清洁滤层中水流属层流时，水头损失与滤速成正比，两者成直线关系；当滤速较高时，(17-1) 式计算结果偏低，即水头损失增长率超过滤速增长率。

为了保证滤池出水水质，常规过滤的滤池进水浊度不宜超过 10~15 度。本实验采用投加混凝剂的直接过滤，进水浊度可以高达几十度以至百度以上。因原水加药较少，混合后不经反应直接进入滤池，形成的矾花粒径小，密度大，不易穿透，故允许进水浊度较高。

3. 设备及用具

(1) 过滤装置 1 套，如图 3-4 所示。

(2) 光电式浊度仪 1 台。

(3) 200 mL 烧杯 2 个，取水样测浊度用。

(4) 20mL 量筒 1 个，秒表 1 块，测投药量用。

(5) 2m 钢卷尺 1 个，温度计 1 个。

4. 步骤及记录

(1) 将滤料进行一次冲洗，冲洗强度逐渐加大到 $12~15L/(s \cdot m^2)$，持续几分钟，以便去除滤层内的气泡。

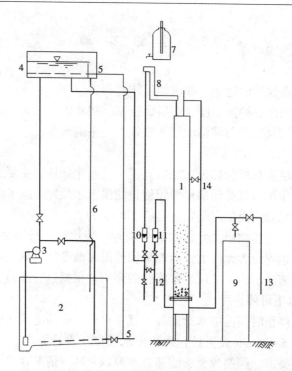

图 3-4 过滤装置
1—滤柱；2—原水水箱；3—水泵；4—高位水箱；
5—空气管；6—溢流管；7—定量投药瓶；8—跌水
混合槽；9—清水箱；10—滤柱进水转子流量计；
11—冲洗水转子流量计；12—自来水管；
13—初滤水排水管；14—冲洗水排水管

(2) 冲洗毕，开初滤水排水阀门，降低柱内水位。将滤柱有关数据记入表 3-8。

(3) 调整定量投药瓶投药量，使滤速 8m/h 时投药量符合要求，开始投药。

(4) 通入浑水，开始过滤，滤速 8m/h。开始过滤后的 1、3、5、10、20 及 30min 测出水浊度。测进水浊度和水温。

(5) 调整定量投药量，使滤速 16 m/h 时投药量仍符合要求。

(6) 加大滤速至 16 m/h，加大滤速后的 10、20、30min 测出水浊度并测进水浊度。

(7) 将步骤 3、4、5、6 有关数据记入表 3-9。

(8) 提前结束过滤，用设计规范规定的冲洗强度、冲洗时间进行冲洗，观察整个滤层是否均已膨胀。冲洗将结束时，取冲洗排水测浊度。测冲洗水温。将有关数据记入表 3-10。

(9) 作冲洗强度与滤层膨胀率关系实验。测不同冲洗强度（3、6、9、12、

14、16L/(s·m^2))时滤层膨胀后的厚度，停止冲洗，测滤层厚度。将有关数据记入表 3-11。

（10）作滤速与清洁滤层水头损失的关系实验。通入清水，测不同滤速（4、6、8、10、12、14、16 m/h）时滤层顶部的测压管水位和滤层底部附近的测压管水位、测水温。将有关数据记入表 3-12。停止冲洗，结束实验。

滤柱有关数据　　　　　　　　　　　　　　　　表 3-8

滤柱内径（mm）	滤料名称	滤粒粒径（cm）	滤料厚度（cm）

过滤记录　　　　　　　　　　　　　　　　表 3-9

滤速（m/h）	流量（L/h）	投药量（mg/L）	过滤历时（min）	进水浊度	出水浊度
8			1		
			3		
			5		
			10		
			20		
			30		
16			10		
			20		
			30		

注：混凝剂：　　　；原水水温　　　℃。

冲洗记录　　　　　　　　　　　　　　　　表 3-10

冲洗强度 (L/(s·m^2))	冲洗流量 (L/h)	冲洗时间 (min)	冲洗水温 (℃)	滤层膨胀情况

冲洗将结束时冲洗排水浊度、冲洗强度和滤层膨胀率关系　　　表 3-11

冲洗强度 (L/(s·m^2))	冲洗流量 (L/h)	滤层膨胀后厚度 (cm)	滤层膨胀率 (%)

注：冲洗水温　　　℃；滤层厚度：

滤速与清洁滤层水头损失的关系 表 3-12

滤速 (m/h)	流量 (L/h)	清洁滤层顶部 的测压管水位 (cm)	清洁滤层底部 的测压管水位 (cm)	清洁滤层 的水头损失 (cm)

注：水温　　℃。

【注意事项】

(1) 滤柱用自来水冲洗时，要注意检查冲洗流量，因给水管网压力的变化及其他滤柱进行冲洗都会影响冲洗流量，应及时调节冲洗水来水阀门开启度，尽量保持冲洗流量不变。

(2) 加药直接过滤时，不可先开来水阀门后投药，以免影响过滤水质。

5. 成果整理

(1) 根据表 3-9 实验数据，以过滤历时为横坐标，出水浊度为纵坐标，绘滤速 8m/h 时的初滤水浊度变化曲线。设出水浊度不得超过 3 度，问滤柱运行多少分钟出水浊度才符合要求？绘滤速 16m/h 时的出水浊度变化曲线。

(2) 根据表 3-11 实验数据，以冲洗强度为横坐标，滤层膨胀率为纵坐标，绘冲洗强度与滤层膨胀率关系曲线。

(3) 根据表 3-12 实验数据，以滤速为横坐标，清洁滤层水头损失为纵坐标，绘滤速与清洁滤层水头损失关系曲线。

【思考题】

(1) 滤层内有空气泡时对过滤、冲洗有何影响？

(2) 当原水浊度一定时，采取哪些措施，能降低初滤水出水浊度？

(3) 冲洗强度为何不宜过大？

3.2.3 滤池冲洗实验

目的

(1) 验证水反冲洗理论，加深对教材内容的理解。

(2) 了解并掌握气、水反冲洗方法，以及由实验确定最佳气、水反冲洗强度与反冲洗时间的方法。

(3) 通过水反冲洗及全气、水联合反冲洗加深对气、水反冲洗效果的认识。

(4) 观察反冲洗全过程，加深感性认识。

一、水反洗强度验证实验

1. 原理

当滤池的水头损失达到预定极限（一般为 2.5~3.0m）或水质恶化时，就需要进行反冲洗。滤层的膨胀率对反冲效果影响很大,对于给定的滤层,在一定水温下的滤层膨胀率决定于冲洗强度。滤层的冲洗强度一般可按下式求出:

$$q = 28.7 \frac{d_e^{1.31}}{\mu^{0.54}} \cdot \frac{(e+m_0)^{2.31}}{(1+e)^{1.77}(1-m_0)^{0.54}} \tag{3-5}$$

式中 q——冲洗强度,L/(s·m²);

d_e——滤层的校准孔径,cm;

μ——动力黏度(见表3-2),N·s/m²;

e——滤层膨胀率,以%计;

m_0——滤层膨胀前的孔隙率。

2. 设备及用具

气、水反冲洗的成套设备和空压机等(见图3-5)。

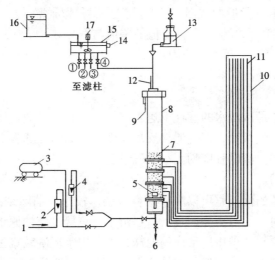

图3-5 气、水反冲洗实验装置

1—自来水;2—转子流量计;3—空压机;4—气转子流量计;5—滤头;
6—过滤出水;7—滤料;8—滤柱;9—反洗排水;10—测压板;11—测压管;
12—排气管;13—高分子助滤剂;14—溢流管;15—投配槽;16—混凝剂;17—搅拌机

3. 实验步骤

(1) 反冲洗实验开始前4~6h,在4个滤柱中开始过滤作业,以便为反冲洗实验做好准备,使反洗效果更好地体现出来。

过滤中所用硫酸铝与助滤剂聚丙烯酰胺的投量,是根据对原水水样的过滤性试验得出:当浊度为30度的原水直接过滤时,其最佳投药量为14mg/L;浊度为100度的原水投药量为18 mg/L;300度的原水则为30 mg/L;聚丙烯酰胺助滤剂的投量为0.1~0.5 mg/L(最大不超过1 mg/L)均可取得较好效果。如实验原水由水库底泥加自来水配制而成一般可用上述数值,但如实验所用原水性质与此不同,投药量应通过实验调整。

(2) 当滤柱水头损失达 2.5~3.0m 时，开始反冲洗。打开反冲洗进水阀门，调整水量至膨胀率 e 与按式（3-5）计算 q 中所选用的 e 相等时，稳定 1~2min，然后读反冲洗水量并记入表 3-13 中。

水反冲洗记录表 表 3-13

滤柱号	反洗时间 (min)	反洗水量 (L/h)	滤层膨胀度 ($e\%$)		反洗强度（L/（s·m²））		
			计算 e	实验 e	计算 q	实验 q	二者差值%
1							
2							
3							
4							

4．成果整理

(1) 根据表 3-13 及原始数据，计算反洗强度和膨胀率。

(2) 计算实验时反洗强度与计算值的差值与百分数。

(3) 分析 $q_{实}$ 与 $q_{计}$ 相差的原因。

二、气、水反冲洗实验

1．原理

气、水反冲洗是从浸水的滤柱下送入空气，当其上升通过滤层时形成若干气泡，使周围的水产生紊动，促使滤料反复碰撞，将黏附在滤料上的污物搓下，再用水冲出黏附污物。紊动程度的大小随气量及气泡直径大小而异，紊动越强烈则滤层搅拌也越强烈。

气、水反冲洗的优点是可以洗净滤料内层，较好地消除结泥球现象且省水。当用于直接过滤时，优点更为明显，这是由于在直接过滤的原水中，一般都投加高分子助滤剂，它在滤层中所形成的泥球，单纯用水反洗较难去除。

气、水反冲洗的方法一般是先气后水；也可气、水同时反洗，但此种方法滤料容易流失。本实验采用先气后水方式。

2．设备及用具

(1) 设备

1) 有机玻璃柱：$d = 150$mm，$H = 2.5~3$m 4 根；柱内装填煤、砂滤料，规格为煤滤料粒径 $d = 1~2$mm，厚 30cm；砂滤料粒径 $d = 0.5~1.0$mm，厚 40~50cm；

2) 长柄滤头：4 只；

3) 水箱：规格 100cm × 75cm × 35cm 1 只；

4) 混合槽：规格 $D = 200$mm $H = 160$mm 1 只；

5) 混凝剂溶液箱：规格 40cm × 40cm × 45cm 1 只；

6) 投配槽：容积以 1min 流量为准 1 只；

7) 助滤剂投配瓶：容积 500 mg/L 1 个；

8) 空气压缩机：1台；

9) 1000 mL 量筒：1只；

10) 50 mL 移液管：1只；

11) 200 mL 烧杯：15只。

以及配套设备等。

（2）仪器

1) 浊度仪1台；

2) 气体、水转子流量计各1只；

3) 秒表1只；

4) 压力表，水、气各1只。

实验装置如图3-5示。

（3）水样及药剂

1) 水样

用自来水及水库底泥人工配制成浑浊度300度左右的原水。水量原则上应维持4个滤柱4h左右的一次过滤所需量。如无水库底泥也可以其他泥代替（若条件允许，可一次配足，全部用水量应为3次过滤水量之和）。

2) 药剂

a. 硫酸铝：浓度1%；

b. 聚丙烯酰胺：浓度0.1%。

3. 实验步骤

（1）用正交法安排气、水反冲洗实验

影响气、水反冲洗实验结果的因素很多，如气反冲洗时间、气反冲洗强度、水反冲洗时间、水反冲洗强度等。本实验采用正交表 $L_9(3^4)$ 安排实验，见表3-14。

滤柱先气后水冲洗正交分析表　　　　　表3-14

序号	因素 气反冲洗时间 t (min)	水反冲洗膨胀率 e (%)	实验结果评价指标 冲洗水强度 (L/(s·m²))	剩余浊度 (反冲洗5min后)
1	(1) 1	(1) 20		
2	(2) 3	(1) 20		
3	(3) 5	(1) 20		
4	(1) 1	(2) 35		
5	(2) 3	(2) 35		
6	(3) 5	(2) 35		
7	(1) 1	(3) 50		
8	(2) 3	(3) 50		
9	(3) 5	(3) 50		

续表

序号 \ 因素	气反冲洗时间 t（min）	水反冲洗膨胀率 e（%）	实验结果评价指标	
			冲洗水强度 (L/(s·m²))	剩余浊度（反冲洗5min后）
K_1				
K_2				
K_3				
$\overline{K}_1$				
$\overline{K}_2$				
$\overline{K}_3$				
R				

表 3-14 中的因素为气反冲洗时间 t 及水反冲洗膨胀率 e，e 可通过滤柱上的标尺测定，e 也反映出反冲洗水量的大小，因为 e 的大小与反冲洗强度 q 的大小有直接关系。

所取的 3 个水平是：①气反洗时间：1min、3min、5min；②水反冲洗膨胀率：20%、35%、50%。这些因素及水平组成 9 个不同组合，按顺序做下去为一个周期。

例如，滤柱 1 号中气洗 1min，水反洗膨胀率 e = 20%；滤柱 2 号中气洗 3min，e 仍为 20%；滤柱 3 号中气洗 5min，e 仍不变；滤柱 4 号作为对比柱，只用水反洗，也是 e = 20%。反洗结束后重新进行过滤。按正交表中的 4、5、6 三个序号的安排进行第二轮反洗。反洗结束后再次重新进行过滤。最后再按正交表中安排进行 7、8、9 序号的气、水反冲洗。到此为一个周期。

(2) 气、水反冲洗操作步骤

1) 当滤柱水头损失达 2.5～3.0m 时，关闭原水来水阀，停止进水，待水位下降至滤料表面以上 10cm 位置时，打开空压机阀门，往滤柱底部送气。注意气量要控制在 1m³/(min·m²) 以内，以滤层表面均具有紊流状态，看似沸腾开锅，滤层全部冲动为准。此时记录转子流量计上的读数并记时，气洗至规定时间，关进气阀门。气洗时注意观察滤料互相摩擦的情况，并注意保持水面高于滤层 10cm，以免空气短路。

2) 气反冲洗结束立即打开水反冲洗进水阀，开始水反冲洗。注意要迅速调整好进水量，以滤层的膨胀率保持在要求的数值上为准。当趋于稳定后，开始以秒表记录反冲时间，水反冲洗进行 5min。

3) 反冲水由滤柱上部排水管排出，读水转子流量计数用量筒取样并计量流量校核。在水反冲洗的 5min 内，至少取 5 个水样测定浊度并填入表 3-15 中。最后一个水样的浊度还应记入正交表。

反 冲 洗 记 录　　　　　　　表 3-15

剩余浊度 \ 反冲洗时间（min） \ 标号	1	2	3	4	5	备注
1号						
2号						
3号						
对比柱4号						
水流量计读数						
反冲洗水强度（L/（s·m^2））						

4）对比柱 4 号与 3 个实验柱同步运行，但只用水反冲洗。对比的指标是：冲洗水用量的多少、反冲洗时间的长短及剩余浊度的大小。

4. 成果整理

（1）将气、水反冲洗时所记录的表 3-15 中的数值，在半对数坐标纸上以浊度为纵坐标，以时间 t 为横坐标，绘出浊度与时间关系曲线，并加以评价比较。

（2）进行正交分析，判断因素主次、显著性，并找出滤料的最佳膨胀率、反冲洗用水量及气反冲洗时间。

（3）将气、水反冲洗结果与水反冲洗对比。

【思考题】

（1）根据在反冲洗过程中的观察，叙述气、水反冲洗法与水反冲洗法各有什么优缺点？

（2）气、水反冲洗法可以有几种不同的形式？

（3）根据气、水反冲洗结果，试从理论上分析其优于单独用水反冲洗的原因。

3.3　流动电流絮凝控制系统运行实验

1. 目的

（1）了解流动电流絮凝控制系统的组成。

（2）了解流动电流产生和检测的原理。

2. 原理

在研究胶体的电学性质时人们发现了电动现象，电动现象的发现引导人们认识了胶体的双电层结构，在胶体研究中具有十分重要的意义。电动现象主要包括：电泳—胶体微粒在电场中作定向运动的现象；电渗—在多孔膜或毛细管两端加一定电压，多孔膜或毛细管中的液体产生定向移动的现象；流动电位—当液体在多孔膜或毛细管中流动，多孔膜或毛细管两端就会产生电位差的现象；沉降电位—胶体微粒在重力场或离心力场中迅速沉降时，在沉降方向的两端产生电位差的现象。本实验只研究流动电位（电流）。流动电位意味着液体流动时带走了与表面电荷相反的带电离子，从而使液体内发生了电荷的积累，形成了电场。

絮凝理论认为，向水中投加无机盐类絮凝剂或无机高分子絮凝剂的主要作用，在于使胶体脱稳。工艺条件一定时，调节絮凝剂的投加量，可以改变胶体的脱稳程度。在水处理工艺技术中，传统上用于描述胶体脱稳程度的指标是ζ电位，以ζ电位为因子控制絮凝就成为一种根本性的控制方法。但由于ζ电位检测技术复杂，特别是测定的不连续性，使其在过去难以用于工业生产的在线连续控制。

电动现象的中流动电位与ζ电位呈线性相关，根据双电层理论可以得到流动电流与ζ电位呈线性相关：

$$I = \frac{\pi \varepsilon p r^2 \zeta}{\eta L} \tag{3-6}$$

式中　I——流动电流；

　　　p——毛细管两端的压力差；

　　　r——毛细管半径；

　　　ζ——ζ电位；

　　　ε——水的介电常数；

　　　η——水的黏度；

　　　L——毛细管长度。

由上式可知流动电流（电位）作为胶体絮凝后残余电荷的定量描述，同样可以反映水中胶体的脱稳程度。若能克服类似于ζ电位在测定上的困难，流动电流将会成为一种有前途的絮凝控制因子。

美国人 Gerdes 于 1966 年发明了流动电流检测器（SCD），该仪器主要由传感器和检测信号的放大处理器两部分组成。传感器是流动电流检测器的核心部分，构造见图 3-6。

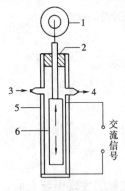

图 3-6　传感器构造示意
1—电机；2—活塞导套；3—水样入口；4—水样出口；5—检测室；6—活塞

在传感器的圆形检测室内有一活塞，作垂直往复运动。活塞和检测室内壁之间的缝隙构成一个环形空间，类似于毛细管。测定时被测水样以一定的流量进入检测室，当活塞作往复运动时，就像一个柱塞泵，促使水样在环形空间中作相应的往复运动。水样中的微粒会附着于活塞与检测室内壁的表面，形成一个微粒"膜"。环形空间水流的运动，带动微粒"膜"扩散层中反离子的运动，从而在环状"毛细管"的表面产生电流。在检测室的两端各设一环形电极，将此电流收集并经放大处理，就是该仪器的输出信号。

SCD装置通过活塞的往复运动而生成交变信号,克服了电极的极化问题;由于采用高灵敏度的信号放大处理器,使微弱交变信号被放大整流为连续直流信号,克服了噪声信号的干扰,实现了胶体电荷的连续检测。虽然这种装置在测定原理上已不同于原始的毛细管装置,直接测出的也不是流动电流的真值,但其毕竟是胶体电荷量的一种反映,许多研究证实该检测器的输出信号(下称检测值)与ζ电位成正比关系。这就为流动电流检测器用于絮凝控制提供了最基本的依据。实验表明,检测值还与水样通过环形空间的速度有对应关系:

$$I = C\zeta v \tag{3-7}$$

式中　C——与测量装置几何构造有关的系数;

v——水流在环形空间的平均流速,可用活塞的往复运动速度 w 代表;

其余符号同前。

1982年,L'eauClaire公司SCD装置中加上超声波振动器,利用超声波的振动加速微粒"膜"的更替,形成微粒"膜"在壁面上吸附与解吸的动态平衡。这一措施为流动电流技术在絮凝控制中的应用排除了一大障碍,使其性能大大改善。解决了流动电流检测器在生产上实用的关键性问题。

以流动电流技术构成的絮凝控制系统典型流程见图3-7。原水加絮凝剂,经过充分混合后,取出一部分作为检测水样。对该水样的要求是既要充分混合均匀脱稳,对整体有良好的代表性;又要避免时间过长,生成粗大的矾花,干扰测定并造成测试系统的较大滞后。水样经取样管送入流动

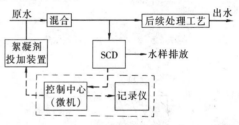

图3-7　SCD絮凝控制系统典型流程

电流检测器(SCD),检测后得到的检测值,代表水中胶体在加药絮凝后的脱稳程度。由絮凝工艺理论可知,生产工艺条件参数一定时,沉淀池的出水浊度与絮凝后的胶体脱稳程度相对应。选择一个出水浊度标准,就相应有一个特定的检测值,可将此检测值作为控制的目标期望值,即控制系统的给定值。控制系统的核心是调整絮凝剂的投量,以改变水中胶体的脱稳程度;使水在混合后的检测值围绕给定值在一个允许的误差范围内波动,达到絮凝优化控制的目的。

水的投药混合是有一定滞后的惯性系统,对其投药控制宜采用周期调节方式。一般情况下可以取3~5min为一个调节周期,水质有急剧变化时则通过软件的特殊功能实现控制。

流动电流絮凝控制技术问世后在国外得到了广泛应用,大量的生产运行经验证明流动电流絮凝控制技术具有下列优点:保证高质供水;减少絮凝剂的消耗;减少溶解性铝的泄漏;延长滤池工作周期;减少配水管网的故障;减少污泥量等。

3. 设备及用具

(1) 胶体电荷远程传感器（1台）；
(2) 单因子絮凝投药控制器（1台）；
(3) 电子脉冲投药泵（1台）；
(4) 搅拌器（1台）；
(5) 转子流量计（1台）；
(6) 浊度仪（1台）；
(7) 天平（1台）；
(8) 潜水泵（1台）；
(9) 混凝剂（聚合铝）；
(10) 絮凝池；
(11) 沉淀池；
(12) 原水箱、高位水槽；
(13) 单因子絮凝自动投药控制系统，见图3-8。

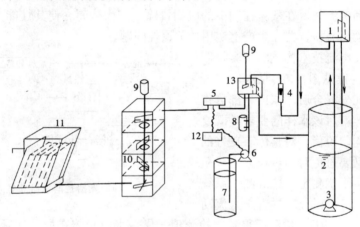

图3-8 单因子絮凝自动投药控制系统
1—原水高位水槽；2—原水箱；3—潜水泵；4—流量计；
5—远程胶体电传感器；6—电子脉冲投药泵；7—药液箱；
8—均流槽；9—电动搅拌器；10—絮凝池；11—沉淀池；
12—测控器；13—混合槽

4. 步骤及记录
(1) 将原水箱装满实验用水样。
(2) 开启潜水泵，将原水箱内的水样，抽到上面的高位水箱里，直至有溢流。
(3) 开阀门4、阀门5，调节流量计使流量在3~5L/min。
(4) 接通传感器的电源及控制器的电源，预热20min后，读取单因子絮凝控制仪读数。

(5) 开启电子脉冲投药泵将一定浓度的药液打进混合槽内,当控制仪显示稳定后读数。

(6) 改变投药泵的药量,分别读取不同药量情况下的流动电流值(SCD 值)。

(7) 测定不同投药量下,沉淀池的出水浊度。

(8) 实验数据填入表 3-16。

实验数据记录表　　　　　　　　　　　　表 3-16

时　间					
投药量(mg/L)	0	10	20	30	40
SCD 值					
出水浊度(NTU)					

5. 成果整理

绘图说明投药量与 SCD 值和出水浊度的关系。

【思考题】

(1) 简述单因子絮凝自动投药控制法的原理。

(2) 简述用单因子絮凝投药控制设备的方法与人工控制投药方法的优、缺点。

3.4　消　毒　实　验

3.4.1　折点加氯消毒实验

氯消毒广泛用于给水处理和污水处理。由于不少水源受到不同程度的污染,水中含有一定浓度的氨氮,掌握折点加氯消毒的原理及其实验技术,对解决受污染水源的消毒问题,很有必要。

1. 目的

(1) 掌握折点加氯消毒的实验技术。

(2) 通过实验,探讨某含氨氮水样与不同氯量接触一定时间(2h)的情况下,水中游离性余氯、化合性余氯及总余氯与投氯量的关系。

2. 原理

水中加氯作用主要有以下 3 个方面:

(1) 当原水中只含细菌不含氨氮时,向水中投氯能够生成氯酸(HOCl)及次氯酸根(OCl$^-$),反应式如下:

$$Cl_2 + H_2O \rightleftharpoons HOCl + H^+ + Cl^- \qquad (3-8)$$

$$HOCl \rightleftharpoons H^+ + OCl^- \qquad (3-9)$$

次氯酸及次氯酸根均有消毒作用,但前者消毒效果较好,因细菌表面带负电,而 HOCl 是中性分子,可以扩散到细菌内部破坏细菌的酶系统,妨碍细菌的新陈代谢，导致细菌的死亡。

水中 HOCl 及 OCl⁻ 称游离性氯。

（2）当水中含有氨氮时，加氯后能生成次氯酸和氯胺，它们都有消毒作用，反应式如下：

$$Cl_2 + H_2O \rightleftharpoons HOCl + HCl \tag{3-10}$$

$$NH_3 + HOCl \rightleftharpoons NH_2Cl + H_2O \tag{3-11}$$

$$NH_2Cl + HOCl \rightleftharpoons NHCl_2 + H_2O \tag{3-12}$$

$$NHCl_2 + HOCl \rightleftharpoons NCl_3 + H_2O \tag{3-13}$$

从上述反应得知：次氯酸（HOCl）、一氯胺（NH_2Cl）、二氯胺（$NHCl_2$）和三氯胺（NCl_3 又名三氯化氮）水中都可能存在。它们在平衡状态下的含量比例决定于氨、氮和氯的相对浓度、pH 值和温度。

当 pH = 7～8，反应生成物不断消耗时，1mol 的氯与 1mol 的氨作用能生成 1mol 的一氯胺，此时氯与氨氮（以 N 计，下同）的重量比为 71∶14≈5∶1。

当 pH = 7～8，2mol 的氯与 1mol 的氨作用能生成 1mol 的二氯胺，此时氯与氨氮的重量比约为 10∶1。

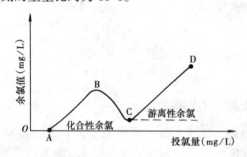

图 3-9　折点加氯曲线

当 pH = 7～8，氯与氨氮重量比大于 10∶1 时，将生成三氯胺（三氯胺很不稳定）和出现游离氯。随着投氯量的不断增加，水中游离性氯将越来越多。

水中有氯胺时，依靠水解生成次氯酸起消毒作用，从化学反应式（3-11）～（3-13）可见，只有当水中 HOCl 因消毒或其他原因消耗后，反应才向左进行，继续生成 HOCl。因此当水中余氯主要是氯胺时，消毒作用比较缓慢。氯胺消毒的接触时间不应短于 2h。

水中 NH_2Cl、$NHCl_2$ 和 NCl_3 称化合性氯。化合性氯的消毒效果不如游离性氯。

（3）氯还能与含碳物质、铁、锰、硫化氢以及藻类等起氧化作用。

水中含有氨氮和其它消耗氯的物质时，投氯量与余氯量的关系见图 3-9。

图中 OA 段投氯量太少，故余氯量为 0，AB 段的余氯主要为一氯胺，BC 段随着投氯量的增加，一氯胺与次氯酸作用，部分成为二氯胺（见式 3-12），部分反应如下式：

$$2NH_2Cl + HOCl \rightarrow N_2\uparrow + 3HCl + H_2O \tag{3-14}$$

反应的结果，BC 段一氯胺及余氯（即总余氯）均逐渐减少，二氯胺逐渐增加。C 点余氯值最少，称为折点。C 点后出现三氯胺和游离性氯。按大于出现折点的量来投氯称折点加氯。折点加氯的优点：1）可以去除水中大多数产生臭和味的物质；2）有游离性余氯，消毒效果较好。

图 3-9 曲线的形状和接触时间有关，接触时间越长，氧化程度深一些，化合性余氯则少一些，折点的余氯有可能接近于 0。此时折点后加氯的余氯几乎全是游离性余氯。

3. 设备及用具

(1) 水箱或水桶 1 个，能盛水几十升；
(2) 20L 玻璃瓶 1 个；
(3) 50mL 比色管 20 多根；
(4) 100mL 比色管 40 多根；
(5) 1000mL 烧杯 10 多个；
(6) 1mL 及 5mL 移液管；
(7) 10mL 及 50mL 量筒；
(8) 1000mL 量筒；
(9) 温度计 1 支。

4. 步骤及记录

(1) 药剂制备

1) 1% 浓度的氨氮溶液 100mL

称取 3.819g 干燥过的无水氯化铵（NH_4Cl）溶于不含氨的蒸馏水中稀释至 100mL，其氨氮浓度为 1% 即 10g/L。

2) 氨氮标准溶液 1000mL

吸取上述 1% 浓度氨氮溶液 1mL，用蒸馏水稀释至 1000mL，其氨氮含量为 10mg/L。

3) 酒石酸钾钠溶液 100mL

称取 50g 化学纯酒石酸钾钠（$KNaC_4H_4O_6 \cdot 4H_2O$）溶于 100mL 蒸馏水中，煮沸，使约减少 20mL 或到不含氨为止。冷却后，用蒸馏水稀释至 100mL。

4) 碘化汞钾溶液 1L

溶解 100g 分析纯碘化汞（HgI_2）和 70g 分析纯碘化钾（KI）于少量蒸馏水中，将此溶液加到 500mL 已冷却的含有 160g 氢氧化钠（NaOH）的溶液中，并不停搅拌，用蒸馏水稀释至 1L，贮于棕色瓶中，用橡皮塞塞紧，遮光保存。

5) 1% 浓度的漂白粉溶液 500mL

称取漂白粉 5g 溶于 100mL 蒸馏水中调成糊状，然后稀释至 500mL 即得。其有效氯含量约为 2.5g/L。取漂白粉溶液 1mL，用蒸馏水稀释至 200mL，参照本实验所述测余氯方法可测出余氯量。

6) 邻联甲苯胺溶液 1L

称取 1g 邻联甲苯胺，溶于 5mL20%盐酸中（浓盐酸 1mL 稀释至 5mL），将其调成糊状，投加 150~200mL 蒸馏水使其完全溶解，置于量筒中补加蒸馏水至 505mL，最后加入 20%盐酸 495mL，共 1L。此溶液放在棕色瓶内置于冷暗处保存，温度不得低于 0℃，以免产生结晶影响比色，也不要使用橡皮塞，该溶液最多能使用半年。

7）亚砷酸钠溶液 1L

称取 5g 亚砷酸钠溶于蒸馏水中，稀释至 1L。

8）磷酸盐缓冲液 4L

将分析纯的无水磷酸氢二钠（Na_2HPO_4）和分析纯无水磷酸二氢钾（KH_2PO_4）放在 105~110℃烘箱内，2h 后取出放在干燥器内冷却，前者称取 22.86g，后者取 46.14g。将此两者同溶于蒸馏水中，稀释至 1L。至少静置 4d，等其中沉淀物析出后过滤。取滤液 800mL 加蒸馏水稀释至 4L，即得磷酸盐缓冲液 4L。此溶液的 pH 值为 6.45。

9）铬酸钾—重铬酸钾溶液 1L

称取 4.65g 分析纯干燥铬酸钾（K_2CrO_4）和 1.55g 分析纯干燥重铬酸钾（$K_2Cr_2O_7$）溶于磷酸盐缓冲液中，并用磷酸盐缓冲液稀释至 1L 即得。

10）余氯标准比色溶液

按表 3-17 所需的铬酸钾—重铬酸钾溶液，用移液管加到 100mL 比色管中，再用磷酸盐缓冲液稀释至刻度，记录其相当于氯的 mg/L 数，即得余氯标准比色溶液。

余氯标准比色溶液的配制　　　　　表 3-17

氯（mg/L）	铬酸钾—重铬酸钾溶液（mL）	缓冲液（mL）	氯（mg/L）	铬酸钾—重铬酸钾溶液（mL）	缓冲液（mL）
0.01	0.1	99.9	0.70	7.0	93.0
0.02	0.2	99.8	0.80	8.0	92.0
0.05	0.5	99.5	0.90	9.0	91.0
0.07	0.7	99.3	1.00	10.0	90.0
0.10	1.0	99.0	1.50	15.0	85.0
0.15	1.5	98.5	2.00	19.7	80.3
0.20	2.0	98.0	3.00	29.0	71.0
0.25	2.5	97.5	4.00	39.0	61.0
0.30	3.0	97.0	5.00	48.0	52.0
0.35	3.5	96.5	6.00	58.0	42.0
0.40	4.0	96.0	7.00	68.0	32.0
0.45	4.5	95.5	8.00	77.5	22.5
0.50	5.0	95.0	9.00	87.0	13.0
0.60	6.0	94.0	10.00	97.0	3.0

（2）水样制备

取自来水 20L 加入 1%浓度氨氮溶液 2mL，混匀，即得实验用原水，其氨氮含量约 1 mg/L。

(3) 测原水水温及氨氮含量，记入表 3-18。

测氨氮用直接比色法，测氨氮步骤：

1) 于 50mL 比色管中加入 50mL 原水。

2) 另取 50mL 比色管 18 支，分别注入氨氮标准溶液 0、0.2、0.4、0.7、1.0、1.4、1.7、2.0、2.5、3.0、3.5、4.0、4.5、5.0、5.5、6.0、7.0 及 8.0mL，均用蒸馏水稀释至 50mL。

3) 向水样及氨氮标准溶液管内分别加入 1mL 酒石酸钾钠溶液，摇匀，再加 1mL 碘化汞钾溶液，混匀后放置 10min，进行比色。

$$氨氮（以 N 计）= \frac{相当于氨氮标准溶液用量（mL）\times 10}{水样体积（mL）}（mg/L）$$

(4) 进行折点加氯实验

1) 在 12 个 1000mL 烧杯中盛原水 1000mL。

2) 当加氯量为 1、2、4、6、8、10、12、14、16、18、20mg/L 时，计算 1%浓度的漂白粉溶液的投加量（mL）。

折点加氯实验记录　　　　　　　　　　　　　　　　表 3-18

原水水温　（℃）							氨氮含量　（mg/L）					
漂白粉溶液含氯量　（mg/L）												
水样编号	1	2	3	4	5	6	7	8	9	10	11	12
漂白粉溶液投加量（mL）												
加氯量（mg/L）												
比色测定结果（mg/L）	A												
	B_1											
	B_2											
	C											
余氯计算	总余氯（mg/L）$D = C - B_2$											
	游离性余氯（mg/L）$E = A - B_1$											
	化合性余氯（mg/L）$D - E$											

3) 将 12 个盛有 1000mL 原水的烧杯编号（1、2、……12），依次投加 1%浓

度的漂白粉溶液，其投氯量分别为 0、1、2、4、6、8、10、12、14、16、18 和 20 mg/L，快速混匀 2h 后，立即测各烧杯水样的游离氯、化合氯及总余氯的量。各烧杯水样测余氯方法相同，均采用邻联甲苯胺亚砷酸盐比色法，可分组进行。以 3 号烧杯水样为例，测定步骤为：

  a. 取 100mL 比色管 3 支，标注 $3_甲$、$3_乙$、$3_丙$。

  b. 吸取 3 号烧杯 100mL 水样投加于 $3_甲$ 管中，立即投加 1mL 邻联甲苯胺溶液，立即混匀，迅速投加 2mL 亚砷酸钠溶液，混匀，越快越好；2min 后（从邻联甲苯胺溶液混匀后算起）立刻与余氯标准比色溶液比色，记录结果 A。A 表示该水样游离余氯与干扰性物质迅速混合后所产生的颜色。

  c. 吸取 3 号烧杯 100mL 水样投加于 $3_乙$ 管中，立即投加 2mL 亚砷酸钠溶液，混匀，迅速投加 1mL 邻联甲苯胺溶液，混匀，2min 后立刻与余氯标准比色溶液比色，记录结果 B_1。待相隔 15min 后（从加入邻联甲苯胺溶液混匀后算起），再取 $3_乙$ 管水样与余氯标准比色溶液比较，记录结果 B_2。B_1 代表干扰物质于迅速混合后所产生的颜色。B_2 代表干扰物质于混合 15min 所产生的颜色。

  d. 吸取 3 号烧杯 100mL 水样投加于 $3_丙$ 管中，并立即投加 1mL 邻联甲苯胺溶液，立即混匀，静置 15min，再与余氯标准比色溶液比色，记录结果 G。G 代表总余氯与干扰性物质于混合 15min 后所产生的颜色。

【注意事项】

（1）各水样加氯的接触时间应尽可能相同或接近，以利互相比较。

（2）比色测定应在光线均匀的地方或灯光下，不宜在阳光直射下进行。

（3）所用漂白粉的存放时间，最好不要超过几个月。漂白粉应密闭存放，避免受热受潮。

5. 成果整理

根据比色测定结果进行余氯计算，绘制游离余氯、化合余氯及总余氯与投氯量的关系曲线。

【思考题】

（1）水中含有氨氮时，投氯量与余氯量关系曲线为何出现折点？

（2）有哪些因素影响投氯量？

（3）本实验原水如采用折点后加氯消毒，应有多大的投氯量？

3.4.2 臭氧消毒实验

1. 目的

（1）了解臭氧制备装置，熟悉臭氧消毒的工艺流程。

（2）掌握臭氧消毒的实验方法。

（3）验证臭氧杀菌效果。

2. 原理

臭氧呈淡蓝色，由3个氧原子（O_3）组成。具有强烈的杀菌能力和消毒效果。作为给水消毒剂的应用在世界上已有数十年的历史。

臭氧杀菌效力高是由于：(1) 臭氧氧化能力强；(2) 穿透细胞壁的能力强；(3) 此外还有一种说法，就是由于臭氧破坏细菌有机链状结构，导致细菌死亡。

臭氧处理饮用水作用快、安全可靠。随着臭氧处理过程的进行，空气中的氧也充入水中，因此水中溶解氧的浓度也随之增加。臭氧只能在现场制取，不能贮存。这是臭氧的性质决定的。但可在现场随用随产。臭氧消毒所用的臭氧剂量与水的污染程度有关，通常在 0.5~4mg/L 之间。臭氧消毒不需很长的接触时间，不受水中氨氮和 pH 值的影响，消毒后的水不会产生二次污染。

臭氧的缺点是电耗大，成本高。臭氧易分解，尤其超过 200℃ 以后，因此不利使用。

对臭氧性质产生影响的因素有：露点（-50℃）、电压、气量、气压、湿度、电频率等。

臭氧的工业制造方法采用无声放电原理。空气在进入臭氧发生器之前要经过压缩、冷却、脱水等过程，然后进入臭氧发生器进行干燥净化处理。并在发生器内经高压放电，产生浓度为 10~12mg/L 的臭氧化空气，其压力为 0.4~0.7MPa。将此臭氧化空气引至消毒设备应用。臭氧化空气由消毒用的反应塔（或称接触塔）底部进入，经微孔扩散板（布气板）喷出，与塔内待消毒的水充分接触反应，达到消毒目的。反应塔是关键设备，直接影响出水水质。

臭氧消毒后的尾气还可引至混凝沉淀池加以利用。这样，不仅可降低臭氧耗量，还可降低运转费用。因为原水中的胶体物质或藻类可被臭氧氧化，并通过混凝沉淀去除，提高过滤水质。

3. 设备及用具

实验装置包括气源处理装置、臭氧发生器、接触投配装置、检测仪表等部分。

国产臭氧成套处理装置（上海环保设备仪器厂生产）的流程如图 3-10 示。

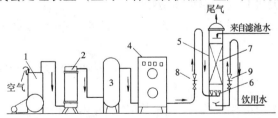

图 3-10 XY-T 型臭氧成套装置工艺流程示意图
1—无油润滑空压机（可以压缩到 0.6~0.8MPa）；
2—冷却器；3—贮气罐；4—XY 型臭氧发生器；
5—反应塔；6—扩散板；7—瓷环填料层；
8—气体转子流量计；9—水转子流量计

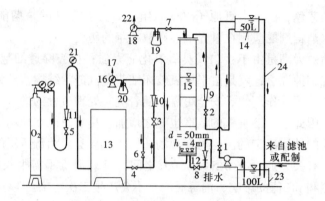

图 3-11 O₃ 消毒装置流程图

1—高水箱进水阀；2—反应塔进水阀；3—反应塔进气阀；
4—发生器出气阀；5—氧气瓶出气阀；6—测 O₃ 浓度用阀；
7—测 O₃ 尾气用阀；8—排水阀；9～12—转子流量计；
13—O₃ 发生器；14—高水箱；15—反应塔；16、18—煤气表；
17—测臭氧浓度；19、20—气体收瓶；21—压力表；
22—测尾气浓度；23—低水箱；24—溢流管

为便于实验、对比，该装置之反应塔应设两个，图中装置1、2、3也可以不用，而代之以氧气瓶，纯 O_2 直接进入臭氧发生器，产生的臭氧质纯，且操作简便，更适于实验室条件应用，如图3-11示。

4. 步骤及记录

(1) 将滤池来水 (或自配水样) 装满低水箱。然后启动微型泵将水送至高水箱 (此时开阀门1)；

(2) 开阀门2将高水箱水徐徐不断地送入反应塔至预定高度 (此时排水阀8应为关闭)；

(3) 与此同时，打开臭氧发生器出气阀3及4，使 O_3 由反应塔底部经布气板进入塔内，与水充分接触 (气泡越细越好)；

(4) 开反应塔排水阀门8放水 (为已消毒的水)，并通过调节阀门，将各转子流量计读数调至所需值；

(5) 调阀门3、4改变 O_3 投量，至少3次，以便画曲线，并读各转子流量计的读数；

(6) 每次读流量值的同时测进气 O_3 及尾气 O_3 浓度；

(7) 取进水及出水水样备检，备检水样置于培养皿内培养基上，在37℃恒温箱内培养24h，测细菌总数。

以上各项读数及测得数值均记入表3-19。

臭氧消毒实验记录表　　　　　　　　　　　　　　　表 3-19

水样编号	停留时间 (min)	进水流量 (L/h)	进水细菌总数 (个/mL)	进气流量 (L/h)	进气压力 (MPa)	标准状态进气流量 (L/h)	臭氧浓度 (mg/L)		臭氧投量 (mg/h)	出水细菌总数 (个/mL)	出水臭氧浓度 (mg/L)	反应塔内水深 (m)	臭氧利用系数 (%)	细菌去除率 (%)	备注
							进气 C_1	尾气 C_2							
1	2	3	4	5	6	7	8	9	10	11	12	13	14	15	16

【注意事项】

(1) 实验时要摸索出最佳 T、H、G、C 值。其中 T 为停留时间（min）；H 为塔内水深（m）；G 为臭氧投量（mg/h）；C 为臭氧浓度（mg/L）。方法有：a: 固定 T、H 变 G；b: 固定 G、H 变 T；c: 固定 G、T 变 H。一般不变 C 值，而是固定 G、H 变 T 者较多。本实验按 a 方法进行。也可用正交实验法进行。

(2) 臭氧利用系数也称吸收率，其值以进气浓度 C_1 与尾气浓度 C_2 间的关系表示：

$$臭氧利用系数(吸收率) = \frac{C_1 - C_2}{C_1} \tag{3-15}$$

(3) 臭氧浓度的测定方法见附："臭氧浓度的测定"。

(4) 实验前熟悉设备情况，了解各阀门及仪表用途，臭氧有毒性、高压电有危险，要切实注意安全。

(5) 实验完毕先切断发生器电源，然后停水，最后停气源和空气压缩机，并关闭各有关阀门。

5. 成果整理

(1) 按下式计算标准状态下的进气流量。

$$Q_N = Q_m \cdot \sqrt{1 + P_m} \tag{3-16}$$

式中　Q_N——标准状态下的进气流量（L/h）；

　　　Q_m——压力状态下的进气流量（L/h）（进气流量即流量计所示流量 L/h）；

　　　P_m——压力表读数（MPa）。

(2) 按下式计算臭氧投量。

臭氧投量或者臭氧发生器的产量以 G 表示：

$$G = C \cdot Q_N \text{ (mg/h)} \tag{3-17}$$

式中　C——臭氧浓度（mg/L）。

(3) 求臭氧利用系数及细菌去除率。

(4) 作臭氧消耗量与细菌总数去除率曲线。

【思考题】

(1) 如果用正交法求饮水消毒的最佳剂量,应选用哪些因素与水平?

(2) 臭氧消毒后管网内有无剩余 O_3? 是否会产生二次污染?

(3) 用氧气瓶中 O_2 或用空气中 O_2 作为臭氧发生器的气源,各有何利弊?

附:臭氧浓度的测定方法

1. 原理

臭氧与碘化钾发生氧化还原反应而析出与水样中所含 O_3 等量的碘。臭氧含量越多析出的碘也越多,溶液颜色也就越深,化学反应式如下:

$$O_3 + 2KI + H_2O = I_2 + 2KOH + O_2 \uparrow$$

以淀粉作指示剂,用硫代硫酸钠标准溶液滴定,化学反应式如下:

$$I_2 + 2Na_2S_2O_3 = 2NaI + Na_2S_4O_6$$

待完全反应,生成物为无色碘化钠,可根据硫代硫酸钠耗量计算出臭氧浓度。

2. 设备及用具

(1) 500mL 气体吸收瓶 2 只;

(2) 25mL 量筒 1 个;

(3) 湿式煤气表 1 只;

(4) 气体转子流量计 25~250L/h,2 只;

(5) 浓度 20%碘化钾溶液 1000mL;

(6) 6N 硫酸溶液 1000mL;

(7) 0.1N 硫代硫酸钠标准溶液 1000mL;

(8) 浓度 1%淀粉溶液 100mL。

3. 步骤及记录

(1) 用量筒将碘化钾溶液(浓度 20%)20mL 加入气体吸收瓶中;

(2) 然后往气体吸收瓶中加 250mL 蒸馏水,摇匀;

(3) 打开进气阀门,往瓶内通入臭氧化空气 2L,用湿式煤气表计量(注意控制进气口转子流量计读数为 500mL/min),平行取 2 个水样,并加入 5mL 的 6N 硫酸溶液摇匀后静止 5min;

(4) 用 0.1N 硫代硫酸钠溶液滴定。待溶液呈淡黄色时,滴入浓度为 1%的淀粉溶液数滴,溶液呈蓝褐色;

(5) 继续用 0.1N 硫代硫酸钠溶液滴定至无色,记录其用量。

4. 成果整理

计算臭氧浓度 C(mg/L):

$$C = \frac{24N_2V_2}{V_1} \text{mg/L} \tag{3-18}$$

式中　N_2——硫代硫酸钠溶液的摩尔浓度；

　　　V_2——硫代硫酸钠溶液的滴定用量（体积）（mL）；

　　　V_1——臭氧取样体积（2L）。

3.5　离子交换软化实验

离子交换软化法在水处理工程中有广泛的应用。强酸性阳离子交换树脂的使用也很普遍。作为水处理工程技术人员应当掌握这种树脂交换容量（即全交换容量）的测定方法并了解软化水装置的操作运行。

3.5.1　强酸性阳离子交换树脂交换容量的测定实验

1. 目的

（1）加深对强酸性阳离子交换树脂交换容量的理解。

（2）掌握测定强酸性阳离子交换树脂交换容量的方法。

2. 原理

交换容量是交换树脂最重要的性能，它定量地表示树脂交换能力的大小。树脂交换容量在理论上可以从树脂单元结构式粗略地计算出来。以强酸性苯乙烯系阳离子交换树脂为例，其单元结构式见图3-12所示：

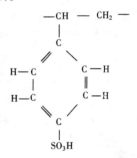

图 3-12　强酸性苯乙烯树脂单元结构

单元结构式中共有 8 个 C 原子、8 个 H 原子、3 个 O 原子、一个 S 原子，其分子量等于 $8 \times 12.011 + 8 \times 1.008 + 3 \times 15.9994 + 1 \times 32.06 = 184.2$，只有强酸基团 —$SO_3H$ 中的 H 遇水电离形成 H^+ 离子可以交换，即每 184.2g 干树脂只有 1g 可交换离子。所以，每克干树脂具有可交换离子 $1/184.2 = 0.00543e = 5.43me$。扣去交联剂所占份量（按 8% 重量计），则强酸干树脂交换容量应为 $5.43 \times 92/100 = 4.99 me/g$。此值与实际测定值差别不大。$0.01 \times 7$ 强酸性苯乙烯系阳离子交换树脂交换容量规定为 $\geqslant 4.2me/g$（干树脂）。

强酸性阳离子交换树脂交换容量测定前需经过预处理，即经过酸、碱轮流浸泡，以去除树脂表面的可溶性杂质。测定阳离子交换树脂容量常采用碱滴定法，用酚酞作指示剂，按下式计算交换容量：

$$E = \frac{N \cdot V}{W \times 固体含量\%} me/g(干氢树脂) \tag{3-19}$$

式中　N——NaOH 标准溶液的摩尔浓度；

　　　V——NaOH 标准溶液的用量，mL；

　　　W——样品湿树脂重，g。

3．设备及用具

(1) 天平（万分之一精度）1台。

(2) 烘箱1台。

(3) 干燥器1个。

(4) 250mL三角烧瓶2个。

(5) 10mL移液管2支。

4．步骤及记录

(1) 强酸性阳离子交换树脂的预处理

取样品约10g以2N硫酸（或1N盐酸）及1NNaOH轮流浸泡，即按酸—碱—酸—碱—酸顺序浸泡5次，每次2h，浸泡液体积约为树脂体积的2～3倍。在酸碱互换时应用200 mL无离子水进行洗涤。5次浸泡结束后用无离子水洗涤至溶液呈中性。

(2) 测强酸性阳离子交换树脂固体含量%

称取双份1.0000g的样品，将其中一份放入105～110℃烘箱中约2h，烘干至恒重后放入氯化钙干燥器中冷却至室温，称重，记录干燥后的树脂重。

固体含量 = 干燥后的树脂重 × 100/样品重

(3) 强酸性阳离子交换树脂交换容量的测定

将一份1.0000g的样品置于250 mL三角烧瓶中，投加0.5NNaCl溶液100mL摇动5min，放置2h后加入1%酚酞指示剂3滴，用标准0.10000NNaOH溶液进行滴定，至呈微红色15s不退，即为终点。记录NaOH标准溶液的浓度及用量（见表3-20）。

强酸性阳离子交换树脂交换容量测定记录　　　　表 3-20

湿树脂样品重 W (g)	干燥后的树脂重 W_1 (g)	树脂固体含量 (%)	NaOH标准溶液的摩尔浓度	NaOH标准溶液的用量 V (mL)	交换容量 me/g干氢树脂

5．成果整理

(1) 根据实验测定数据计算树脂固体含量。

(2) 根据实验测定数据计算树脂交换容量。

【思考题】

(1) 测定强酸性阳离子交换树脂的交换容量为何用强碱液NaOH滴定？

(2) 写出本实验有关化学反应方程式。

3.5.2 软化实验

1．目的

(1) 熟悉顺流再生固定床运行操作过程。

(2) 加深对钠离子交换基本理论的理解。

2. 原理

当含有钙盐及镁盐的水通过装有阳离子交换树脂的交换器时，水中的 Ca^{2+} 及 Mg^{2+} 离子便与树脂中的可交换离子（Na^+ 或 H^+）交换，使水中 Ca^{2+}、Mg^{2+} 含量降低或基本上全部去除，这个过程叫水的软化。树脂失效后要进行再生，即把树脂上吸附的钙、镁离子置换出来，代之以新的可交换离子。钠离子型交换树脂用食盐（NaCl）再生、氢离子型交换树脂用盐酸（HCl）或硫酸（H_2SO_4）再生。基本反应式如下：

（1）钠离子型交换树脂

交换：

$$2RNa + Ca\begin{Bmatrix}(HCO_3)_2\\Cl_2\\SO_4\end{Bmatrix} \rightarrow R_2Ca + \begin{matrix}2Na\begin{Bmatrix}Cl\\HCO_3\end{Bmatrix}\\Na_2SO_4\end{matrix} \tag{3-20}$$

$$2RNa + Mg\begin{Bmatrix}(HCO_3)_2\\Cl_2\\SO_4\end{Bmatrix} \rightarrow R_2Mg + \begin{matrix}2Na\begin{Bmatrix}Cl\\HCO_3\end{Bmatrix}\\Na_2SO_4\end{matrix} \tag{3-21}$$

再生：

$$R_2Ca + 2NaCl \rightarrow 2RNa + CaCl_2 \tag{3-22}$$

$$R_2Mg + 2NaCl \rightarrow 2RNa + MgCl_2 \tag{3-23}$$

（2）氢离子型交换树脂

交换

$$2RH + Ca\begin{Bmatrix}(HCO_3)_2\\Cl_2\\SO_4\end{Bmatrix} \rightarrow R_2Ca + 2HCl \quad \begin{matrix}2H_2CO_3\\ \\H_2SO_4\end{matrix} \tag{3-24}$$

$$2RH + Mg\begin{Bmatrix}(HCO_3)_2\\Cl_2\\SO_4\end{Bmatrix} \rightarrow R_2Mg + 2HCl \quad \begin{matrix}2H_2CO_3\\ \\H_2SO_4\end{matrix} \tag{3-25}$$

再生：

$$R_2Ca + \begin{Bmatrix}2HCl\\H_2SO_4\end{Bmatrix} \rightarrow 2RH + \begin{matrix}CaCl_2\\CaSO_4\end{matrix} \tag{3-26}$$

$$R_2Mg + \begin{Bmatrix}2HCl\\H_2SO_4\end{Bmatrix} \rightarrow 2RH + \begin{matrix}MgCl_2\\MgSO_4\end{matrix} \tag{3-27}$$

钠离子型交换树脂的最大优点是不出酸性水，但不能脱碱（HCO_3^-）；氢离子型交换树脂能去除碱度，但出酸性水，本实验采用钠离子型交换树脂。

3. 设备及用具

(1) 软化装置 1 套，如图 3-13。

(2) 100mL 量筒 1 个、秒表 1 块（控制再生液流量用）。

(3) 2m 钢卷尺 1 个。

(4) 测硬度所需用品。

(5) 食盐数百克。

4. 步骤及记录

(1) 熟悉实验装置，搞清楚每条管路、每个阀门的作用。

(2) 测原水硬度，测量交换柱内径及树脂层高度，数据记入表 3-21。

(3) 反冲将交换柱内树脂反洗数分钟，反洗流速 15m/h，以去除树脂层的气泡。

(4) 软化：运行流速 15m/h，每隔 10min 测一次出水硬度，测两次并进行比较。

(5) 改变运行流速：流速分别为 20、25、30m/h，每个流速下运行 5min，测出水硬度，数据记入表 3-22。

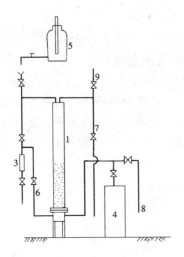

图 3-13　软化装置

1—软化柱；2—阳离子交换树脂；3—转子流量计；4—软化水箱；5—定量投加再生液瓶；6—反洗进水管；7—反洗排水管；8—清洗排水管；9—排气管

原水硬度及实验装置有关数据　　　　　　　　　　　　　表 3-21

原水硬度（以 $CaCO_3$ 计）(mg/L)	交换柱内径 (cm)	树脂层高度 (cm)	树脂名称及型号

交　换　实　验　记　录　　　　　　　　　　　　　表 3-22

运行流速 (m/h)	运行流量 (L/h)	运行时间 (min)	出水硬度（以 $CaCO_3$ 计）(mg/L)
15		10	
15		10	
20		5	
25		5	
30		5	

(6) 反洗：冲洗水用自来水，反洗流速 15m/h，反洗时间 15min。反洗结束将水放至水面高于树脂表面 10cm 左右，数据记入表 3-23。

(7) 根据软化装置树脂工作交换容量 (e/L)，树脂体积 (L)，顺流再生钠离子交换树脂时 NaCl 耗量 (100~120g/e) 以及食盐 NaCl 含量，计算再生一次所需食盐量。配制浓度 10% 的 NaCl 再生液。

(8) 再生：再生流速 3~5m/h。调节定量投再生液瓶出水阀门开启度大小以控制再生流速。再生液用毕时，将树脂在盐液中浸泡数分钟，数据记入表 3-24。

(9) 清洗：清洗流速 15m/h，每 5min 测一次出水硬度，有条件时还可测氯根，直至出水水质合乎要求时为止。清洗时间约需 50min，数据记入表 3-25。

(10) 清洗完毕结束实验，交换柱内树脂应浸泡在水中。

反 洗 记 录　　　　　　　　　　　表 3-23

反洗流速（m/h）	反洗流量（L/h）	反流时间（min）

再 生 记 录　　　　　　　　　　　表 3-24

再生一次所需食盐量（kg）	再生一次所需浓度10%的 NaCl 再生液（L）	再生流速（m/h）	再生流量（mL/s）

清 洗 记 录　　　　　　　　　　　表 3-25

清洗流速（m/h）	清洗流量（L/h）	清洗历时（min）	出水硬度（以 CaCO$_3$ 计）（mg/L）
15		5	
		10	
		…	
		50	

【注意事项】

(1) 反冲洗时应控制流量大小，不要将树脂冲走。

(2) 如没有过滤器，再生溶液宜用精制食盐配制。

5. 成果整理

(1) 绘制不同运行流速与出水硬度关系曲线。

(2) 绘制不同清洗历时与出水硬度关系曲线。

【思考题】

(1) 本实验运行出水硬度是否小于 0.05me/L？影响出水硬度的因素有哪些？

(2) 影响再生剂用量的因素有哪些？再生液浓度过高或过低有何不利？

3.6　除　盐　实　验

有些工业(如电子工业、制药工业)对水中含盐量要求很高，需经除盐制备纯水或高纯水。离子交换法是除盐的主要方法。除盐时还经常使用电渗析器。作为给水排水工程技术人员，熟悉并掌握离子交换除盐实验和电渗析除盐实验是必要的。

3.6.1　离子交换除盐实验

1. 目的

(1) 了解并掌握离子交换法除盐实验装置的操作方法。
(2) 加深对复床除盐基本理论的理解。

2. 原理

水中各种无机盐类经电离生成阳离子及阴离子，经过氢型离子交换树脂时，水中的阳离子被氢离子所取代，形成酸性水，酸性水经过氢氧型离子交换树脂时，水中的阴离子被氢氧根离子所取代，进入水中的氢离子与氢氧根离子组成水分子（H_2O），从而达到去除水中无机盐类的目的。氢型树脂失效后，用盐酸（HCl）或硫酸（H_2SO_4）再生，氢氧型树脂失效后用烧碱（NaOH）液再生。以氯化钠（NaCl）代表水中无机盐类，水质除盐的基本反应式如下：

(1) 氢离子交换：

交换： $RH + NaCl \rightarrow RNa + HCl$

再生： $2RNa + \begin{Bmatrix} 2HCl \\ H_2SO_4 \end{Bmatrix} \rightarrow 2RH + Na_2 \begin{Bmatrix} Cl_2 \\ SO_4 \end{Bmatrix}$

(2) 氢氧根离子交换：

交换： $ROH + HCl \rightarrow RCl + H_2O$

再生： $RCl + NaOH \rightarrow ROH + NaCl$

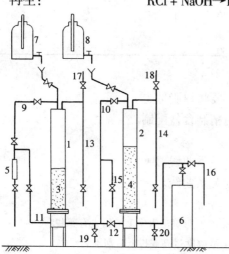

图 3-14 除盐装置

1—阳离子交换柱；2—阴离子交换柱；3—阳离子交换树脂；4—阴离子交换树脂；5—转子流量计；6—除盐水箱；7—定量投 HCl 液瓶；8—定量投 NaOH 液瓶；9—阳离子交换柱进水管；10—阴离子交换柱进水管；11—阳离子交换柱反洗进水管；12—阴离子交换柱反洗进水管；13—阳离子交换柱反洗排水管；14—阴离子交换柱反洗排水管；15—阳离子交换柱清洗排水管；16—阴离子交换柱清洗排水管；17—阳离子交换柱排气管；18—阴离子交换柱排气管；19—阳离子交换柱放空管；20—阴离子交换柱放空管

3. 设备及用具

(1) 除盐装置 1 套，见图 3-14。
(2) 酸度计 1 台。
(3) 电导仪 1 台。
(4) 测硬度所需用品。
(5) 100mL 量筒 1 个，秒表 1 块，控制再生液流量用。
(6) 2m 钢卷尺 1 个。
(7) 温度计 1 支。
(8) 工业盐酸（HCl 含量 ≥31%）几千克。
(9) 固体烧碱（NaOH 含量 ≥95%）几百克。

4. 步骤及记录

(1) 熟悉实验装置，搞清楚每条管路、每个阀门的作用。
(2) 测原水温度、硬度、电导率及 pH 值，测量交换柱内径及树脂层高度，所得数据记入表 3-26。
(3) 用自来水将阳离子交换柱内树脂反洗数分钟，反洗流速

15m/h，以去除树脂层的气泡。

(4) 阳离子交换柱运行流速 10m/h，每隔 10min 测出水硬度及 pH 值。硬度低于 2.5mg/L（以 $CaCO_3$ 计）时，可用此软化水反洗阴离子交换树脂几 min，将树脂层中气泡赶出。

原水水质及实验装置有关数据 表 3-26

原水分析	交换柱名称	阳离子交换柱	阴离子交换柱
温度（℃） 硬度（以 $CaCO_3$ 计）（mg/L） 电导率（μΩ/cm） pH	树脂名称 树脂型号 交换柱内径（cm） 树脂层高度（cm）		

(5) 开始实验。原水先经阳离子交换柱，再进入阴离子交换柱，运行流速 15m/h。每隔 10min 测阳离子交换柱出水硬度及 pH，阴离子交换柱出水电导率及 pH。测两次并加以比较。

(6) 改变运行流速：流速分别取 20、25、30m/h，每种流速运行 10min，阴离子交换柱出水测电导率。步骤 5、6 数据记入表 3-27。

交 换 记 录 表 3-27

运行流速 （m/h）	运行流量 （L/h）	运行时间 （min）	阳离子交换柱 出水硬度 （以 $CaCO_3$ 计） （mg/L）	阳离子交换 柱出水 pH 值	阴离子交换柱 出水电导率 （μΩ/cm）	阴离子交换 柱出水 pH 值
15						
15						
20						
25						
30						

(7) 根据除盐装置树脂工作交换容量，计算再生一次用酸量（kg100%HCl）及再生一次用碱量（kg100%NaOH）。盐酸配成浓度3%~4%溶液（HCl 浓度 4% 时比重为 1.018），装入定量投 HCl 液瓶；烧碱配成浓度 2%~3% 溶液（NaOH 浓度 3% 时比重 1.032）装入定量投 NaOH 液瓶。

(8) 阴离子交换柱反洗、再生、清洗

1) 反洗：用阳离子交换柱出水反洗阴离子交换柱，反洗流速 10m/h，反洗 15min，反洗完毕将水放到液面高于树脂层表面 10cm 左右，反洗数据记入表 3-28。

2) 再生：阴离子交换柱再生流速 4~6m/h。再生液用毕时，将树脂在再生液中浸泡数分钟。再生数据记入表 3-29。

3) 清洗：用阳离子交换柱出水清洗阴离子交换柱，清洗流速 15m/h，每

5min 测一次阴离子交换柱出水的电导率,直至合格为止。清洗水耗约为 10~12m^3/m^3 树脂。清洗数据记入表 3-30。

反 洗 记 录　　　　　　　　　　　表 3-28

反洗流速 (m/h)		反洗流量 (L/h)		反洗时间 (min)	
阴离子交换柱	阳离子交换柱	阴离子交换柱	阳离子交换柱	阴离子交换柱	阳离子交换柱

阴离子交换柱再生记录　　　　　　　表 3-29

再生一次所需固体烧碱用量 (kg)	再生一次 NaOH 溶液的用量 (L)	再生流速 (m/h)	再生流量 (mL/s)

阴离子交换柱清洗记录　　　　　　　表 3-30

清洗流速 (m/h)	清洗流量 (L/h)	清洗历时 (min)	出水电导率 (μΩ/cm)
15		5	
		10	
		⋮	
		60	

(9) 阳离子交换柱反洗、再生、清洗

1) 反洗:用自来水反洗阳离子交换柱,反洗流速 15m/h,历时 15min,反洗完毕将水放到水面高于树脂层表面 10cm 左右。反洗数据记入表 3-28。

2) 再生:阳离子交换柱再生流速采用 4~6m/h。HCl 再生液用毕时,将树脂在再生液中浸泡数分钟。再生数据记入表 3-31。

阳离子交换柱再生　　　　　　　　　表 3-31

再生一次所需工业盐酸用量 (kg)	再生一次 HCl 溶液的用量 (L)	再生流速 (m/h)	再生流量 (mL/s)

3) 清洗:用自来水清洗阳离子交换柱,清洗流速 15m/h,每 5min 测一次阳离子交换柱出水硬度及 pH 值直至合格为止。清洗水耗约 5~6m^3/m^3 树脂。清洗数据记入表 3-32。

阳离子交换柱清洗　　　　　　　　　表 3-32

清洗流速 (m/h)	清洗流量 (L/h)	清洗历时 (min)	出水硬度 (以 CaCO$_3$ 计) (mg/L)	出水 pH 值

(10) 阳离子交换柱清洗完毕结束实验,交换柱内树脂均应浸泡在水中。

【注意事项】

(1) 定量投药瓶装再生液,注意不要装错。

(2) 定量投药瓶中有一部分再生液流不出来,配再生液时应多配一些。

(3) 阴离子交换树脂(强碱树脂)的湿真密度只有 1.1g/mL,反洗时易将树脂带走,应十分注意。

5. 成果整理

(1) 绘制不同运行流速与出水电导率关系曲线。

(2) 绘制阴离子交换柱清洗不同历时出水电导率关系曲线。

【思考题】

(1) 如何提高除盐实验出水水质?

(2) 强碱阴离子交换床为何一般都设置在强酸阳离子交换床的后面?

3.6.2 电渗析除盐实验

1. 目的

(1) 了解电渗析设备的构造、组装及实验方法。

(2) 掌握在不同进水浓度或流速下,电渗析极限电流密度的测定方法。

(3) 求定电流效率及除盐率。

2. 原理

电渗析是一种膜分离技术,已广泛地应用于工业废液回收及水处理领域(例如除盐或浓缩等)。

电渗析膜由高分子合成材料制成,在外加直流电场的作用下,对溶液中的阴阳离子具有选择透过性,使溶液中的阴阳离子在由阴膜及阳膜交错排列的隔室中产生迁移作用,从而使溶质与溶剂分离。

离子选择透过是膜的主要特性,应用道南平衡理论于离子交换膜,可把离子交换膜与溶液的界面看成是半透膜,电渗析法用于处理含盐量不大的水时,膜的选择透过性较高。一般认为电渗析法适用于含盐量在 3500mg/L 以下的苦咸水淡化。

在电渗析器中,一对阴、阳膜和一对隔板交错排列,组成最基本的脱盐单元,称为膜对。电极(包括共电极)之间由若干组膜对堆叠在一起,称为膜堆。电渗析器由一至数组膜堆组成。

电渗析器的组装方法常用"级"和"段"来表示。一对电极之间的膜堆称为一级,一次隔板流程称为一段。一台电渗析器的组装方式可分为一级一段、多级一段、一级多段和多级多段。一级一段是电渗析器的基本组装方式(见图 3-15)。

电渗析器运行中,通过电流的大小与电渗析器的大小有关。因此为便于比较,采用电流密度这一指标,而不采用电流的绝对值。电流密度即单位除盐面积上所通过的电流,其单位为 mA/cm^2。

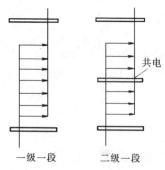

图 3-15 电渗析器的组装方式

若逐渐增大电流强度（密度）i，则淡水隔室膜表面的离子浓度 C' 必将逐渐降低。当 i 达到某一数值时 $C' \to 0$，此时的 i 值称为极限电流。如果再稍稍提高 i 值，则由于离子来不及扩散，而在膜界面处引起水分子的大量离解，成为 H^+ 和 OH^-。它们分别透过阳膜和阴膜传递电流，导致淡水室中水分子的大量离解，这种膜界面现象称为极化现象。此时的电流密度称为极限电流密度，以 i_{lim} 表示。

极限电流密度与流速、浓度之间的关系如式（3-28）式所示。此式也称之为威尔逊公式。

$$i_{lim} = KCv^n \tag{3-28}$$

式中 v——淡水隔板流水道中的水流速度，cm/s；

C——淡室中水的平均浓度，实际应用中采用对数平均浓度，mmoL/L；

K——水力特性系数；

n——流速系数（$n = 0.8 \sim 1.0$）。

其中 n 值的大小受格网型式的影响。

极限电流密度及系数 n、K 值的确定，通常采用电压、电流法，该法是在原水水质、设备、流量等条件不变的情况下，给电渗析器加上不同的电压 U，得出相应的电流密度，作图求出这一流量下的极限电流密度。然后改变溶液浓度或流速，在不同的溶液浓度或流速下，测定电渗析器的相应极限电流密度。将通过实验所得的若干组 i_{lim}、C、v 值，代入威尔逊公式中，解此方程就可得到水力特性系数 K 值及流速指数 n 值，K 值也可通过作图求出。

所谓电渗析器的电流效率，系指实际析出物质的量与应析出物质的量的比值。即单位时间实际脱盐量 $q(C_1 - C_2)/1000$ 与理论脱盐量 I/F 的比值，故电流效率也就是脱盐效率。如式（3-29）所示。

$$\eta = \frac{q(C_1 - C_2)F}{1000I} \times 100\% \tag{3-29}$$

式中 q——一个淡室（相当于一对膜）的出水量，L/s；

C_1、C_2——分别表示进水、出水含盐量，mmoL/L；

I——电流强度，A；

F——法拉第常数，$F = 96500 C/mol$。

3. 设备及用具

（1）电渗析器：采用阳膜开始阴膜结束的组装方式，用直流电源。离子交换膜（包括阴膜及阳膜）采用异相膜，隔板材料为聚氯乙烯，电极材料为经石腊浸渍处理后的石墨（或其他）。

(2) 变压器、整流器各 1 台。
(3) 转子流量计：0.5m³/h，3 只。
(4) 水压表：0.5MPa，3 只。
(5) 滴定管：50mL、100mL 各 1 只。
   烧杯：1000mL，5 只。
   量筒：1000mL，1 只。
(6) 电导仪：1 只，万用表 1 块。
(7) 秒表：1 只。
(8) 进水水质要求
1) 总含盐量与离子组成稳定；
2) 浊度 1～3mg/L；
3) 活性氯＜0.2 mg/L；
4) 总铁＜0.3 mg/L；
5) 锰＜0.1 mg/L；
6) 水温 5～40℃，要稳定；
7) 水中无气泡。

实验装置如图 3-16 所示，采用人工配水，水泵循环，浓水和淡水均用同一水箱，以减少设备容积及用水量，对实验结果无影响。

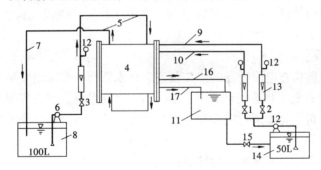

图 3-16 电渗析实验装置
1、2、3、15—进水阀门；4—电渗析器；5—极水；6—水泵；
7—极水循环；8—极水池；9—进淡水室；10—进浓水室；
11—出水贮水池；12—压力表；13—流量计；14—循环水箱；
16—淡水室出水；17—淡水室出水

4．步骤及记录

(1) 启动水泵，缓慢开启进水阀门 1、2，逐渐使其达到最大流量，排除管道和电渗析器中的空气。注意浓水系统和淡水系统的原水进水阀门 1、2 应同时开关。

(2) 调节流量控制阀门 1、2,使浓水、淡水流速均保持在 50~100mm/s 的范围内(一般不应大于 100mm/s),并保持进口压力稳定,以淡水压力稍高于浓水压力为宜(ΔP = 0.01~0.02MPa)。稳定 5min 后记录淡水、浓水、极水的流量、压力。

(3) 测定原水的电导率(或称电阻率)、水温、总含盐量,必要时测 pH 值。

(4) 接通电源,调节作用于电渗析膜上的操作电压至一稳定值(例如 0.3V/对)读电流表指示数。然后逐次提高操作电压。

在图 3-17 中,曲线 OAD 段,每次电压以 0.1~0.2V/对的数值递增(依隔板厚薄、流速大小决定,流速小、板又薄时取低值),每段取 4~6 个点,以便连成曲线,在 DE 段,每次以电压 0.2~0.3V/对的数值逐次递增,同上取 4~6 个点,连成一条直线,整个 OADE 连成一条圆滑曲线。

之所以取 DE 段电压高于 OAD 段,是因为极化沉淀,使电阻不断增加,电流不断下降,导致测试误差增大之故。

(5) 边测试边绘制电压—电流关系曲线图(图 3-17),以便及时发现问题。改变流量(流速)重复上述实验步骤。

(6) 每台装置应测 4~6 个不同流速的数值,以便求 K 和 n。在进水压力不大于 0.3MPa 的条件下,应包括 20、15、10 及 5cm/s 这几个流速。

(7) 测定进水及出水含盐量,其步骤是先用电导仪测定电导率,然后由含盐量—电导率对应关系曲线(见书后附图)求出含盐量。按式(3-29)求出脱盐效率。

【注意事项】

(1) 测试前检查电渗析器的组装及进、出水管路,要求组装平整、正确,支撑良好,仪表齐全。并检查整流器、变压器、电路系统、仪表组装是否正确。

(2) 电渗析器开始运行时要先通水后通电,停止运行时要先断电后停水,并应保证膜的湿润。

(3) 测定极限电流密度时应注意:

1) 直接测定膜堆电压,以排除极室对极限电流测定的影响,便于计算膜对电压;

2) 以平均"膜对电压"绘制电压—电流曲线(图 3-17),以便于比较和减小测绘过程中的误差;

3) 当存在极化过渡区时,电压—电流曲线由 OA 直线、ABCD 曲线、DE 直线三部分组成,OA 直线通过坐标原点;

4) 作 4~6 个或更多流速的电压—电流曲线。

(4) 每次升高电压后的间隔时间,应等于水流在电渗析器内停留时间的 3~5 倍,以利电流及出水水质的稳定。

(5) 注意每测定一个流速得到一条曲线后,要倒换电极极性,使电流反向运行,以消除极化影响,反向运行时间为测试时间的1.5倍。测完每个流速后断电停水。

表3-33为极限电流测试记录表。

极限电流测试记录　　　　　　　　表3-33

测定时间	进口流量(流速) (L/s)(cm/s)			进口压力 MPa			淡水室含盐量		电流		电压(U)				pH值			水温(℃)	备注
							进口电导率(μΩ/cm)	出口(me/L)	电流(A)	电流密度(mA/cm²)	总	膜堆	膜对	淡水	浓水				
	淡	浓	极	淡	浓	极													

5. 成果整理

(1) 求极限电流密度

1) 求电流密度 i

根据测得的电流数值及测量所得的隔板流水道有效面积 S(膜的有效面积),用下列公式求 i:

$$\text{电流密度 } i = \frac{I}{S}10^3 \quad (\text{mA}/\text{cm}^2) \tag{3-30}$$

式中　I——电流,A;

　　　S——隔板有效面积,cm²。

2) 求极限电流密度 $i_{\lim}$

极限电流密度 $i_{\lim}$ 的数值,采用绘制电压—电流曲线方法求出。以测得的膜对电压为纵坐标,相应的电流密度为横坐标,在直角坐标纸上作图。

a. 点出膜对电流—电压对应点。

b. 通过坐标原点及膜对电压较低的4~6个点作直线 OA。

c. 通过膜对电压较高的4~6个点作直线 DE,延长 DE 与 OA,使二者相交于 P 点,如图3-18所示。

d. 将 AD 间各点连成平滑曲线,得拐点 A 及 D。

e. 过 P 点作水平线与曲线相交得 B 点,过 P 点作垂线与曲线相交得 C 点,C 点即为标准极化点,C 点所对应的电流即为极限电流。

(2) 求电流效率及除盐率

1) 电压—电导率曲线

a. 以出口处淡水的电导率为横坐标,膜对电压为纵坐标,在直角坐标纸上作图。

b. 描出电压—电导率对应点，并连成平滑曲线，如图 3-18。

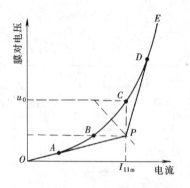

图 3-17 电压-电流关系曲线

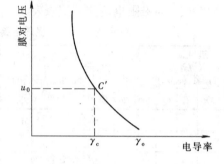

图 3-18 电压-电导率关系曲线

根据电压—电流曲线（见图 3-17）上 C 点所对应的膜电压 U_c，在图 3-18 电压—电导率关系曲线上确定 U_c 对应点，由 U_c 作横坐标轴的平行线与曲线相交于 C′ 点，然后由 C′ 点作垂线与横坐标交于 γ_C 点，该点即为所求得的淡水电导率，并据此查电导率—含盐量关系曲线（附录图 1），求出 γ_C 点对应的出口处淡水总含盐量（mmol/L）。

2) 求定电流效率及除盐率

a. 电流效率

根据表 3-33 极限电流测试记录上的有关数据，利用式（3-29）求定电流效率。

上述有关电流效率的计算都是针对一对膜（或一个淡室）而言，这是因为膜的对数只与电压有关而与电流无关。即膜对增加，电流保持不变。

b. 除盐率

除盐率是指去除的盐量与进水含盐量之比。即：

$$除盐率 = \frac{C_1 - C_2}{C_1} \times 100\% \tag{3-31}$$

式中　C_1、C_2——分别为进、出水含盐量，mmol/L。

(3) 常数 K 及流速指数 n 的确定

一般均采用图解法，或解方程法，当要求有较高的精度时，可采用数理统计中的线性回归分析，以求定 K、n 值。

1) 图解法

a. 将实测整理后的数据填入表 3-34。

表中序号指应有 4~6 次的实验数据，实验次数不能太少。

b. 在双对数坐标纸上，以 $i_{\lim}/C$ 为纵坐标，以 v 为横坐标；根据实测数据绘点，可以近似地连成直线，如图 3-19。

K 值可由直线在纵坐标上的截距确定。K 值求出后代入极限电流密度公式，

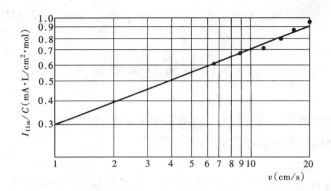

图 3-19　流速 v 与 $i_{\lim}/C$ 关系曲线

(对数坐标)

求得 n 值。n 值即为其直线斜率。

2) 解方程法把已知的 $i_{\lim}$、C、v 分为两组，各求出平均值，分别代入公式 $i_{\lim} = KCv^n$ 的对数式：

$$\lg \frac{i_{\lim}}{C} = \lg K + n \lg v \tag{3-32}$$

解方程组可求得 K 及 n 值。

上述 C 为淡室中的对数平均含盐量，单位为 mmol/L。

K、n 系数计算表　　　　　表 3-34

序号	实验号	$i_{\lim}$ (mA/cm²)	v (cm/s)	C (mmol/L)	$\dfrac{i_{\lim}}{C}$	$\lg\left(\dfrac{i_{\lim}}{C}\right)$	$\lg v$
1							
2							
3							
4							
5							
6							

【思考题】

(1) 试对作图法与解方程法所求 K 值进行分析比较。

(2) 利用含盐量与水的电导率计算图，以水的电导率换算含盐量，其准确性如何？

(3) 电渗析法除盐与离子交换法除盐各有何优点？适用性如何？

3.7　给水处理动态模型实验

给水处理构筑物动态模型实验的目的是配合给水处理所讲授的相关内容，直观了解构筑物型式、内部构造、水在构筑物内的流动轨迹,加深对所学内容的理解。

3.7.1 脉冲澄清实验

1. 目的
(1) 了解脉冲澄清池的构造、工作原理及运行操作方法。
(2) 观察矾花形成悬浮层的作用和特点。

2. 原理

澄清池是利用悬浮层中的矾花对原水中悬浮颗粒的接触絮凝作用来去除原水中的悬浮杂质。接触絮凝的机理包括:矾花与矾花、矾花与原水中悬浮杂质之间的碰撞作用,矾花对原水悬浮颗粒及其他杂质的吸附作用等。在完成接触絮凝作用后,矾花(即增加的矾花)从原水中分离出来进入集泥斗,使原水得到澄清。澄清池中分别完成反应和沉淀分离等过程。

脉冲澄清池的构造见图 3-20 所示。

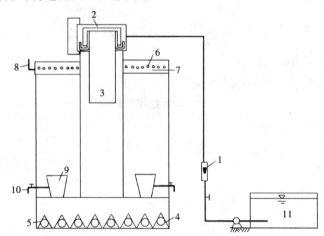

图 3-20 脉冲澄清池实验装置示意
1—流量计;2—脉冲发生器;3—中央水管;4—配水管;
5—稳流板;6—穿孔集水管;7—集水槽;8—出水堰;
9—集泥斗;10—排泥阀;11—原水箱

原水经泵通过转子流量计流入进水室后,进水室水位上升,当上升到一定高度时,钟罩脉冲虹吸发生器产生虹吸作用,使进水室中的原水迅速大量进入中央水管并快速从配水管的孔口中喷出,经稳流板稳流后,以较慢的速度上升,进水室水位开始不断下降,当水位低于一定高度后进水虹吸被破坏,完成一次脉冲周期。澄清池中已澄清的水进入出水渠道中并排出。而过剩的矾花则从集泥斗中被定时排放掉。

3. 设备及仪器

(1) 有机玻璃脉冲澄清池 1 套。
(2) 水箱 1 个。
(3) pH 酸度计 2 台。
(4) 投药设备 1 套。
(5) 浊度仪 1 台。
(6) 200mL 烧杯 2 个。
(7) 水泵 1 台。
(8) 温度计 1 支。

4. 步骤及记录

(1) 熟悉脉冲澄清池的构造及工艺流程。
(2) 启泵用清水将澄清池试运行一次（流量控制在 500L/h），检查各部件是否正常及各阀门的使用方法。
(3) 参考混凝实验的最佳投药量的结果，向原水箱内投加混凝剂，搅拌均匀后再重新启泵开始运行。
(4) 当矾花悬浮层形成并能正常运行时，选几个流量运行。
(5) 分别测定出各流量下运行时的进、出水浊度，并计算出去除率。
(6) 当集泥斗中泥位升高或澄清池内泥位升高时应及时排泥。
(7) 实验数据填入表 3-35 中。

脉冲澄清池实验记录　　　　　　　　　　　表 3-35

序号	原水流量 (L/h)	混凝剂	投药量 (mg/L)	浊度（NTU）		去除率 (%)	观察现象记录
				进水	出水		
1							
2							
3							
4							
备注				原水 pH = 　　；水温 = 　　℃			

【思考题】

(1) 简述脉冲澄清池的工作过程。
(2) 脉冲发生器虹吸发生时间如何调整？

3.7.2 水力循环澄清池模型实验

1. 目的

(1) 通过模型实验，进一步了解水力循环澄清池构造和工作原理。
(2) 通过观察矾花和悬浮层的形成，进一步明确悬浮层的作用和特点。

(3) 熟悉水力循环澄清池运行的操作方法。

2. 原理

澄清池是将絮凝和沉淀这两个过程于一个构筑物中完成，主要依靠活性泥渣层达到澄清目的。当脱稳杂质随水流与泥渣层接触时，便被泥渣层阻留下来，使水得到澄清。

泥渣层的形成方法是在澄清池开始运行时，在原水中加入较多的混凝剂，并适当降低负荷逐步形成。

水力循环澄清池属于泥渣循环型澄清池，其特点是：泥渣在一定范围内循环利用，在循环过程中，活性泥渣不断与原水中脱稳微粒进行接触絮凝作用，使杂质从水中分离出去。

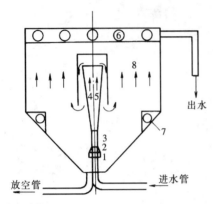

图 3-21 水力循环澄清池示意
1—喷嘴；2—喇叭口；3—喉管；
4—第一絮凝室；5—第二絮凝室；
6—集水管；7—排泥管；8—分离室

水力循环澄清池的构造如图 3-21 所示。

原水从池底进入，先经喷嘴高速喷入喉管，在喉管下部喇叭口附近造成真空而吸入回流泥渣，原水与回流泥渣在喉管中剧烈混合后，被送入第一絮凝室，第二絮凝室。从第二絮凝室流出的泥水混合液，在分离室中进行泥水分离。清水向上，泥渣则一部分进入泥渣浓缩室，另一部分被吸入喉管重新循环，如此周而复始。原水流量与泥渣回流量之比，一般为 1:(2~4)。喉管和喇叭口的高低可用池顶的升降阀调节。

3. 设备及仪器

(1) 有机玻璃水力循环澄清池模型 1 套。
(2) 浊度仪。
(3) pH 计。
(4) 投药设备。
(5) 玻璃仪器。
(6) 混凝剂。

4. 步骤与记录

(1) 在原水中加入较多的混凝剂，若原水浊度较低时，为加速泥渣层的形成，也可加入一些黏土。

(2) 待泥渣层形成后，参考混凝实验的最佳投药量结果，向原水中投加混凝剂，搅拌均匀后再重新启泵开始运行。

(3) 开始进水流量控制在 800L/h 左右。

(4) 根据 800L/h 流量的运行情况，分别加大或减小进水流量，测定不同负荷下的进、出水浊度。

（5）当悬浮泥渣层升高影响正常工作时，从泥渣浓缩室排泥。

（6）实验数据填入表3-36中。

注：也可改变混凝剂的投加量，或调节池顶的升降阀来改变原水流量与泥渣回流量的比值，来寻求最优运行工况。

水力循环澄清池实验记录　　　　表3-36

序号	原水流量(L/h)	混凝剂	投药量(mg/L)	浊度（NTU）		去除率(%)	观察现象记录
				进水	出水		
1							
2							
3							
4							

5. 成果整理

绘制清水区上升流速与去除率的关系曲线。

【思考题】

（1）简述水力循环澄清池的工作过程及特点。

（2）如何快速形成矾花悬浮层？矾花悬浮层的作用是什么？受哪些条件的影响？

3.7.3 重力式无阀滤池实验

1. 目的

（1）通过模型试验，加深对无阀滤池工作原理及性能的理解。

（2）掌握无阀滤池的运转操作方法。

2. 原理

原水由泵经过进水管送至高位水箱，经过气水分离器进入滤层自上而下的过滤，滤后水从连通渠进入清（冲洗）水箱。水箱充满后，水从出水箱溢入清水池，无阀滤池的实验装置见图3-22所示。滤池运行中，滤层不断截留悬浮物，滤层阻力逐渐增加，因而促使虹吸上升管内的水位不断升高，当水位达到虹吸辅助管管口时，水自该管中落下，并通过抽气管不断将虹吸下降管中的空气带走，使虹吸管内形成真空，发生虹吸作用。则水箱中的水自下而上地通过滤层，对滤料进行反冲洗。此时滤池仍在进水，反冲洗开始后，进水和冲

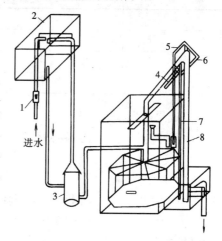

图3-22 重力式无阀滤池的实验装置
1—流量计；2—高位进水槽；3—气水分离器；
4—强制冲洗管；5—虹吸破坏管；6—抽气管；
7—虹吸辅助管；8—虹吸下降管

洗废水同时经虹吸上升管、虹吸下降管排至排水井排出,当冲洗水箱水面下降到虹吸破坏管管口时,空气进入虹吸管。虹吸作用破坏,滤池反冲洗结束。此后,滤池又进水开始下一周期的运行。

3. 设备及仪器

(1) 有机玻璃制重力式无阀滤池的实验装置 1 套。

(2) 浊度仪 1 台。

(3) 酸度计 1 台。

(4) 玻璃烧杯。

(5) 钢板尺。

4. 步骤与记录

(1) 熟悉模型各部件的作用及操作方法。

(2) 启泵通水检查设备是否漏水、漏气。

(3) 运行前测定原水的浊度和 pH。

(4) 启泵调整转子流量计及阀门使 Q 等于计算值(滤速按 $v = 8 \sim 12\text{m/h}$ 计)。

(5) 运行时观察并测量虹吸上升管的水位变化,连续运行 30min 即可停止。

(6) 利用人工强制冲洗法作反冲洗实验。

(7) 实验数据填入表 3-37 中。

重力式无阀滤池实验记录 表 3-37

过滤面积 (m^2)	滤层高度 (m)	作用水头 (m)		冲洗水量 (m^3)	冲洗历时 (min)	膨胀率 e (%)	备注
		开始	终点				
							进、出水浊度和 pH

5. 成果整理

计算冲洗强度与滤层膨胀率 e。

$$e = \frac{L - L_0}{L} \times 100\% \tag{3-33}$$

式中 L——滤层膨胀后的厚度,cm;

L_0——滤层膨胀前的厚度,cm。

【思考题】

(1) 简述无阀滤池的工作过程及特点。

(2) 进水管上气水分离器,为什么不采用 U 型管,它们的主要优、缺点是什么?

(3) 调节反冲洗水箱最低水位标高对冲洗强度有何影响?

3.7.4 虹吸滤池实验

1. 目的

(1) 了解并掌握虹吸滤池的组成、操作使用方法。

(2) 通过实验加深对虹吸滤池工作原理的理解。

2. 原理

虹吸滤池是采用真空系统来控制进水虹吸管、排水虹吸管工作,并采用小阻力配水系统的一种滤池,虹吸滤池实验装置见图 3-23 所示。因完全采用虹吸真空原理,省去了各种阀门,只在真空系统中设置小阀门即可完成滤池的全部操作过程。虹吸滤池是由若干个单格滤池构成为一组,滤池底部的清水区和配水系统彼此相通,可以利用其他滤格的滤后水来冲洗本格的滤层;滤池的配水系统是小阻力型,故不需设专用反冲洗水泵。

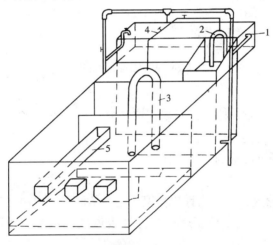

图 3-23 虹吸滤池实验装置
1—进水总渠;2—进水虹吸管;3—排水虹吸管;4—抽气管;5—排水槽

3. 设备及仪器

(1) 有机玻璃制虹吸滤池实验装置 1 套。

(2) 浊度仪 1 台。

(3) 酸度计 1 台。

(4) 真空泵。

(5) 玻璃烧杯。

4. 步骤

(1) 过滤过程:打开进水虹吸管上抽气阀门,启动真空泵(形成真空后即关闭)。启动进水泵流量 $Q = 500 \sim 800 \text{L/h}$,原水自进水渠通过进水虹吸管、进水斗流入滤池过滤,滤后水通过滤池底部空间经连通渠、连通管、出水槽、出水管送至清水池。

(2) 反冲洗过程:当某一格滤池阻力增加,滤池水位上升到最高水位或出水水质大于规定标准时,应进行反冲洗。先打开进水虹吸管的放气阀门,虹吸破坏停止进水,然后打开排水虹吸管上抽气阀门,启动真空泵抽气,形成真空后即可关闭阀门,池内水位迅速下降,冲洗水由其余几个滤格供给。经底部空间通向砂层,使砂层得到反冲洗。反冲洗后的水经冲洗排水槽、排水虹吸管、管廊下的排水渠以及排水井、排水管排出。冲洗完毕后,打开排水虹吸管上放气阀门,虹吸破坏。

(3) 重复(1)步骤,恢复过滤即可。

【思考题】

(1) 简述虹吸滤池的工作过程及特点。
(2) 简述一格滤池反冲洗时膨胀率与冲洗强度有何关系?
(3) 观察反冲洗时水位变化规律。

3.7.5 斜板沉淀池实验

1. 目的

(1) 通过实验,进一步加深对斜板沉淀池其构造和工作原理的认识。
(2) 了解斜板沉淀池运行的影响因素。
(3) 掌握斜板沉淀池的运行操作方法。

2. 原理

根据浅层理论,在沉淀池有效容积一定的条件下,增加沉淀面积,可以提高沉淀效率。斜板沉淀池是把多层沉淀池底板做成一定倾斜角度(一般为60°左右),以利排泥。沉淀池中,水在斜板的流动过程中,水中颗粒则沉于斜板上,当颗粒积累到一定程度时,便自动滑下。澄清的水从池面流出。

3. 设备及仪器

(1) 有机玻璃制斜板沉淀池实验装置1套(见图3-24)。
(2) 浊度仪1台。
(3) 酸度计1台。
(4) 水泵1台。
(5) 玻璃烧杯。
(6) 投药设备与反应器1套。

4. 步骤及记录

(1) 用清水注满沉淀池,检查设备及管配件能否正常工作。
(2) 将经过投药混凝反应后的水样用泵打入沉淀池(流量控制在400L/h左右)。

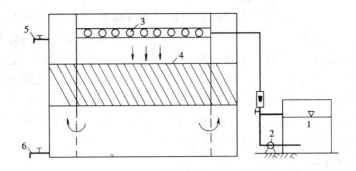

图 3-24 斜板沉淀池示意

1—水箱；2—水泵；3—配水管；4—斜板；5—出水阀门；6—排泥管阀门

(3) 改变进水流量，测定不同负荷下的进、出水浊度。

(4) 定期从污泥斗排泥。

(5) 实验数据记录在表 3-38 中，完成表中内容。

斜板沉淀池实验数据记录表　　　　　　　　　表 3-38

序号	原水流量 (L/h)	混凝剂	投药量 (mg/L)	浊度（NTU）		去除率 (%)
				进水	出水	
1						
2						
3						
4						
备注				原水 pH=　　；水温=　　℃		

【思考题】

(1) 简述斜板沉淀池的工作原理。

(2) 斜板沉淀池根据水流方向可分为几种类型？各自有何特点？

3.8 冷却塔热力性能测试实验

为了节约用水和防止对水体的热污染，冷却塔得到广泛的应用。学会冷却塔热力性能参数的测定，对从事冷却塔的设计、选购及管理等工作均有重要意义。

1. 目的

(1) 熟悉冷却塔热力性能参数的测定方法。

(2) 能根据已知的参数计算淋水装置的容积散质系数 β_{xv}。

2. 原理

冷却塔中水的冷却主要靠蒸发散热和传导散热。

(1) 蒸发散热

空气和水接触的界面上有一层极薄的饱和空气层，称为水面饱和气层。该气层附近的空气一般是不饱和的。前者的含湿量（每公斤干空气所含的水蒸气重量）比后者的含湿量高；前者的水蒸气分压力比后者的水蒸气分压力大。只要水面附近的空气是不饱和的，即相对湿度小于1，在水蒸气浓度差或压差的作用下，水的表面就产生蒸发，与水面温度高于还是低于附近空气温度无关。

水的蒸发可以在低于沸点的温度进行，衣服晾干即一例，冷却塔水的蒸发也属于这种情况。蒸发1kg水，需要500多千卡的汽化热，如果冷却塔有1%的水蒸发，可使剩下的水的温度降低5℃多。

(2) 传导散热

水面和空气直接接触时，如果水温高于气温，水便将热量传给空气；如果水温低于气温，空气便将热量传给水，这种现象叫传导散热。温差是传导散热的推动力。

水在冷却塔的冷却过程中，上述两种散热方式都存在。在春夏秋三季中，水与空气温差较小，这时蒸发散热是主要的，在夏季蒸发散热量约占总散热量的80%~90%；而冬季水与空气温差较大，传导散热可占50%以上，严冬甚至可以达到70%。

冷却塔的热力计算，按夏季不利条件考虑。

空气干、湿球温度是冷却塔热力计算的主要依据之一。湿球温度代表当地气温条件下水可能被冷却的最低温度。冷却塔出水温度越接近湿球温度，说明冷却效果越好，但所需冷却塔尺寸越大，基建费用越高。生产上冷却后水温比湿球温度要高3~5℃。

干湿球温度通常是按夏天不利条件下的气象资料整理而成，但不宜用最高值，因选用最高值不经济。恰当地选用计算干、湿球温度，使所确定的冷却塔尺寸既能满足生产工艺过程在较长时间内不受影响，又能在运行中得到较好的经济效益。我国电力部门采用相当于频率10%的昼夜平均气象条件计算。计算频率10%指夏季三个月（6、7、8）共92d中，超过该温度的天数占10%，保证冷却效果的时间占90%。我国石油、化工和机械工业部门大多采用相当于频率5%的昼夜平均气象条件计算。

为了加快水的蒸发速度，在冷却塔内采取下列措施：①设置填料以使进入塔内的热水以水滴或水膜的形式向下移动，增加热水与空气之间的接触面积及接触时间；②设置风机以提高水滴或水膜附近空气的流速，使逸出的水蒸气分子迅速扩散。这两种措施都对热水降温有利。

3. 设备及用具

(1) 冷却塔实验装置1套，见图3-25。

水经吸水管由水泵抽上，经加热器升温，通过测流孔板进入冷却塔，经配水装置及填料冷却后落到水池。空气经过空调室可以用蒸气管升温、喷深井水降温，还可喷蒸气加湿。空气由鼓风机送入冷却塔，由塔顶部排出。

3.8 冷却塔热力性能测试实验   129

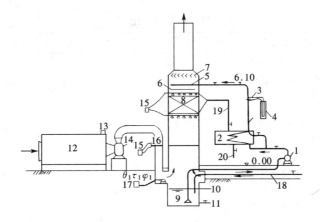

图 3-25 冷却塔实验装置及测点布置示意图
1—水泵；2—加热器；3—测流孔板；4—水银压差计；5—穿孔配水管；
6—溅水板条；7—收水器；8—填料；9—水池；10—溢流管；11—放空管；
12—空调室；13—喷蒸汽加湿入口；14—鼓风机；15—微压计；16—毕托管；
17—遥测通风干湿表；18—补充水管；19—来自蒸汽管；20—冷凝水管

(2) 遥测通风干湿表 1 台，测进塔空气的干球温度 θ_1℃ 及湿球温度 τ_1℃。

(3) 空盒式气压表 1 个，测大气压力，最小指示值为 13.3Pa（0.1mmHg）。

(4) 毕托管 1 根测风道内空气动压。用倾斜式微压计 1 台，最小指示值为 1.96Pa（0.2mmH$_2$O）。如用补偿式微压计 1 台，最小指示值为 0.098Pa（0.01mmH$_2$O）。

(5) 旋桨式风速计 1 台，在冷却塔风筒出口测出每一动压相应的风速，而后乘面积可求出风道中心动压 h 与风量 G_B 的关系曲线。用毕托管和微压计测出的动压值，查关系曲线即可求出相应的进风量 G。

(6) 测压管和补偿式微压计 1 套，可测淋水填料的阻力 $\dfrac{\Delta P}{r}$。

(7) 流量孔板及水银压差计 1 套测冷却塔进水量 Q。实验前应对孔板进行校核，绘出流量与压差关系曲线。

(8) 水银温度计 2 支，最小指示值 0.1℃，测冷却塔进水温度 t_1℃ 及出水温度 t_2℃。

(9) 阿斯曼温度计 1 台，最小指示值 0.2℃ 测外界空气的干球温度 θ_1℃ 及湿球温度 τ_1℃。

4. 步骤及记录

(1) 根据水的流程，按照表 3-39 诸参数出现的顺序进行观测记录。

(2) 除 F、h、P、Q、τ 外，其余参数每 5min 测一次。在工况基本稳定的条件下，测 5 次取平均值。

测试参数记录　　　　　表 3-39

测 试 参 数	观 测 值	平 均 值
淋水填料的有效断面积 F (m²)		
淋水填料的有效高度 h (m)		
冷却水量 Q (m³/h)		
进塔水温 t_1 (℃)		
大气压力 P (kPa)		
进塔空气量 G (m³/h)		
大气的干球温度 θ (℃)		
大气的湿球温度 τ (℃)		
进塔空气的干球温度 θ_1 (℃)		
进塔空气的湿球温度 τ_1 (℃)		
出塔水温 t_2 (℃)		

【注意事项】

冷却塔应在达到正常运行状态且稳定 0.5h 后方可开始测定。

5. 成果整理

(1) 求空气温度在 θ_1、τ_1、t_1、t_2 时的饱和水蒸气压力 P''_{θ_1}、P''_{τ_1}、P''_{t_1}、P''_{t_2}。饱和水蒸气压力可按下式计算：

$$\lg 98 P''_q = 0.0141966 - 3.142305\left(\frac{10^3}{T} - \frac{10^3}{373.16}\right) + 8.2\lg\left(\frac{373.16}{T}\right)$$
$$- 0.0024804(373.16 - T) \tag{3-34}$$

式中　P''_q——饱和水蒸气压力，kPa；

　　　T——绝对温度，K（$T = 273 + t$）；

　　　t——空气或水蒸气温度，℃。

已知 t ℃，可查《给水排水设计手册》得 p''_q。

(2) 求进塔空气相对湿度 φ

$$\varphi = \frac{P''_{\tau_1} - 0.000662 P(\theta_1 - \tau_1)}{P''_{\theta_1}} \tag{3-35}$$

(3) 求进塔空气的容重 γ

$$\gamma = \frac{P - \varphi P''_{\theta_1}}{29.27(273 + \theta_1)}10^3 + \frac{\varphi P''_{\theta_1}}{47.06(273 + \theta_1)}10^3 \quad (N/m^3) \tag{3-36}$$

(4) 求气水比 λ

$$\lambda = \frac{\gamma G}{1000 Q} \tag{3-37}$$

(5) 求蒸发水量带走的热量系数 K

$$K = 1 - \frac{t_2}{597.2 - 0.56 t_2} \tag{3-38}$$

(6) 求进塔空气的焓 i_1

$$i_1 = 1.00\theta_1 + 0.622(2500 + 1.84\theta_1)\frac{\varphi P''_{\theta_1}}{P - \varphi P''_{\theta_1}} \quad (\text{kJ/kg}) \qquad (3\text{-}39)$$

已知 P、φ 及 θ 值，可查《给水工程》(第四版)图 23-27 得 i_1。

(7) 求出塔空气焓 i_2

$$i_2 = i_1 + \frac{4.19\Delta t}{K\lambda} \quad (\text{kJ/kg}) \qquad (3\text{-}40)$$

式中 $\Delta t = t_1 - t_2$。

(8) 求交换数 N

$$N = \frac{4.19}{K}\int_{t_2}^{t_1}\frac{\mathrm{d}t}{i'' - i} = \frac{4.19\Delta t}{6K}\left(\frac{1}{i''_1 - i_2} + \frac{4}{i''_m - i_m} + \frac{1}{i''_2 - i_1}\right) \qquad (3\text{-}41)$$

式中　　　N——无量纲数；

i''_1、i''_2 及 i''_m——分别为水温 t_1、t_2 及平均水温 $t_m = \dfrac{t_1 + t_2}{2}$ 时的饱和空气焓。

饱和空气焓可按下式计算：

$$i'' = 1.00t + 0.622(2500 + 1.84t)\frac{P''_t}{P - P''_t} \quad (\text{kJ/kg}) \qquad (3\text{-}42)$$

式中　　t——饱和空气的温度即 t℃。

已知 P、t、及 $\varphi = 1$，可查《给水工程》(第四版)图 23-27 得 i''。

(9) 求淋水装置的容积散质系数 β_{xv}

$$\beta_{xv} = \frac{1000QN}{V} = \frac{1000QN}{F \cdot h} \quad (\text{kg}/(\text{m}^3 \cdot \text{h})) \qquad (3\text{-}43)$$

式中　　V——填料体积，m^3。

其他因素不变时，β_{xv} 愈大，反映冷却塔散热性能愈好，塔的体积可愈小。

【思考题】

(1) 有哪些方法可以测试冷却水量及进塔空气量？

(2) 本实验采用的冷却塔测试方法应如何改进？

(3) 已知填料特性数 $N' = A'\lambda^m$，改变气水比 λ 值，(λ 值宜选在 0.3～1.5 之间，选点间隔宜均匀)，由实验可得出一系列 N' 值。如何根据 λ_1、λ_2……λ_n 及相应的 N'_1、N'_2……N'_n 推求实验常数 A' 和 m 值。

(4) 已知填料容积散质系数 $\beta_{xv} = Ag^m q^n$，改变进塔空气量 G 及冷却水量 Q（即改变空气流量密度 g 及淋水密度 q），由实验可得出一系列的 β_{xv} 值。如何根据 g_1、g_2、……g_n、q_1、q_2……q_n 及相应的 β_{xv1}、β_{xv2}……β_{xvn} 推求实验常数 A、m 和 n 值？

第4章 污水处理实验

为了与水处理教材配合使用按照物理处理、生物处理、污泥处理和工业废水处理的顺序编排有关污水处理实验项目。

4.1 颗粒自由沉淀实验

4.1.1 颗粒自由沉淀实验

颗粒自由沉淀实验是研究浓度较稀时的单颗粒的沉淀规律。一般是通过沉淀柱静沉实验,获取颗粒沉淀曲线。它不仅具有理论指导意义,而且也是给水排水处理工程中沉砂池设计的重要依据。

1. 目的

(1) 加深对自由沉淀特点、基本概念及沉淀规律的理解。

(2) 掌握颗粒自由沉淀实验的方法,并能对实验数据进行分析、整理、计算和绘制颗粒自由沉淀曲线。

2. 原理

浓度较稀的、粒状颗粒的沉淀属于自由沉淀,其特点是静沉过程中颗粒互不干扰、等速下沉,其沉速在层流区符合 Stokes(斯笃克斯)公式。

但是由于水中颗粒的复杂性,颗粒粒径、颗粒比重很难或无法准确地测定,因而沉淀效果、特性无法通过公式求得而是通过静沉实验确定。

由于自由沉淀时颗粒是等速下沉,下沉速度与沉淀高度无关,因而自由沉淀可在一般沉淀柱内进行,但其直径应足够大,一般应使 $D \geqslant 100$mm 以免颗粒沉淀受柱壁干扰。

具有大小不同颗粒的悬浮物静沉总去除率 η 与截留速度 u_0、颗粒重量百分率的关系如下:

$$\eta = (1 - P_0) + \int_0^{P_0} \frac{u_s}{u_0} dP \tag{4-1}$$

此种计算方法也称为悬浮物去除率的累积曲线计算法。

设在一水深为 H 的沉淀柱内进行自由沉淀实验,如图 4-1 所示。实验开始,沉淀时间为 0,此时沉淀柱内悬浮物分布是均匀的,即每个断面上颗粒的数量与粒径的组成相同,悬浮物浓度为 C_0(mg/L),此时去除率 $\eta = 0$。

实验开始后,不同沉淀时间 t_i,颗粒最小沉淀速度 u_i 相应为:

$$u_i = \frac{H}{t_i} \tag{4-2}$$

此即为 t_i 时间内从水面下沉到池底(此处为取样点)的最小颗粒 d_i 所具有的沉速。此时取样点处水样悬浮物浓度为 C_i,而:

$$\frac{C_0 - C_i}{C_0} = 1 - \frac{C_i}{C_0} = 1 - P_i = \eta_0 \tag{4-3}$$

此时去除率 η_0,表示具有沉速 $u \geqslant u_i$(粒径 $d \geqslant d_i$)的颗粒去除率,而:

$$P_i = \frac{C_i}{C_0} \tag{4-4}$$

则反映了 t_i 时,未被去除之颗粒即 $d < d_i$ 的颗粒所占的百分比。

实际上沉淀时间 t_i 内,由水中沉至柱底的颗粒是由两部分颗粒组成,即沉速 $u_s \geqslant u_i$ 的那一部分颗粒能全部沉至柱底。除此之外,颗粒沉速 $u_s < u_i$ 的那一部分颗粒,也有一部分能沉至柱底。这是因为,这部分颗粒虽然粒径很小,沉速 $u_s < u_i$,但是这部分颗粒并不都在水面,而是均匀地分布在整个沉柱的高度内,因此,只要在水面以下,它们下沉至池底所用的时间能少于或等于具有沉速 u_i 的颗粒由水面降至池底所用的时间 t_i,那么这部分颗粒也能从水中被除去。

沉速 $u_s < u_i$ 的那部分颗粒虽然有一部分能从水中去除,但其中也是粒径大的沉到柱底的多,粒径小的沉到柱底的少,各种粒径颗粒去除率并不相同。因此若能分别求出各种粒径的颗粒占全部颗粒的百分比,并求出该粒径在时间 t_i 内能沉至柱底的颗粒占本粒径颗粒的百分比,则二者乘积即为此种粒径颗粒在全部颗粒中的去除率。如此分别求出 $u_s < u_i$ 的那些颗粒的去除率,并相加后,即可得这部分颗粒的去除率。

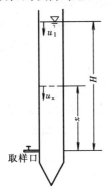

图 4-1 颗粒自由沉淀示意

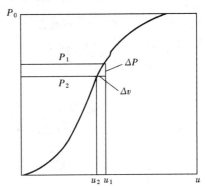

图 4-2 $P \sim u$ 关系曲线

为了推求其计算式,我们首先绘制 $P \sim u_i$ 关系曲线,其横坐标为颗粒沉速 u,纵坐标为未被去除颗粒的百分比 P,如图 4-2 所示。由图中可见:

$$\Delta P = P_1 - P_2 = \frac{C_1}{C_0} - \frac{C_2}{C_0} = \frac{C_1 - C_2}{C_0} \tag{4-5}$$

故 ΔP 是当选择的颗粒沉速由 u_1 降至 u_2 时，整个水中所能多去除的那部分颗粒的去除率，也就是所选择的要去除的颗粒粒径由 d_1 减到 d_2 时，此时水中所能多去除的，即粒径在 $d_1 \sim d_2$ 间的那部分颗粒所占的百分比。因此当 ΔP 间隔无限小时，则 dP 代表了小于 d_1 的某一粒径 d 占全部颗粒的百分比。这些颗粒能沉至柱底的条件，应是由水中某一点沉至柱底所用的时间，必须等于或小于具有沉速为 u_i 的颗粒由水面沉至柱底所用的时间，即应满足：

$$\frac{x}{u_x} \leqslant \frac{H}{u_i}$$

$$x \leqslant \frac{Hu_x}{u_i}$$

由于颗粒均匀分布，又为等速沉淀，故沉速 $u_x < u_i$ 的颗粒只有在 x 水深以内才能沉到柱底。因此能沉至柱底的这部分颗粒，占这种粒径的百分比为 $\frac{x}{H}$，如图 4-1 示，而：

$$\frac{x}{H} = \frac{u_x}{u_i}$$

此即为同一粒径颗粒的去除率。取 $u_0 = u_i$，且为设计选用的颗粒沉速；$u_s = u_x$，则有：

$$\frac{u_x}{u_i} = \frac{u_s}{u_0}$$

由上述分析可见，dP_s 反映了具有 u_s 的颗粒占全部颗粒的百分比，而 $\frac{u_s}{u_0}$ 则反映了在设计沉速为 u_0 的前提下，具有沉速 u_s（$< u_0$）的颗粒去除量占本颗粒总量的百分比。故：

$$\frac{u_s}{u_0} dP \tag{4-6}$$

正是反映了在设计沉速为 u_0 时，具有沉速为 u_s 的颗粒所能被去除的部分占全部颗粒的比率。利用积分求解这部分 $u_s < u_0$ 的颗粒的去除率，则为：

$$\int_0^{P_0} \frac{u_s}{u_0} dP$$

故颗粒的去除率为：

$$\eta = (1 - P_0) + \int_0^{P_0} \frac{u_s}{u_0} dP \tag{4-7}$$

工程中常用下式计算：

$$\eta = (1 - P_0) + \frac{\Sigma u_s \cdot \Delta P}{u_0} \tag{4-8}$$

3．设备及用具

(1) 有机玻璃管沉淀柱一根，内径 $D \geqslant 100\text{mm}$，高 1.5m。有效水深即由溢流口至取样口距离，共两种，$H_1 = 0.9\text{m}$，$H_2 = 1.2\text{m}$。每根沉降柱上设溢流管、取样管、进水及放空管。

(2) 配水及投配系统包括钢板水池、搅拌装置、水泵、配水管、循环水管和计量水深用标尺，如图 4-3 所示。

(3) 计量水深用标尺，计时用秒表。

(4) 玻璃烧杯，移液管，玻璃棒，瓷盘等。

(5) 悬浮物定量分析所需设备有万分之一天平、带盖称量瓶、干燥皿、烘箱、抽滤装置、定量滤纸等。

(6) 水样可用煤气洗涤污水，轧钢污水，天然河水或人工配制水样。

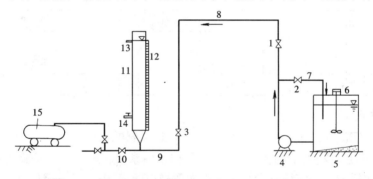

图 4-3　颗粒自由沉淀静沉实验装置

1、3—配水管上阀门；2—水泵循环管上阀门；4—水泵；5—水池；
6—搅拌机；7—循环管；8—配水管；9—进水管；10—放空管阀门；
11—沉淀柱；12—标尺；13—溢流管；14—取样管；15—空压机

4．步骤及记录

(1) 将实验用水倒入水池内，开启循环管路阀门 2，用泵循环或机械搅拌装置搅拌，待池内水质均匀后，从池内取样，测定悬浮物浓度，记为 C_0 值。

(2) 开启阀门 1、3，关闭循环阀门 2，水经配水管进入沉淀柱内，当水上升到溢流口，并流出后，关闭阀门 3、停泵。

(3) 向沉淀柱内通入压缩空气将水样搅拌均匀。

(4) 记录时间，沉淀实验开始，隔 5、10、20、30、60、120min 由取样口取样，记录沉淀柱内液面高度。

(5) 观察悬浮颗粒沉淀特点、现象。

(6) 测定水样悬浮物含量（平行样）。

(7) 实验记录用表，见表 4-1。

颗粒自由沉淀实验记录　　　　　　　　　表 4-1

静沉时间 (min)	滤纸编号	称量瓶号	称量瓶+滤纸重 (g)	取样体积 (mL)	瓶纸+SS重 (g)	水样SS重 (g)	C_0 (mg/L)	$\overline{C_0}$ (mg/L)	沉淀高度 H_0 (cm)
0									
5									
10									
20									
30									
60									
120									

【注意事项】

(1) 向沉淀柱内进水时，速度要适中，既要较快完成进水，以防进水中一些较重颗粒沉淀，又要防止速度过快造成柱内水体紊动，影响静沉实验效果。

(2) 取样前，一定要记录柱中水面至取样口距离 H_0（以 cm 计）。

(3) 取样时，先排除取样管中积水再取样，每次约取 300～400mL。

(4) 测定悬浮物时，因颗粒较重，从烧怀取样要边搅边吸，以保证两平行水样的均匀性。贴于移液管壁上细小的颗粒一定要用蒸馏水洗净。

5. 成果整理

(1) 实验基本参数整理

实验日期：　　　　　　　水样性质及来源：

沉淀柱直径 $d=$ 　　　　　柱高 $H=$

水温：　　℃　　　　　　原水悬浮物浓度 C_0（mg/L）

绘制沉淀柱草图及管路连接图。

(2) 实验数据整理

将实验原始数据按表 4-2 整理，以备计算分析之用。

表中不同沉淀时间 t_i 时，沉淀柱内未被去除的悬浮物的百分比及颗粒沉速分别按下式计算，未被去除悬浮物的百分比：

$$P_i = \frac{C_i}{C_0} \times 100\%$$

式中 C_0——原水中 SS 浓度值，mg/L；

C_i——某沉淀时间后，水样中 SS 浓度值，mg/L。

(3) 相应颗粒沉速 $u_i = \dfrac{H_i}{t_i}$ mm/s。

(4) 以颗粒沉速 u_i 为横坐标，以 P_i 为纵坐标，在普通格纸上绘制 $P \sim u$ 关系曲线。

(5) 利用图解法列表（表4-3）计算不同沉速时，悬浮物的去除率。

实验原始数据整理表　　　　　　　　　　　　　　　　　　　　表 4-2

沉淀高度（cm）								
沉淀时间（min）								
实测水样 SS（mg/L）								
计算用 SS（mg/L）								
未被去除颗粒百分比 P_i								
颗粒沉速 u_i（mm/s）								

悬浮物去除率 η 的计算　　　　　　　　　　　　　　　　　　表 4-3

序号	u_0	P_0	$1 - P_0$	ΔP	u_s	$u_s \cdot \Delta P$	$\Sigma u_s \cdot \Delta P$	$\dfrac{\Sigma u_s \cdot \Delta P}{u_0}$	$\eta = (1 - P_0) + \dfrac{\Sigma u_s \cdot \Delta P}{u_0}$

$$\eta = (1 - P_0) + \frac{\Sigma u_s \Delta P}{u_0}$$

(6) 根据上述计算结果，以 η 为纵坐标，分别以 u 及 t 为横坐标，绘制 $\eta \sim u$，$\eta \sim t$ 关系曲线。

【思考题】

(1) 自由沉淀中颗粒沉速与絮凝中沉淀颗粒沉速有何区别？

(2) 绘制自由沉淀静沉曲线的方法及意义。

(3) 沉淀柱高分别为 $H = 1.2$m，$H = 0.9$m，两组实验成果是否一样，为什么？

(4) 利用上述实验资料，按下式计算去除率 η：

$$\eta = \frac{C_0 - C_i}{C_0} \times 100\%$$

计算不同沉淀时间 t 的沉淀效率 η，绘制 $\eta \sim t$，$\eta \sim u$ 静沉曲线，并和上述整理结果加以对照与分析，指出上述两种整理方法结果的适用条件。

4.1.2 原水颗粒分析实验

原水颗粒分析实验主要测定水中颗粒粒径的分布情况。水中悬浮颗粒的去除不仅与原水悬浮物数量或浊度大小有关，而且还与原水颗粒粒径的分布有关。粒径越小，越不易去除，因此颗粒分析实验对选择给水处理构筑物及投药都是十分重要的。

1.目的

(1) 学会一种用一般设备测定颗粒粒径分布的方法。

(2) 加深对自由沉淀及Stokes（斯笃克斯）公式的理解。

2.原理

100μm以下的泥沙颗粒沉降时雷诺数小于1，已知水温、沉速，可用Stokes公式求出相应粒径。

$$u = \frac{g}{18\mu}(\rho_g - \rho_y)d^2 \tag{4-9}$$

式中　u——颗粒沉速，m/s；

μ——水的绝对粘度，N·s/m^2；

ρ_g——颗粒的密度，kg/m^3；

ρ_y——液体的密度，kg/m^3；

g——重力加速度，9.81m/s^2；

d——与颗粒等体积的球体直径，m。

玻璃瓶中装待测颗粒分析的浑水（浊度已知），摇匀后，用虹吸管在瓶中某一固定位置每隔一定时间取一个水样，取样点处颗粒最大粒径是逐渐减小的，因此浊度也是逐渐降低的。根据沉淀时间及沉淀距离可以求出沉速u，已知水温、沉速，可以求出取样点处的颗粒最大粒径。取样时，粒径大于该最大粒径的颗粒都已沉至取样点下面，小于该最大粒径的颗粒每单位体积的颗粒数与沉淀开始相比，基本不变（因粒径一定，水温相同则沉速不变，沉下去的颗粒可由上面沉下来的补充）。由沉淀过程中取样点浊度的变化，即可求出小于某一粒径的颗粒的颗粒重量所占全部颗粒重量的百分数。

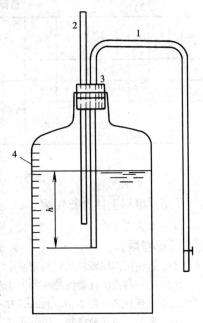

图 4-4　重力沉降法测粒径装置
1—虹吸管；2—温度计；
3—通气孔；4—水位尺

3.设备与用具

(1) 实验装置见图 4-4。
(2) 10L 玻璃瓶 1 个、200mL 烧杯 1 只。
(3) 虹吸取样管、洗耳球各 1 个。
(4) 水位尺、秒表、温度计各 1 只。
(5) 浊度仪 1 台。

4. 步骤及记录

(1) 将已知浊度的浑水装入 10L 玻璃瓶中,水面接近玻璃瓶直壁的顶部。
(2) 将玻璃瓶中的水摇匀,立即将瓶塞盖好。虹吸取样管及温度计固定在瓶塞上,盖好瓶塞的同时,取样点的位置也就确定了。
(3) 每隔一定时间用虹吸管取水样,即 1、2、5、15、60、120、240、480min(时间都从开始沉淀算起)时取水样,并测其浊度。
(4) 每次取样前记录水面至取样点的距离和水温。原水颗粒分析记录见表 4-4。

原水颗粒分析记录表(表格中的数字系某水样的实验数据) 表 4-4

静沉时间	0min	1min	2min	5min	15min	30min	1h	1h	4h	8h
取水样时间	8:00	8:01	8:02	8:05	8:15	8:30	9:00	10:00	12:00	16:00
沉淀距离 h (10^{-2}m)	13.3	12.8	12.3	11.8	11.3	10.8	10.3			9.0
平均沉速 u (10^{-2}m/s)		0.213	0.103	3.93×10^{-2}	1.26×10^{-2}	6×10^{-3}	2.86×10^{-3}			3.13×10^{-4}
沉淀过程中的平均水温 t (℃)		20		20			20			20
t (℃) 时的 u 值 (10^{-4}m²/s)		0.0101		0.0101			0.0101			0.0101
所取水样的最大粒径 d (μm)		49	34	21	11.9	8.2	5.7			1.9
所取水样的浊度	30.2	28.0	27.3	26.8	26.6	26.3	24.4			10.9
小于该粒径颗粒所占的百分数 (%)		92.7	90.4	88.7	88.1	87.1	80.8			36.1

【注意事项】

(1) 配制浑水浊度宜小于 100 度,不必用蒸馏水稀释。
(2) 虹吸管取样时,应先放掉虹吸管内的少量存水(约 20mL),然后取样。每次取水样的体积,以够测浊度即可。

(3) 取样点离瓶底距离不要小于10cm，避免取样时将瓶底沉泥吸取，也不要大于15cm。大于15cm时，可能满足不了多次取水样的需要。

(4) 用洗耳球吸取虹吸管内的空气时，只能吸气，不能把空气鼓入瓶中，防止把沉淀水搅浑。

5. 成果整理

(1) 计算每次取样时的平均沉速 u。

(2) 计算自沉淀开始至每次取样这段时间的平均水温。

(3) 查 t℃时水的运动粘度 μ。

(4) 求每次所取水样的最大粒径 d。

(5) 计算每次取样时粒径小于该最大粒径颗粒的重量占原水中全部颗粒重量的百分数。

(6) 在半对数坐标纸上以粒径 d（μm）为横坐标，以小于某一粒径颗粒重量百分数为纵坐标，绘颗粒分析曲线。

【思考题】

(1) 小于1μm的颗粒能否用这种方法测粒径？浑水浊度为10000度时能否用这种方法测粒径？

(2) 对本实验有何改进意见？

4.2 絮凝沉淀实验

絮凝沉淀实验是研究浓度一般的絮状颗粒的沉淀规律。一般是通过几根沉淀柱的静沉实验获取颗粒沉淀曲线。不仅可借此进行沉淀性能对比和分析，而且也可作为污水处理工程中某些构筑物的设计和生产运行的重要依据。

1. 目的

(1) 加深对絮凝沉淀的特点、基本概念及沉淀规律的理解。

(2) 掌握絮凝实验方法，并能利用实验数据绘制絮凝沉淀静沉曲线。

2. 原理

悬浮物浓度不太高，一般在50~500mg/L范围的颗粒沉淀属于絮凝沉淀，如给水工程中混凝沉淀，污水处理中初沉池内的悬浮物沉淀均属此类型。沉淀过程中由于颗粒相互碰撞，凝聚变大，沉速不断加大，因此颗粒沉速实际上是变化的。我们所说的絮凝沉淀颗粒沉速，是指颗粒沉淀平均速度。在平流沉淀池中，颗粒沉淀轨迹是一曲线，而不同于自由沉淀的直线运动。在沉淀池内颗粒去除率不仅与颗粒沉速有关，而且与沉淀有效水深有关。因此沉淀柱不仅要考虑器壁对悬浮物沉淀的影响，还要考虑柱高对沉淀效率的影响。

静沉中絮凝沉淀颗粒去除率的计算基本思想与自由沉淀一致，但方法有所不同。自由沉淀采用累积曲线计算法，而絮凝沉淀采用的是纵深分析法，颗粒去除率按下式计算：

$$\eta = \eta_T + \frac{H'}{H_0}(\eta_{T+1} - \eta_T) + \frac{H''}{H_0}(\eta_{T+2} - \eta_{T+1}) + \cdots\cdots$$
$$+ \frac{H^n}{H_0}(\eta_{T+n} - \eta_{T+n-1}) \qquad (4\text{-}10)$$

计算如图 4-5 所示。去除率同分散颗粒一样，也分成两部分。

(1) 全部被去除的颗粒

这部分颗粒是指在给定的停留时间（如图 4-5 中 t_0），与给定的沉淀有效水深（如图 4-5 中 $H = H_0$）时，两直线相交点等去除率线的 η 值，如图中的 $\eta = \eta_2$。即在沉淀时间 $t = t_0$，沉降有效水深 $H = H_0$ 时，具有沉速 $u \geqslant u_0 = \frac{H_0}{t_0}$ 的颗粒能全部被去除，其去除率为 η_2。

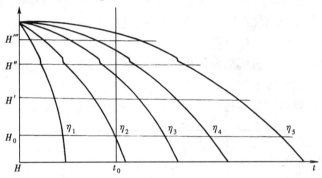

图 4-5 絮凝沉淀等去除率曲线

(2) 部分被去除的颗粒

同自由沉淀一样，悬浮物在沉淀时虽说有些颗粒较小，沉速较小，不可能从池顶沉到池底，但是在池体中某一深度下的颗粒，在满足条件即沉到池底所用时间 $\frac{h_x}{u_x} \leqslant \frac{H_0}{u_0}$ 时，这部分颗粒也就被去除掉了。当然，这部分颗粒是指沉速 $u < \frac{H_0}{t_0}$ 的那些颗粒，这些颗粒的沉淀效率也不相同，也是颗粒大的沉降快，去除率大些。其计算方法、原理与分散颗粒一样，这里是用 $\frac{H'}{H_0}(\eta_{T+1} - \eta_T) + \frac{H^n}{H_0}(\eta_{T+2} - \eta_{T+1}) + \cdots\cdots$ 代替了分散颗粒中的 $\int_0^{P_0} \frac{u_s}{u_0} \mathrm{d}P$。其中，$\eta_{T+n} - \eta_{T+n-1} = \Delta\eta$ 所反映的就是把颗粒沉速由 u_0 降到 u_s 时，所能够去除的那些颗粒占全部颗粒的百分比。这些颗粒在沉淀时间 t_0 时，并不能全部沉到池底，而只有符合条件 $t_s \leqslant t_0$ 的那部分颗粒能沉到池底，即 $\frac{h_s}{u_s} \leqslant \frac{H_0}{u_0}$，故有 $\frac{u_s}{u_0} = \frac{h_s}{H_0}$。同自由分散沉淀一样，由

于 u_s 为未知数，故采用近似计算法，用 $\frac{h_s}{H_0}$ 来代替 $\frac{u_s}{u_0}$，工程上多采用等分 η_{T+n} - η_{T+n-1} 间的中点水深 H_i 代替 h_i，则 $\frac{h_i}{H_0}$ 近似地代表了这部分颗粒中所能沉到池底的颗粒所占的百分数。

由上推论可知，$\frac{h_i}{H_0}(\eta_{T+n} - \eta_{T+n-1})$ 就是沉速为 $u_s \leqslant u < u_0$ 的这些颗粒的去除量所占全部颗粒的百分比，以此类推，式 $\Sigma \frac{h_i}{H_0}(\eta_{T+n} - \eta_{T+n-1})$ 就是 $u_s \leqslant u_0$ 的全部颗粒的去除率。

3. 设备及用具

(1) 有机玻璃沉淀柱：内径 $D \geqslant 100mm$，高 $H = 3.6m$，沿不同高度设有取样口，如图 4-6 所示。管最上为溢流孔，管下为进水孔，共 5 套。

(2) 配水及投配系统：钢板水池、搅拌装置、水泵、配水管。

(3) 定时钟、烧杯、移液管、瓷盘等。

(4) 悬浮物定量分析所需设备及用具：万分之一分析天平、带盖称量瓶、干燥皿、烘箱、抽滤装置、定量滤纸等。

(5) 水样：城市污水、制革污水、造纸污水或人工配制水样等。

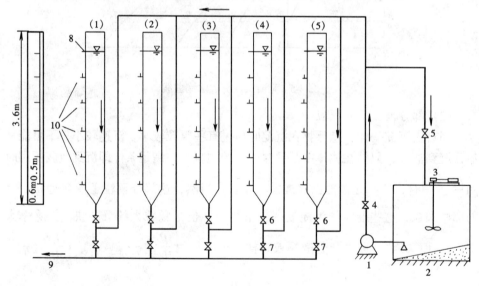

图 4-6 絮凝沉淀实验装置示意

1—水泵；2—水池；3—搅拌装置；4—配水管阀门；5—水泵循环管阀门；
6—各沉淀柱进水阀门；7—各沉淀柱放空阀门；8—溢流孔；9—放水管；10—取样口

4. 步骤及记录

(1) 将欲测水样倒入水池进行搅拌，待搅匀后取样测定原水悬浮物浓度 SS 值。

(2) 开启水泵，打开水泵的上水阀门和各沉淀柱上水管阀门。

(3) 放掉存水后，关闭放空管阀门，打开沉淀柱上水管阀门。

(4) 依次向 1—5 沉淀柱内进水，当水位达到溢流孔时，关闭进水阀门，同时记录沉淀时间。5 根沉淀柱的沉淀时间分别为 20、40、60、80、120min。

(5) 当达到各柱的沉淀时间时，在每根柱上，自上而下地依次取样，测定水样悬浮物的浓度。

(6) 记录见表 4-5。

絮凝沉淀实验记录表　　实验日期：　　水样　　　　表 4-5

柱号（号）	沉淀时间（min）	取样点编号（号）	SS（mg/L）	SS平均值（mg/L）	取样点有效水深（m）	备注
1	20	1—1				
		1—2				
		1—3				
		1—4				
		1—5				
2	40	2—1				
		2—2				
		2—3				
		2—4				
		2—5				
3	60	3—1				
		3—2				
		3—3				
		3—4				
		3—5				
4	80	4—1				
		4—2				
		4—3				
		4—4				
		4—5				
5	120	5—1				
		5—2				
		5—3				
		5—4				
		5—5				

注：原水悬浮物浓度 SS（mg/L）。

【注意事项】

(1) 向沉淀柱进水时，速度要适中，既要防止悬浮物由于进水速度过慢而絮凝沉淀，又要防止由于进水速度过快，沉淀开始后柱内还存在紊流，影响沉淀效果。

(2) 由于同时要由每个柱的 5 个取样口取样，故人员分工、烧杯编号等准备工作要做好，以便能在较短的时间内，从上至下准确地取出水样。

(3) 测定悬浮物浓度时，一定要注意两平行水样的均匀性。

(4) 注意观察、描述颗粒沉淀过程中自然絮凝作用及沉速的变化。

5. 成果整理

(1) 实验基本参数

实验日期： 水样性质及来源：

沉淀柱直径 $d=$ 柱高 $H=$

水温℃： 原水悬浮物浓度 SS_0（mg/L）：

绘制沉淀柱及管路连接图。

(2) 实验数据整理

将表 4-5 实验数据进行整理，并计算各取样点的去除率 η，列入表 4-6 中。

各取样点悬浮物去除率 η 值计算表　　　表 4-6

取样深度 (m)	沉淀柱号 沉淀时间 (min)	1 20	2 40	3 60	4 80	5 120
0.6						
1.2						
1.8						
2.4						
3.0						

(3) 以沉淀时间 t 为横坐标，以深度为纵坐标，将各取样点的去除率填在各取样点的坐标上，如图 4-7 所示。

(4) 在上述基础上，用内插法，绘出等去除率曲线。η 最好是以 5% 或 10% 为一间距，如 25%、35%、45% 或 20%、25%、30%。

(5) 选择某一有效水深 H，过 H 做 x 轴平行线，与各去除率线相交，再根据公式（4-10）计算不同沉淀时间的总去除率。

(6) 以沉淀时间 t 为横坐标，η 为纵坐标，绘制不同有效水深 H 的 $\eta \sim t$ 关系曲线，及 $\eta \sim u$ 曲线。

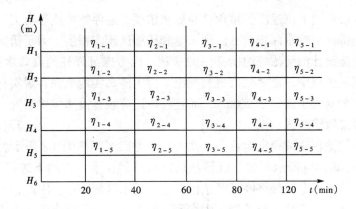

图 4-7 絮凝沉淀柱各取样点去除率

【思考题】

(1) 观察絮凝沉淀现象，并叙述与自由沉淀现象有何不同？实验方法有何区别？

(2) 两种不同性质的污水经絮凝沉淀实验后，所得同一去除率的曲线的曲率不同，试分析其原因，并加以讨论。

(3) 实际工程中，哪些沉淀属于絮凝沉淀？

4.3 成层沉淀实验

成层沉淀实验是研究浓度较高的悬浮颗粒的沉淀规律。一般是通过带有搅拌装置的沉淀柱静沉实验，以获取泥面沉淀过程线。借此，不仅可以对比、分析颗粒沉淀性能，还可以为给水、污水处理工程中某些构筑物的设计和运行提供重要基础资料。

1. 目的

(1) 加深对成层沉淀的特点、基本概念，以及沉淀规律的理解。

(2) 搞清迪克（Dick）多筒测定法与肯奇（Kynch）单筒测定法绘制成层沉淀 $C \sim u$ 关系线的区别及各自的适用性。

(3) 通过实验确定某种污水曝气池混合液的静沉曲线，并为设计澄清浓缩池提供必要的设计参数。

(4) 加深理解静沉实验在沉淀单元操作中的重要性。

2. 原理

浓度大于某值的高浓度水，如黄河高浊水、活性污泥法曝气池混合液、浓集的化学污泥，不论其颗粒性质如何，颗粒的下沉均表现为浑浊液面的整体下沉。这与自由沉淀、絮凝沉淀完全不同，后两者研究的都是一个颗粒沉淀时的运动变化特点（考虑的是悬浮物个体），而对成层沉淀的研究却是针对悬浮物整体，即整个浑液面的沉淀变化过程。成层沉淀时颗粒间相互位置保持不变，颗粒下沉速度即为浑液面等速下沉速度。该速度与原水浓度、悬浮物性质等有关而与沉淀深度无关。但沉淀有效水深影响变浓区沉速和压缩区压实程度。为了研究浓缩,提供从浓缩角度设计澄清浓缩池所必需的参数,应考虑沉降柱的有效水深。此外,高浓度水沉淀过程中,器壁效应更为突出,为了能真实地反映客观实际状态,沉淀柱直径一般要大于或等于200mm,而且柱内还应装有慢速搅拌装置,以消除器壁效应和模拟沉淀池内刮泥机的作用。

澄清浓缩池在连续稳定运行中,池内可分为四区,如图4-8所示。池内浓度沿池高分布如图4-9所示。进入沉淀池的混合液,在重力作用下进行泥水分离,污泥下沉,清水上升,最终经过等浓区后进入清水区而出流,因此,为了满足澄清的要求,出流水不带走悬浮物,则水流上升速度 v 一定要小于或等于等浓区污泥沉降速度 u,即 $v = Q/A \leqslant u$,在工程应用中:

$$A = \alpha \frac{Q}{u} \tag{4-11}$$

式中　Q——处理水量,m^3/h;
　　　u——等浓区污泥沉速,m/h;
　　　A——沉淀池按澄清要求的平面面积,m^2;
　　　α——修正系数,一般取 $\alpha = 1.05 \sim 1.2$。

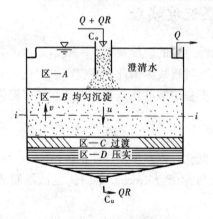

图4-8　稳定运行沉淀池内状况

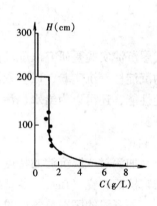

图4-9　池内污泥浓度沿池高分布

进入沉淀池后分离出来的污泥,从上至下逐渐浓缩,最后由池底排除。这一过程是在两个作用下完成的:其一是重力作用下形成静沉固体通量 G_S,其值取决于每一断面处污泥浓度 C_i 及污泥沉速 u_i 即:

$$G_S = u_i C_i \tag{4-12}$$

其二是连续排泥造成污泥下降,形成排泥固体通量 G_B,其值取决于每一断面处污泥浓度和由于排泥而造成的泥面下沉速度 V:

$$G_B = V C_i \tag{4-13}$$

$$V = \frac{Q_R}{A}; \qquad (4\text{-}14)$$

式中 V——排泥时泥面下沉速度;

　　　Q_R——回流污泥量。

污泥在沉淀池内单位时间、单位面积下沉的污泥量,取决于污泥性能 u_i 和运行条件 $V \cdot C_i$,即固体通量 $G = G_S + G_B = u_i C_i + V C_i$,该关系由图 4-10 和图 4-11可看出。由图 4-11 可知,对于某一特定运行或设计条件下,沉淀池某一断面处存在一个最小的固体通量 G_L,称为极限固体通量,当进入沉淀池的进泥通量 G_0 大于极限固体通量时,污泥在下沉到该断面时,多余污泥量将于此断面处积累。长此下去,回流污泥不仅得不到应有的浓度,池内泥面反而上升,最后随水流出。因此按浓缩要求,沉淀池的设计应满足 $G_0 \leqslant G_L$,即:

$$G_0 = \frac{Q(1+R)C_0}{A} \leqslant G_L \qquad (4\text{-}15)$$

从而保证进入二沉池中的污泥通过各断面到达池底。

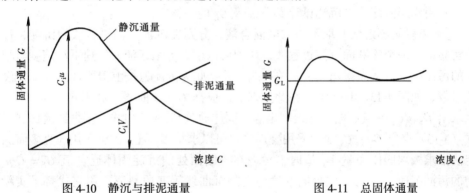

图 4-10　静沉与排泥通量　　　图 4-11　总固体通量

在工程应用中:

$$A \geqslant \frac{Q(1+R)C_0}{G_L} \cdot \alpha \qquad (4\text{-}16)$$

式中　Q、α——同前;

　　　R——回流比;

　　　C_0——曝气池混合液污泥浓度,kg/m³;

　　　G_L——极限固体通量,kg/(m²·h);

　　　A——沉淀池按浓缩要求的平面面积,m²。

公式 (4-11)、式 (4-16) 中设计参数 u、G_L 值,均应通过成层沉淀实验求得。成层沉淀实验,是在静止状态下,研究浑液面高度随沉淀时间的变化规律。以浑液面高度为纵轴,以沉淀时间为横轴,所绘得的 $H \sim t$ 曲线,称为成层沉淀过程线,它是求二次沉淀池断面面积设计参数的基础资料。

成层沉淀过程线分为四段,如图 4-12 示。

a~b 段,称之为加速段或污泥絮凝区。此段所用时间很短,曲线略向下弯曲,这是浑液面形成的过程,反映了颗粒絮凝性能。

b~c 段,浑液面等速沉淀段或叫等浓沉淀区,此区由于悬浮颗粒的相互牵连和强烈干扰,均衡了它们各自的沉淀速度,使颗粒群体以共同干扰后的速度下沉,沉速为一常量,它不因沉淀历时的不同而变化。在沉淀过程线上,b~c 段是一斜率不变的直线段,故称为等速沉淀段。

c~d 段,过渡段又叫变浓区,此段为污泥等浓区向压缩区的过渡段,其中既有悬浮物的干扰沉淀,也有悬浮物的挤压脱水作用,沉淀过程线上,c~d 段所表现出的弯曲,便是沉淀和压缩双重作用的结果,此时等浓区沉淀区消失,故 c 点又叫成层沉淀临界点。

d~e 段,压缩段,此区内颗粒间互相直接接触,机械支托,形成松散的网状结构,在压力作用下颗粒重新排列组合,它所挟带的水分也逐渐从网中脱出,这就是压缩过程,此过程也是等速沉淀过程,只是沉速相当小,沉淀极缓慢。

利用成层沉淀求二沉池设计参数 u 及 G_L 的一般方法如下:

[迪克多筒测定法] 取不同浓度混合液,分别在沉淀柱内进行成层沉淀,每筒实验得出一个浑液面沉淀过程线,从中可以求出等浓区泥面等速下沉速度与相应的污泥浓度,从而得出 $C\sim u$ 关系线,并据此为沉淀池按澄清原理设计提供设计参数,如图 4-13、4-14 示。在此基础上,根据 $C\sim u$ 曲线,利用式(4-12)可以求出 G_S、C_i 一组数据,并绘制出静沉固体通量 $G_S\sim C$ 曲线,根据回流比利用式(4-13)求出 $G_B\sim C_i$ 线,采用叠加法,可以求得 G_L 值。由于采用迪克多筒测定法推求极限固体通量 G_L 值时,污泥在各断面处的沉淀固体通量值 $G_S=C_iu_i$ 中的污泥沉速 u_i,均是取自同浓度污泥静沉曲线等速段斜率,用它代替了实际沉淀池中沉淀泥面的沉速,这一作法没有考虑实际沉淀池中污泥浓度变化的连续分布,没有考虑污泥的沉速不但与周围污泥浓度有关,而且还要受到下层沉速小于它的污泥层的干扰,因而迪克法求得 G_L 值偏高,与实际值出入较大。

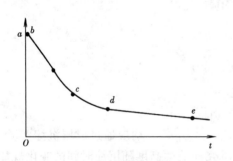

图 4-12 成层沉淀过程线

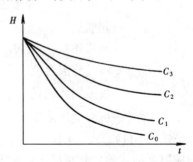

图 4-13 不同浓度成层沉淀过程线

[肯奇单筒测定法] 取曝气池的混合液进行一次较长时间的成层沉淀,得到

一条浑液面沉淀过程线，如图 4-12 所示，并利用肯奇公式：

$$C_i = \frac{C_0 H_0}{H_i} \qquad (4\text{-}17)$$

式中　　C_0——实验时试样浓度，g/L；
　　　　H_0——实验时沉淀初始高度，m；
　　　　C_i——某沉淀断面 i 处的污泥浓度，g/L。

$$u_i = \frac{H_i}{t_i} \qquad (4\text{-}18)$$

式中　　u_i——某沉淀断面 i 处泥面沉速，m/h。

求各断面的污泥浓度 C_i 及泥面沉速 u_i 方法如图 4-15 所示，可得出 $u \sim C$ 关系线，利用 $C \sim u$ 关系线并按前法，绘制 $G_S \sim C$、$G_B \sim C$ 曲线，采用叠加法后，可求得 G_L 值。

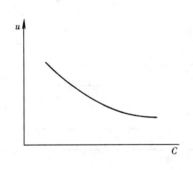
图 4-14　$u \sim C$ 关系线

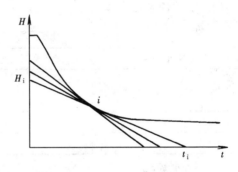
图 4-15　肯奇法求各层浓度

3. 设备及用具

（1）有机玻璃沉淀柱：内径 $D = 240\text{mm}$，$H = 1.5\text{m}$，搅拌装置转速 $n = 1\text{r/min}$，底部有进水、放空孔。

（2）配水及投配系统：同实验 1，整个实验装置如图 4-16 所示。

（3）水分快速测定仪。

（4）100mL 量筒、玻璃漏斗、三角瓶、瓷盘、滤纸、秒表等。

（5）某生物处理厂曝气池混合液。

4. 步骤及记录

（1）将取自某处理厂活性污泥法曝气池内正常运行的混合液，放入水池，搅拌均匀，同时取样测定其浓度 MLSS 值。

（2）开启水泵上阀门 1，同时打开放空管，放掉管内存水。

（3）关闭放空管，打开 1 号沉淀柱进水，当水位上升到溢流管处时，关闭进水阀门，同时记录沉淀开始时的时间，而后记录浑浊面出现时间。浑液面沉淀初期，或是以下沉 10~20cm 为一间距，或是沉淀开始后 10min 内以 1min 为间隔；

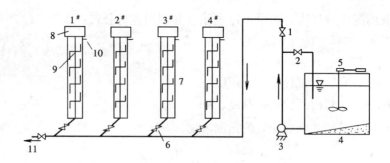

图 4-16 成层沉淀实验装置
1—水泵上水阀门；2—循环管阀门；3—水泵；4—水池；5—搅拌装置；6—进水阀门；7—沉淀柱；8—电机与减速器；9—搅拌桨；10—溢流口；11—放空管

沉淀后期，可以下沉 2~5cm，或以 5min 为间隔，记录浑浊面的沉淀位置。

(4) 实验记录见表 4-7。

成层沉淀实验记录　　　　　　　　　　表 4-7

沉淀时间（min）	浑液面位置（m）	浑液面高度（m）

注：水样浓度 MLSS =　　；SV% =　　。

(5) 配制各种不同浓度之混合液，分别利用 2 号、3 号、4 号柱重复上述实验，最好有 6 次以上。配制混合液浓度在 1.5~10g/L 之间。

【注意事项】

(1) 混合液取回后，稍加曝气，即应开始实验，至实验完毕，时间不超过 24h，以保证污泥沉降性能不变。若条件允许，最好在处理厂（站）现场进行实验。

(2) 向沉淀柱进水时，速度要适中，既要较快进完水，以防进水过程柱内已形成浑液面，又要防止速度过快造成柱内水体紊动，影响静沉实验结果。

(3) 不同浓度混合液，可用混合液静沉后撇出一定量上清液或投加一定量的上清液方法配制。

(4) 第一次成层沉淀实验，污泥浓度要与设计曝气池混合液污泥浓度一致，且沉淀时间要尽可能长一些，最好在 1.5h 以上。

5. 成果整理

(1) 实验基本参数

实验日期　　　　　　　　水样性质及来源

混合液污泥 30min 沉降比 SV% =
污泥浓度 MLSS（g/L）=
沉淀柱直径 d（mm）=
柱高 H（m）=
搅拌转速 n（r/min）=
水温（℃）=
沉淀柱及管路连接草图。

(2) 多筒成层沉淀

a. 以沉淀时间为横坐标，以沉淀高度为纵坐标，绘制不同浓度 $H \sim t$ 关系曲线，如图 4-12 和 4-13 所示。

b. 取 $H \sim t$ 曲线中的直线段，求斜率，则 u：

$$u = \frac{H}{t}$$

c. 以混合液浓度 C（g/L）为横坐标，以浑液面等速沉降之速度 u 为纵坐标，绘图得 $u \sim C$ 关系曲线。

d. 根据 $u \sim C$ 曲线，并运用数理统计知识求出 $u \sim C$ 关系式。

(3) 单筒成层沉淀

a. 根据 1 号沉淀柱（混合液原液浓度）实验资料所得的 $H \sim t$ 关系线，并由肯奇式（4-17），（4-18）分别求得 C_i 及与其相应的 u_i 值。

b. 以混合液浓度 C 为横坐标，以沉速 u 为纵坐标，绘图得 $u \sim C$ 曲线。

c. 根据 $u \sim C$ 线，计算沉淀固体通量 G_S。并以固体通量 G_S 为纵坐标，污泥浓度为横坐标，绘图得沉淀固体通量曲线，并根据需要可求得排泥固体通量线。如图 4-10，进而可求出极限固体通量，如图 4-11。

【思考题】

(1) 观察实验现象，注意成层沉淀不同于前述两种沉淀的地方何在，原因是什么？

(2) 多筒测定，单筒测定，实验成果 $u \sim C$ 曲线有何区别？为什么？

(3) 成层沉淀实验的重要性，如何应用到二沉池的设计中？

(4) 实验设备、实验条件对实验结果有何影响，为什么？如何才能得到正确的结果并用于生产之中？

4.4　污水可生化性能测定

污水可生化性实验，是研究污水中有机污染物可被微生物降解的程度，为选定该种污水处理工艺方法提供必要的依据。测定方法较多，本处只介绍两种测定方法。摇床测定法见 4.5.2。

由于生物处理法去除污水中胶体及溶解有机污染物，具有高效、经济的优点，因而在选择污水处理方法和确定工艺流程时，往往首先采用这种方法。在一一般情况下,生活污水、城市污水完全可以采用此法,但是对于各种各样的工业废水而言,由于某些工业废水中含有难以生物降解的有机物,或含有能够抑制或毒害微生物生理活动的物质,或缺少微生物生长所必需的某些营养物质,因此为了确保污水处理工艺选择的合理与可靠通常要进行污水的可生化性实验。

本实验的目的是:

1. 确定城市污水或工业废水能够被微生物降解的程度,以便选用适宜的处理技术和确定合理的工艺流程。

2. 了解并掌握测定污水可生化性实验的方法。

3. 了解并掌握瓦勃氏呼吸仪的使用方法。

4.4.1 BOD_5/COD 比值法

实验原理

COD 是以重铬酸钾为氧化剂,在一定条件下,氧化有机物时用所消耗氧的量来间接表示污水中有机物数量的一种综合性指标。BOD_5 是用微生物在氧充足条件下,进行生物降解有机物时所消耗的水中溶解氧量以表示污水中有机物量的综合性指标。因此,可把测得的 BOD_5 值,看成是可降解的有机物量,而 COD 代表的则是全部有机物量,所以,BOD_5/COD 比值反映了污水中有机物的可降解程度。一般按 BOD_5/COD 比值分为:

$BOD_5/COD > 0.58$ 为完全可生物降解污水;

$BOD_5/COD = 0.45 \sim 0.58$ 为生物降解性能良好污水;

$BOD_5/COD = 0.30 \sim 0.45$ 为可生物降解污水;

$BOD_5/COD < 0.30$ 为难生物降解污水。

测定方法及注意事项见有关水质分析方法及有关工业污水 BOD_5 测定。

4.4.2 瓦勃氏呼吸仪测定污水可生化性实验

1. 目的

(1) 了解瓦勃氏呼吸仪的构造、操作方法、工作原理。

(2) 了解瓦勃氏呼吸仪的使用范围及在污水生物处理中的应用。

(3) 理解内源呼吸线及生化呼吸线的基本含义。

(4) 加深理解有毒物质对生化反应的抑制作用。

2. 原理

瓦勃氏呼吸仪用于测定耗氧量,是依据恒温、定容条件下气体量的任何变化可由检压计上压力改变而反映出来的原理,即在恒温和不断搅动的条件下,使一定量的菌种与污水在定容的反应瓶中接触、反应,微生物耗氧将使反应瓶中氧的分压降低(释放 CO_2,用 KOH 溶液吸收),测定分压的变化,即可推算出消耗的氧量。

利用瓦勃氏呼吸仪测定污水可生化性，是因为微生物处于内源呼吸期耗氧速度基本不变，而微生物与有机物接触后，由于它的生理活动而消耗氧，耗氧量的多少，则可反映有机物被微生物降解的难易程度。

在不考虑硝化作用时，微生物的生化需氧量由两部分构成，即降解有机物的生化需氧量与微生物内源呼吸耗氧量，如图 4-17 所示。

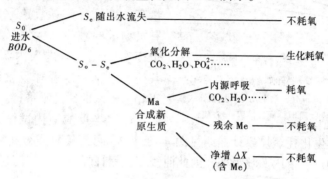

图 4-17 曝气池内生物耗氧模式

总的生化需氧速率及需氧量可由下式计算：

$$\frac{O_2}{VX_v} = a'N_s + b' \tag{4-19}$$

或

$$O_2 = a'QS_r + b'VX_v \tag{4-20}$$

式中 O_2——曝气池内生化需氧量，$kg(O_2)/d$；

$\frac{O_2}{VX_v}$——曝气池内单位污泥需氧量，$kg(O_2)/(kgMLSS \cdot d)$；

a'——降解 1kg 有机物的需氧量，$kg(O_2)kg(BOD_5)$；

N_s——污泥有机物负荷，$kg(BOD_5)/(kgMLSS \cdot d)$；

b'——污泥自身氧化需氧率，$kg(O_2)/(kgMLSS \cdot d)$；

Q——处理污水量，m^3/d；

S_r——进、出水有机物浓度差，kg/m^3；

V——曝气池容积，m^3；

X_v——挥发性污泥浓度 MLVSS，kg/m^3。

其中内源呼吸耗氧速率 $\left(\frac{dO_2}{dt}\right) = b'$ 基本上为一常量，而降解有机物生化耗氧速率 $\left(\frac{dO_2}{dt}\right) = a'N_s$，不仅与微生物性能有关，而且还与有机物负荷，有机物总量有关，因此利用瓦勃氏呼吸仪测定污水可生化性能时，由于反应瓶内微生物与底物的不同，其耗氧量累计曲线也将有所不同，如图 4-18 所示。

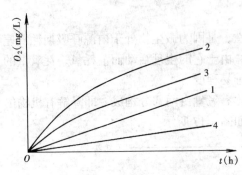

图 4-18 生物降解耗氧量累计线
1—内源呼吸线；2—易降解有机物生化耗氧量累计线；3—难降解有机物生化耗氧量累计线；4—有毒物质生化耗氧量累计线

(1) 曲线 1 为反应瓶内仅有活性污泥与蒸馏水时，微生物内源呼吸耗氧量的累计曲线，耗氧速率基本不变。

(2) 当反应瓶内的试样对微生物生理活动无抑制作用时，耗氧量累计曲线见图 4-18 中 2，开始由于有机物含量高，生物降解耗氧速率也大，随着有机物量的减少，生物降解耗氧速率也逐渐降低，当进入内源呼吸期后，其耗氧速率与内源呼吸累计曲线 1 近于相等，两曲线几乎平行。

(3) 当反应瓶内试样是难生物降解物质时，其生化耗氧量累计曲线见图 4-18 中 3，可降解物质被微生物分解后，微生物很快即进入了内源呼吸期，因此曲线不仅累计耗氧量低，而且较早地进入与内源呼吸线平行阶段。

(4) 当反应瓶内试样含有某些有毒物质或缺少某些营养物质，能够抑制微生物正常代谢活动时，其耗氧量累计曲线见图 4-18 中 4，微生物由于受到抑制，代谢能力降低，耗氧速率也降低。

由此可见，通过瓦勃氏呼吸仪耗氧量累计曲线的测定绘制，可以判断污水的可生化性，并可确定有毒、有害物质进入生物处理构筑物的允许浓度等。

3．设备及用具

(1) 瓦勃氏呼吸仪，主要由以下 3 部分组成：

1) 恒温水浴，具有三种调节温度的设备，一是电热器，通常装在水槽底部，通以电流后使水温升高；二是恒温调节器，能够自动控制电流的断续，这样就使水槽温度亦能自动控制；三是电动搅拌器，使水槽中水温迅速达到均匀。

2) 振荡装置。

3) 瓦勃氏呼吸仪，由反应瓶和测压管组成，见图 4-19 所示。

反应瓶为一带中心小杯及侧臂的特殊小瓶，容积为 25mL，用于污水处理时，宜用 125mL 的大反应瓶。

测压管一端与反应瓶相连，并设三通，平时与大气不通，称闭管，另一端与大气相通，称开管，一般测压管总高约 300mm，并以 150mm 的读数为起始高度。

(2) 离心机。

(3) 康氏振荡器。

(4) BOD_5、COD 分析测定装置及药品等。

(5) 定时钟、洗液、玻璃器皿等及电磁搅拌器。

(6) 羊毛脂或真空脂、皮筋、生理盐水、pH = 7 的磷酸盐缓冲液、20% KOH

溶液。

(7) 布劳第 (Brodie) 溶液: 23g NaCl 和 5g 脂胆酸钠,溶于 500mL 蒸馏水中,加少量酸性复红,溶液相对密度为 1.033。

瓦勃氏呼吸仪构造及操作运行方法,分别见《瓦呼仪的使用》(上海师范大学,生物理化技术) 及瓦勃氏呼吸仪说明书。

4. 步骤及记录

(1) 实验用活性污泥悬浮液的制备

1) 取运行中的城市污水处理厂或某一工业污水处理站曝气池内混合液,倒入曝气装置内空曝 24h,或放在康氏振荡器上振荡,使活性污泥处于内源呼吸阶段。

2) 取上述活性污泥,在 3000r/min 的离心机上离心 10min,倾去上清液,加入生理盐水洗涤,在电磁搅拌器上搅拌均匀后再离心,而后用蒸馏水洗涤,重复上述步骤,共进行三次。

3) 将处理后的污泥用 pH = 7 的磷酸盐缓冲液稀释,配制成所需浓度的活性污泥悬浊液。

(2) 底物的制备

反应瓶内反应进行所需的底物,应根据实验目的而定。

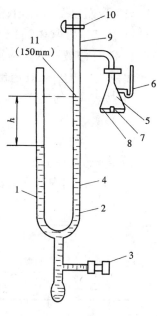

图 4-19 瓦勃氏呼吸仪构造示意图

1—开管; 2—闭管; 3—调节螺旋; 4—测压液; 5—反应瓶; 6—反应瓶侧臂(底物); 7—中心小杯(内装 KOH); 8—水样; 9—测压管; 10—三通; 11—参考点

1) 由现场取样,或根据需要对水样加以处理,或在水样中加入某些成分后,作为底物。

2) 人工配制各种浓度或不同性质的污水作为底物。

本实验是取生活污水,并加入 Na_2S 配制几种不同含硫浓度的废水,其浓度分别为 5mg/L, 15mg/L, 40mg/L, 60mg/L。

(3) 取清洁干燥的反应瓶及在测压管中装好 Brodie 检压液备用,反应瓶按表 4-8 加入各种溶液,其中:

1、2 两套只装入相同容积蒸馏水作温度压力对照,以校正由于大气温度、压力的变化引起的压力降。

3、4 两套测定内源呼吸量,即在这两个反应瓶中注入活性污泥悬浮液,并加入相同容积的蒸馏水以代替底物,它们的呼吸耗氧量所表示的就是没有底物的内源呼吸耗氧量。

其余 10 套除投加活性污泥悬浮液外,可按实验要求分别投加不同的底物。

向反应瓶内投加 KOH、底物、污泥。

1) 用移液管取 0.2mL、20%KOH 溶液放入各反应瓶的中心小杯，应特别注意防止 KOH 溶液进入反应瓶。用滤纸叠成扇状放在中心小杯杯口，以扩大 CO_2 吸收面积，并防止 KOH 溢出。

2) 按表 4-8 的要求，将蒸馏水、活性污泥悬浮液，用移液管移入相应的反应瓶内。

3) 按表 4-8 的要求，将各种底物用移液管移入相应反应瓶的侧臂内。

(4) 开始实验工作

1) 将水浴槽内温度调到所需温度并保持恒温。

各反应瓶所投加的底物　　　　　　　　　表 4-8

反应瓶编号	反应瓶内液体容积（mL）							中央小杯中20%KOH溶液容积（mL）	液体总容积（mL）	备注
	蒸馏水	活性污泥	底物含 S^{2-} (mg/L)							
			5	15	40	60	生活污水			
1、2	3							0.2	3.2	温度、压力对照
3、4	2	1								内源呼吸
5、6	1		2							
7、8	1			2						
9、10	1				2					
11、12	1					2				
13、14	1						2			

2) 将上述各反应瓶磨口塞与相应的压力计连接，并用橡皮筋栓好，将各反应瓶侧臂的磨口与相应的玻璃棒塞紧，使反应瓶密封。

3) 将各反应瓶置于恒温水浴槽内，同时打开三通活塞，使测压管的闭管与大气相通。

4) 开动振荡装置约 5~15min，使反应瓶体系的温度与水浴温度完全一致。

5) 将反应瓶侧臂中底物倾入反应瓶内，注意不要把 KOH 倒出或把污泥、底物倒入中心小瓶内。

6) 将各测压管闭管中检压液面调节到刻度 150mm 处，然后迅速关闭测压管顶部三通使之与大气隔绝，记录各测压管中检压液面读数，此值应在 150mm 左右，再开启振荡装置，此时即为实验开始时刻。

(5) 实验开始后每隔一定时间，如 0.25、0.5、1.0、2.0、3.0……6.0h，关闭振荡装置，利用测压管下部的调节螺旋，将闭管中的检压液面调至 150mm，然后读开管中检压液液面并记录于表 4-9 中。

瓦勃氏呼吸仪生物耗氧量测定记录及成果整理表 表4-9

反应瓶编号												
反应瓶常数	$K=$				$K=$				$K=$			
反应瓶用途	温度计				内源呼吸				底物			底物含S^{2-}（mg/L）
项目 时间(h)	读数 h	差值 Δh	读数 h'_i	差值 $\Delta h'_i$	实差 Δh_i	耗氧率 C_i	读数 h'_i	差值 $\Delta h'_i$	实差 Δh_i	耗氧率 C_i	读数 h'_i	差值 $\Delta h'_i$	实差 Δh_i	耗氧率 C_i
0.25														
0.50														
1.00														
2.00														
3.00														
4.00														
5.00														
6.00														

1）严格地说，在进行读数时，振荡装置应继续工作，但实际上很困难，为避免实验时产生较大的误差，读数应快速进行，或在实验时间中扣除读数时间，记录完毕，即迅速开启振荡开关。

2）温度及压力修正两套实验装置，应分别在第一个和最后一个读数以修正操作时间的影响。

3）实验中，待测压管读数降至50mm以下时，需开启闭管顶部三通，使反应瓶空间重新充气，再将闭管液位调至150mm，并记录此时开管液位高度。

4）读数的时间间隔应按实验的具体要求而定，一般开始时应取较小的时间间隔，如15min，然后逐步延长至30min，1h，甚至2h，实验延续时间视具体情况而定，一般最好延续到生化呼吸耗氧曲线与内源呼吸耗氧曲线趋于平行时为止。

（6）实验停止后，取下反应瓶及测压管，擦净瓶口及磨塞上的羊毛脂，倒去反应瓶中液体，用清水冲洗后，置于肥皂水中煮沸，再用清水冲洗后，以洗液浸泡过夜，洗净后置于55℃烘箱烘干待用。

【注意事项】

（1）瓦勃氏呼吸仪是一种精密贵重仪器，使用前一定要搞清仪器本身构造，操作及注意事项，实验中精力要集中，动作要轻、软，以免损坏反应瓶或测压管。

（2）反应瓶，测压管的容积均已标好，并有编号，使用时一定要注意编号、配套，不要搞乱搞混，以免由于容积不准影响实验成果。

（3）活性污泥悬浮液的制备，一定要按步骤进行，保证污泥进入内源呼吸期。

（4）为了保证实验结果的精确可靠，必要时，可先用一反应瓶进行必要的演练。

5. 成果整理

（1）根据实验中记录下的测压管读数（液面高度），计算活性污泥耗氧量，计算表格见表 4-9。

主要公式为：

$$\Delta h_i = \Delta h'_i - \Delta h \tag{4-21}$$

式中 Δh_i——各测压管计算的检压液面高度变化值，mm；

Δh——温度压力对照管中检压液液面高度变化值（取 2 套温压校正装置读数的平均值），mm；

$$\Delta h = \frac{\Delta h_1 + \Delta h_2}{2} \tag{4-22}$$

其中：

$$\Delta h_1 = h_{2(t_2)} - h_{1(t_1)} \tag{4-23}$$

$$\Delta h_2 = h_{2(t_2)} - h_{2(t_1)} \tag{4-24}$$

$\Delta h'_i$——各测压管实测的检压液液面高度变化值，mm。

$$\Delta h'_i = h'_{i(t_2)} - h_{i(t_1)} \tag{4-25}$$

$$X'_i = K_i \cdot \Delta h_i \tag{4-26}$$

或

$$X_i = 1.429 K_i \cdot \Delta h_i \tag{4-27}$$

式中 X'_i——耗氧量，mL；

X_i——耗氧量，mg；

1.429——氧的容量，g/L；

K_i——各反应瓶的体积常数，已给出，测法及计算见《瓦呼仪的使用》一书。

$$C_i = \frac{X_i}{S_i} \tag{4-28}$$

式中 C_i——各反应瓶不同时刻，单位重量活性污泥的耗氧量，mg/mg；

X_i——各反应瓶不同时间的耗氧量，mg；

S_i——各反应瓶中的活性污泥重量，mg。

（2）以时间为横坐标，C_i 为纵坐标，绘制内源呼吸线及不同含硫污水生化呼吸线，进行比较。分析含硫浓度对生化呼吸过程的影响，及生物处理可允许的含硫浓度。

【思考题】
(1) 简述瓦勃氏呼吸仪的构造、操作步骤及使用注意事项。
(2) 利用瓦勃氏呼吸仪为何能判定某种污水可生化性？
(3) 何为内源呼吸，何为生物耗氧？
(4) 利用瓦勃氏呼吸仪还可进行哪些有关实验？

4.5 活性污泥活性测定实验

在活性污泥法的净化功能中，起主导作用的是活性污泥，活性污泥性能的优劣，对活性污泥系统的净化功能有决定性的作用。活性污泥是由大量微生物凝聚而成，具有很大的表面积，性能优良的活性污泥应具有很强的吸附性能和氧化分解有机污染物的能力，并具有良好的沉淀性能，因此，活性污泥的活性即指吸附性能、生物降解能力和污泥凝聚沉淀性能。

由于污泥凝聚沉淀性能可由污泥容积指数 SVI 值和污泥成层沉降的沉速反映，故本节只考虑活性污泥的活性吸附性能与生物降解能力的测定。

4.5.1 吸附性能测定实验

进行污泥吸附性能的测定，不仅可以判断污泥再生效果，不同运行条件、方式、水质等状况下污泥性能的好坏，还可以选择污水处理运行方式，确定吸附、再生段适宜比值，在科研及生产运行中具有重要的意义。

1. 目的
(1) 加深理解污水生物处理及吸附再生式曝气池的特点，吸附段与污泥再生段的作用。
(2) 掌握活性污泥吸附性能测定方法。

2. 原理
任何物质都有一定的吸附性能，活性污泥由于单位体积的表面积很大，特别是再生良好的活性污泥具有很强的吸附性能，故此污水与活性污泥接触初期由于吸附作用，而使污水中底物得以大量去除，即所谓初期去除；随着外酶作用，某些被吸附物质经水解后，又进入水中，使污水中底物浓度又有所上升，随后由于微生物对底物的降解作用，污水中底物浓度随时间而逐渐缓慢的降低，整个过程如图4-20所示。

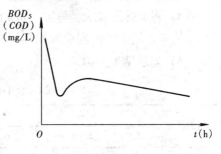

图 4-20 活性污泥吸附曲线

3. 设备及用具

(1) 有机玻璃反应罐2个,如图4-21示。
(2) 100mL 量筒及烧杯、三角瓶、秒表、玻璃棒、漏斗等。
(3) 离心机、水分快速测定仪。
(4) COD 回流装置或 BOD$_5$ 测定装置。

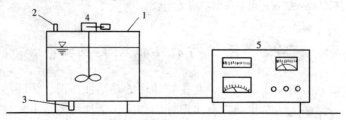

图 4-21 吸附性能测定装置
1—反应罐;2—进样孔;3—取样及放空孔;
4—搅拌器;5—控制仪表

4. 步骤及记录

(1) 制取活性污泥

1) 取运行曝气池再生段末端及回流污泥,或普通空气曝气池与氧气曝气池回流污泥,经离心机脱水,倾去上清液。

2) 称取一定重量的污泥(配制罐内混合液浓度 MLSS = 2～3g/L 左右),在烧杯中用待测水搅匀,分别放入反应罐内编号,注意两罐内之浓度应保持一致。

(2) 取待测定之水。注入反应罐内,容积在 7～8L 左右,同时取原水样测定 COD 或 BOD$_5$ 值。

(3) 打开搅拌开关,同时记录时间,在 0.5、1.0、2.0、3.0、5.0、10、20、40、70min,分别取出一个 200mL 左右混合液和一个 100mL 混合液。

(4) 将上述所取水样静沉30min 或过滤,取其上清液或滤液,测定其 COD 或 BOD$_5$ 值等,用 100mL 混合液测其污泥浓度。

(5) 记录见表 4-10。

BOD$_5$ 或 COD (mg/L) 吸附性能测定记录　　　　表 4-10

污泥种类	吸附时间 (min)								
	0.5	1.0	1.5	2.0	3.0	5.0	10	20	40	70
吸附段										
再生段										

【注意事项】

(1) 因是平行对比实验,故应尽量保证两反应罐内污泥浓度的一致和水样的均匀一致性。

(2) 注意仪器设备的使用，实验中保持两搅拌罐运行条件，尤其是搅拌强度的一致性。

(3) 由于实验取样间隔时间短，样又多，准备工作要充分，不要弄乱。

5. 成果整理

以吸附时间为横坐标，以水样 BOD_5 或 COD 值为纵坐标绘图。

【思考题】

(1) 活性污泥吸附性能指何而言，它对污水底物的去除有何影响，试举例说明。

(2) 影响活性污泥吸附性能的因素有哪些？

(3) 简述测定活性污泥吸附性能的意义。

(4) 试对比分析吸附段、再生段污泥吸附曲线区别（曲线低点的数值与出现时间）及其原因。

4.5.2 生物降解能力测定实验

污泥活性生物降解能力的测定，是活性污泥法的科研、设计中常用的一种测试方法。它不仅可用来判断污泥性能，也可用来指导选择生物处理方法、运行方式、条件，对生产厂（站）的运行管理工作也有一定的指导作用。

目的

(1) 加深对活性污泥性能，特别是污泥活性的理解。

(2) 掌握不同的测定活性污泥活性的方法。

(3) 测定活性污泥对底物的降解能力，并比较不同活性污泥的活性。

一、污泥活性测定——瓦勃氏呼吸仪测定实验

1. 原理

水中微生物在降解有机物时，需要氧作为受氢体，最终产物为 CO_2 和 H_2O。生化反应越快，耗氧速率也越快，从而根据活性污泥耗氧曲线，可以评定污泥的降解能力及其活性。

利用瓦勃氏呼吸仪测定污泥在降解有机物时的耗氧量，其原理见本章 4.4.2 实验中有关内容。

2. 设备及用具

见本章 4.4.2 实验中有关内容。

3. 步骤及记录

(1) 活性污泥制备

1) 取生产运行中曝气方式不同或运行方式不同的曝气池中之活性污泥，分别编号为 1 号、2 号污泥，用纱布过滤去除较大颗粒物质，以免影响实验的准确性。

2) 将上述混合液空曝 24h 后，或将混合液在康氏振荡器上振荡 1h，而后用离心机、蒸馏水或生理盐水（用 NaCl 加到蒸馏水中配制而成）反复洗涤三次即

可,这种活性污泥要当天制备当天用。配制的不同性质的活性污泥,浓度应一致,最好在 MLSS = 2g/L 左右。

(2) 底物用待测定之污水。

(3) 取清洁干燥反应瓶 10 套,温度压力对照用两套,不同活性污泥内源呼吸各用两套,不同活性污泥在同一负荷下对同一底物的降解呼吸耗氧测定各用两套。反应瓶内各种溶液数量见表 4-11。

(4) 反应瓶内 KOH、底物、污泥的投加。

(5) 测压管与反应瓶的连接安装。

(6) 实验及记录。

(7) 实验结束后仪器的洗涤。

以上 (4) ~ (7) 步骤参见本章 4.4 实验中有关内容。

反应瓶内各种溶液数量　　　　　　　表 4-11

反应瓶编号（号）	反应瓶内液体体积（mL）			中央小杯 20%KOH 溶液	液体总容积（mL）	备 注
	蒸馏水	活性污泥悬浮液	底 物			
1、2	3	0	0	0.2	3.2	温度压力对照
3、4	2	1.0	0	0.2	3.2	1 号污泥内源呼吸
5、6	2	1.0	0	0.2	3.2	2 号污泥内源呼吸
7、8		1.0	2	0.2	3.2	1 号污泥耗氧
9、10		1.0	2	0.2	3.2	2 号污泥耗氧

4. 成果整理

(1) 计算污泥耗氧量。

(2) 以时间为横坐标,耗氧量为纵坐标绘图,绘污泥耗氧曲线。

二、污泥活性测定二——摇床生物降解实验

1. 原理

在底物与氧气充足的条件下,由于微生物的新陈代谢作用,将不断地消耗污水中底物,使其数量逐渐减少,活性良好的污泥降解能力强的,底物降低得快。因此用单位时间、单位重量污泥,对底物降解的数量—活性污泥降解力,可以反映评价活性污泥活性,即生物降解能力,同样,本实验也可用来判断污水的可生化性。

2. 设备及用具

(1) 康氏振荡器 1 台,或磁力搅拌器 2 台。

(2) 离心机 1 台,水分快速测定仪。

(3) 分析天平。

(4) 纱布、三角瓶、烧杯等有关玻璃器皿。

(5) COD 或 BOD_5 及其他指标所需的分析仪器及试剂药品。

3. 步骤及记录

（1）活性污泥的制备 取不同曝气方式或不同运行方式的活性污泥系统的回流污泥，用纱布过滤，而后用离心机脱水。

（2）测定脱水后污泥重量。

（3）用分析天平称取干重为 0.20g（可根据需要增减），经上述处理后的污泥放入 250mL 三角瓶中，加入一定量待处理的污水，配制成相同污泥负荷的混合液，负荷约为 $0.2 \sim 0.3$ kg/(kg·d)。

（4）将三角瓶放到摇床上，振荡 $1 \sim 2$h（或将上述混合液放到烧杯内，在磁力搅拌器上搅拌），实验时温度保持在 $20 \sim 30 ℃$ 之间。

（5）将振荡水样静沉 30min，取其上清液。

（6）测定实验前后水样的 COD 值，或其他有关指标。

【注意事项】

（1）该实验为一条件实验，改变不同条件，结果不同，因此作为对比实验，两组实验条件负荷、水温、搅拌强度一定要严格控制一致。

（2）三角瓶放在摇床上，要用泡沫塑料挤紧，以免振荡时倾倒或破碎。

4. 成果整理

计算活性污泥对底物的降解能力 G：

$$G = \frac{(C_1 - C_2) \cdot V}{q \cdot t} \cdot 10^{-6} \quad kg/(kg \cdot h) \tag{4-29}$$

式中　C_1、C_2——污水实验前后 COD 或 BOD_5 等指标的浓度，mg/L；
　　　　V——底物的体积，mL；
　　　　q——活性污泥干重，g；
　　　　t——振荡时间，h。

【思考题】

（1）何谓活性污泥的活性？通过什么方法测定比较？

（2）你还能找出另外的方法，来定性和定量地说明鼓风曝气与表面曝气两种不同曝气方式污泥降解底物的快慢吗？

（3）影响污泥活性的因素有哪些？

（4）为何用瓦勃氏呼吸仪测定时，配制的污泥浓度应一致，且要保持在 2g/L 左右？

（5）利用瓦勃氏呼吸仪测定纯氧曝气及普通曝气的活性污泥的活性时应注意哪些问题？

（6）分析对比两种不同污泥对底物降解能力。

4.6 好氧生物处理实验

好氧生物处理中，在微生物降解有机物的同时，污泥也在增长，而这整个过程都是在有充足溶解氧的条件下进行的。整个过程变化规律如何，正是生化反应动力学所要解决的问题。因此，对污水生化反应进行动力学分析不仅能够掌握曝气池内生化反应的规律,还可用以指导活性污泥系统的设计和处理厂(站)的运行。

实验研究结果说明,曝气池内所进行的底物降解、污泥增长、氧的消耗,因微生物处于不同生长阶段而有着不同特点。

实践还证明,决定底物降解、污泥增长、氧的消耗的主要因素是污泥负荷 F/M 值。

因此,生化反应动力学的实质就是以曝气池内生化反应这一过程为基础,通过数学模式建立起活性污泥负荷 F/M 与底物降解速率、污泥增长速率、耗氧速率间的定量关系,从而根据这些关系来指导活性污泥系统的设计与运行。

国外对生化反应动力学的研究分为稳态与动态两类,以稳态生化反应动力学较为成熟,由于研究方法、出发点、基础的不同又分为不同学派,本书主要阐述埃肯费尔德的生化反应动力学模式。

要反映生化需氧量与污泥负荷间关系,必须要掌握曝气池混合液耗氧速率,因此,本部分实验主要有3个内容:1. 曝气池混合液耗氧速率测定;2. 完全混合生化反应动力学系数的测定;3. 活性污泥处理系统基本方程式5个系数测定。

4.6.1 曝气池混合液耗氧速率测定实验

混合液耗氧速率的测定,是推求完全混合曝气池底物降解与需氧量间关系,求其底物降解中用于产生能量的那一部分比值 a' 和内源呼吸耗氧率 b' 的重要前提,也可用以判断污水可生化性,因此该测定方法也是从事科研、设计与运行管理工程技术人员必须掌握的基本方法之一。

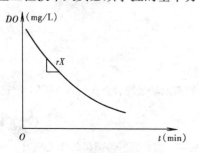

图 4-22 耗氧速率变化曲线

1. 目的

(1) 加深理解活性污泥的耗氧速率、耗氧量的概念,以及它们相互之间的关系。

(2) 掌握测定污泥耗氧速率的方法。

(3) 测定某处理厂曝气池混合液的耗氧速率。

2. 原理

污水好氧生物处理中,微生物在对有机物的降解过程中不断耗氧,在 F/M、温度、混合等条件不变的情况下,其耗氧速率不变。根据这一性质,取曝气池混合液于一密闭容器内,在搅拌情况下,测定混合液溶解氧值随时间变化关系,直线斜率即为耗氧速率,如图4-22所示。

3. 设备及用具

(1) 密闭搅拌罐、控制仪、微型空压机。

(2) 溶解氧测定仪、记录仪、秒表。

(3) 水分快速测定仪或万分之一天平、烘箱等。
(4) 烧杯、三角瓶、100mL 量筒、漏斗、滤纸等。
实验装置如图 4-23 所示。

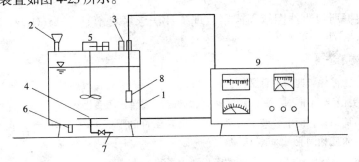

图 4-23 耗氧速率测定装置
1—搅拌罐；2—进样孔；3—放气孔；4—布气管；5—反应器；
6—放空管；7—进气管；8—溶解氧探头；9—控制仪表

4. 步骤及记录

(1) 打开放气阀门 3，将生产运行或实验曝气池内之混合液通过漏斗 2 加入密闭罐内约 6~8L 左右。同时测定混合液浓度。

(2) 开动空压机进行曝气，待溶解氧值达到 4~5mg/L 时关闭空压机与进气阀门。

(3) 取下漏斗，堵死进口，关闭排气孔阀门 3，开动搅拌装置，待溶解氧测定仪读数稳定后，按表 4-12 记录时间和溶解氧值。或将溶解氧测定仪与记录仪接通自动记录。

污泥耗氧速率测定原始记录　　　　　　　　　　表 4-12

时间 t (min)	0	0.5	1.0	1.5	2.0	2.5	3.0	3.5	4.0	5	6.5	7	8	10	12	14	20
DO (mg/L)																	

【注意事项】

(1) 熟悉溶解氧仪的使用及维护方法，实验前应接通电源预热，并调好溶解氧仪零点及满度，具体使用详见溶解氧仪说明书。

(2) 取出曝气池之混合液，当溶解氧值不足 4~5mg/L 时，宜曝气充氧，当溶解氧值 DO = 4~5mg/L 时，可直接进行测试。

(3) 探头在罐内位置要适中，不要贴壁，以防水流流速过小影响溶解氧值测定。

(4) 处理厂（站）实测曝气池内耗氧速率时，完全混合曝气池内由于各点状态基本一致，可测几点取其均值。推流式曝气池则不同，由于池内各点负荷等状态不同，各点耗氧速率也不同。

5. 成果整理

(1) 根据实验记录,以时间 t 为横坐标,溶解氧值为纵坐标,在普通坐标纸上绘图。

(2) 根据所得直线图解,或用数理统计法求解耗氧速率 $mg(O_2)/(h \cdot L)$ 或 $mg(O_2)/(h \cdot g)$ 污泥。

【思考题】

(1) 测定污泥耗氧速率的意义何在?

(2) 当污泥负荷不同时,污泥耗氧速率相同吗? 应当如何变化?

(3) 当负荷一样,而混合液来自两个不同运转条件的曝气池内(如曝气方式不同,或运转方式不同,水质相同),试问,污泥耗氧速率一样吗? 为什么?

(4) 本实验装入密闭罐内混合液的容积要记录吗? 为什么?

(5) 当没有溶解氧测定仪时,如何完成上述实验?

(6) 判断推流池内,沿池各点污泥耗氧速率如何变化?

4.6.2 完全混合生化反应动力学系数测定实验

活性污泥法是污水生物处理中使用最为广泛的一项处理技术。正确地理解生物处理机理,合理地进行曝气池的设计,均与本实验有着密切的关系。本实验的内容是间歇与连续流完全混合曝气池生物处理实验及所得数据的分析、处理。

实验目的

(1) 通过本实验进一步加深对污水生物处理的机理及生化反应动力学的理解。

(2) 掌握用间歇式生化反应求定活性污泥反应动力学系数的方法。

(3) 探讨污泥降解与污泥负荷 F/M 之间的关系,求定底物降解常数 K_2。

(4) 探讨污泥增长与污泥负荷 F/M 之间的关系,求定底物降解的污泥产率系数 a(或称为污泥转换率),和衰减系数 b(或称为污泥内源呼吸系数)。

(5) 探讨底物降解与需氧量之间的关系,求定底物降解中用于产生能量的那一部分所占比值 a' 和内源呼吸耗氧率 b'。

(6) 了解并掌握求定生物处理主要设计运行参数的方法。

一、间歇式生化反应动力学系数的测定

1. 原理

多年来污水生物处理系统的设计、运行多是按经验进行的,近年来国外在污水生物处理方面做了不少工作,深入地探讨了底物降解和微生物增殖的规律,提出了生化反应动力学公式,并据此进行生物处理系统的设计与运行管理。

生化反应动力学主要包括:

底物降解动力学,主要描述决定底物降解速度的各项因素及其相互间的关系。

微生物增殖动力学,主要描述决定微生物量增殖速率的各项因素及其相互间的关系。

为了简化实验研究过程,设定:整个处理系统处于稳定状态;各项参数保持不变;反应器内物料是完全混合的;进水底物为溶解性的,不含微生物,且浓度不变;二次沉淀池内不产生微生物对底物的代谢作用;污泥沉淀性能良好。实验研究过程以使处理水中有机物浓度最小为目的。

(1) 底物降解动力学方程式

1942年法国的莫诺特将米—门酶促反应式应用到纯底物、纯菌种培养的微生物增殖方面,用以描述微生物的比增殖速率与底物浓度间的关系,即:

$$\mu = \mu_{max} \frac{S}{K_s + S} \tag{4-30}$$

式中 μ——微生物比增殖速率,即单位生物量的增殖速率 $\mu = \frac{dX_v}{X_v dt}$,$t^{-1}$;

μ_{max}——饱和浓度下微生物最大比增殖速率,t^{-1};

S——底物浓度,mg/L;

K_s——米氏常数或饱和常数,其值为 $\mu = \frac{\mu_{max}}{2}$ 时的底物浓度,mg/L。

将此关系式用于污水生物处理,用多菌种混合群体的活性污泥对混合底物进行实验,其规律也基本符合。由于底物降解与污泥增长间存在如下关系:

$$\therefore \quad -\frac{dS}{dt} \cdot Y = \frac{dX_v}{dt} \tag{4-31}$$

$$\therefore \quad -\frac{dS}{X_v dt} = \frac{\mu_{max}}{Y} \cdot \frac{S}{K_s + S}$$

或

$$v = v_{max} \frac{S}{K_s + S} \tag{4-32}$$

式中 $v = -\frac{dS}{X_v dt}$ ——比底物降解速率,即单位污泥对底物的降解速率,工程中此值即为污泥有机负荷 N_s,t^{-1};

v_{max}——饱和浓度下底物的最大比降解速率,t^{-1};

X_v——曝气池内活性污泥浓度 MLVSS,mg/L;

Y——微生物产率系数或转换系数,mg/mg。

此即为底物降解动力学方程式。式中的 v_{max}、K_s 在水质和污泥性能一定的条件下为一常数。取式(4-32)的倒数,所得为一线性方程:

$$\frac{1}{v} = \frac{K_s}{v_{max} S} + \frac{1}{v_{max}} \tag{4-33}$$

在直角坐标系中，以 $1/v$ 为纵轴、以 $1/S$ 为横轴，所得直线截距为 $1/v_{\max}$、斜率为 $K_s/V_{\max}$，如图 4-24 示。

通过实验，采用作图法或利用线性回归可求得 $v_{\max}$、K_s 值。

(2) 微生物增殖动力学方程式

曝气池内微生物在分解有机物的同时，将一部分物质合成为自身原生质，本身不断增殖，同时微生物由于内源呼吸作用又自身衰减，因此曝气池内微生物的实际增殖速率为：

$$\frac{dX_v}{dt} = Y\frac{dS}{dt} - K_d \cdot X_v \tag{4-34}$$

式中 $\dfrac{dX_v}{dt}$——微生物净增殖速率，$mg/(L \cdot d)$；

$\dfrac{dS}{dt}$——底物生物降解速率，$mg/(L \cdot d)$；

K_d——微生物内源呼吸速率，即自身氧化系数或衰减系数，d^{-1}；

X_v——曝气池内活性污泥浓度 MLVSS，mg/L。

在进行底物降解动力学的实验中，每天测定污泥增长量 ΔX_v，并以

$$\frac{\Delta X_v}{V} = \frac{dX_v}{dt}$$

$$\frac{Q \cdot (S_0 - S_e)}{V} = \frac{dS}{dt}$$

式中 V——反应器容积；

Q——污水流量。

将上两式代入式 (4-34)，则得：

$$\frac{\Delta X_v}{V} = Y\frac{Q \cdot (S_0 - S_e)}{V} - K_d \cdot X_v$$

等式两侧除以 X_v 则得：$\dfrac{\Delta X_v}{VX_v} = Y \cdot \dfrac{Q \cdot (S_0 - S_e)}{V \cdot X_v} - K_d$

因为污泥龄 $\theta_c(d)$ 可表示成：$\dfrac{VX_v}{\Delta X_v} = \theta_c$

所以有：

$$\frac{1}{\theta_c} = YN_s - K_d \tag{4-35}$$

控制实验设备中水样浓度 S_0 或池内活性污泥浓度 X_v，测定相应污泥龄 θ_c，通过作图或数理统计后可得出系数 Y 和 K_d 值，如图 4-25 所示。

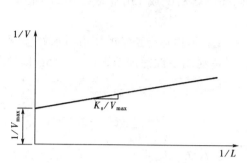 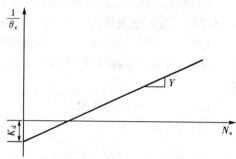

图 4-24　确定 V_{max}、K_s 的图解法　　图 4-25　确定系数 Y、K_d 的图解法

2. 设备与用具

实验装置由 5 个反应器、配水、投配系统和空压机等组成。如图 4-26 所示。

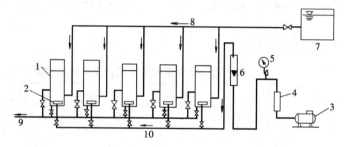

图 4-26　间歇式生化反应动力学常数测定装置

1—反应罐；2—布气头；3—空压机；4—过滤器；5—压力表；6—气体转子流量计；7—投配水箱；8—配水管；9—排水与放空管；10—进气管

（1）生化反应器为五组有机玻璃柱组成，内径 $D = 190$mm、高 $H = 600$mm，池底装有十字形孔眼 0.5mm 的穿孔曝气器，池顶有 10cm 保护高，有效容积为 14.2L。

（2）配水与投配系统、钢板池或其他盛水容器均可。

（3）空压机。

（4）SS、COD、BOD_5 测定仪器、玻璃器皿、化学药剂等。

3. 步骤及记录

（1）按表 4-13 配制污水，以避免因进水水质波动对实验产生影响。

人工配制污水的方案　　　　　　　　　　表 4-13

药　剂	投加浓度（mg/L）	药　剂	投加浓度（mg/L）
葡萄糖	200～650	三氯化铁	0.8～2.5
硫酸铵	72～215	氯化钙	0.2～0.5
磷酸二氢钾	12.5～37.5	硫酸镁	0.2～0.5

若 $BOD_5/COD = 0.71$，每次按比例将药品溶解后配成 15L 原液，并加 5 倍自来水稀释，放入配水箱内，每天配水一次。

（2）采用接种培养法，培养驯化活性污泥，即由运行正常的城市污水处理厂中取回活性污泥，浓缩后投入反应器内，保持池内活性污泥浓度 $X_v = 2.5g/L$ 左右。

（3）加入人工配制污水。

（4）进行曝气充氧。

（5）曝气 20h 左右，按污泥龄 $\theta_c = \dfrac{VX_v}{\Delta X_v}$ 为 7、6、5、4、3d，用虹吸法排去池内混合液。

（6）将反应器内剩余混合液静沉 1.0h。

（7）去除上清液，重复步骤（3）~（6）继续实验，并取样测定原水 S_0 及反应器的上清液 S_e、SS、污泥浓度 x，连续运行 15d 左右，S_0、S_e 可用 COD 也可用 BOD_5 表示。

实验记录见表 4-14。

表 4-14 确定间歇式生化反应动力学系数的实验记录及成果整理

反应器编号	日期	原水		反应器内			出水		排泥量	污泥负荷	泥龄
号	日/月	Q (L/d)	pH	S_0 (mg/L)	pH	水温 (℃)	DO (mg/L)	X_v (mg/L)	S_e (mg/L)	SS (mg/L)	V_w (L/d)	N_s [kg/(kg·d)]	Q_c (d)
⋮	⋮	⋮	⋮	⋮	⋮	⋮	⋮	⋮	⋮	⋮	⋮

4. 成果整理

（1）计算 S_0、S_e、X_v、N_s、θ_c 值，其中：

$$N_s = \frac{Q(S_0 - S_e)}{V \cdot X_v}$$

$$Q = \frac{V \cdot X_v}{\Delta X_v}$$

$$\Delta X_v = V_w \cdot X_v$$

式中 V_w——生化反应器有效容积。

（2）以 $\dfrac{1}{S_e}$ 为横坐标，$\dfrac{1}{v}$ 为纵坐标，通过作图或一元线性回归可求出 v_{max}、K_s 值。

（3）以 N_s 为横坐标，以 $\dfrac{1}{\theta_c}$ 为纵坐标，通过作图法或一元线性回归可求出 Y、

K_d 值。

二、活性污泥处理系统基本方程式 5 个系数测定实验

1. 原理

活性污泥在供氧充足条件下进行好氧分解时，一方面进行底物降解，另一方面污泥又在不断增长，如图 4-27 所示。整个过程中，底物降解速率、污泥增长速率，氧的消耗速率，虽然与很多因素有关，但最主要的因素是污泥负荷，污泥负荷不同，它们的值也不同，有如下一些关系式。

(1) 底物降解与污泥负荷间关系

$$\frac{Q(S_0 - S_e)}{V \cdot X_v} = K_2 S_e \tag{4-36}$$

$$N_s = K_2 \cdot S_e \tag{4-37}$$

(2) 污泥增长与污泥负荷间关系

$$\Delta X_v = a \cdot Q(S_0 - S_e) - b \cdot V \cdot X_v \tag{4-38}$$

$$\frac{\Delta X_v}{V \cdot X_v} = a \cdot N_s - b \tag{4-39}$$

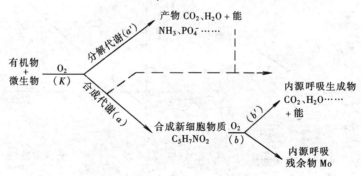

图 4-27 微生物（活性污泥）代谢模式图

(3) 生化需氧量与污泥负荷间关系

$$O_2 = a' \cdot Q(S_0 - S_e) + b' \cdot V \cdot X_v \tag{4-40}$$

$$\frac{O_2}{V \cdot X_v} = a' \cdot N_s + b' \tag{4-41}$$

式中　S_0、S_e——进出水底物浓度，以 BOD_5 计，mg/L 或 kg/m^3；

　　　V——曝气池容积，m^3；

　　　X_v——曝气池混合液挥发性污泥浓度，mg/L 或 kg/m^3；

　　　Q——处理水量，m^3/d；

　　　ΔX_v——每日增长挥发性污泥量，kg/d；

　　　O_2——生化需氧量，$kg(O_2)/d$；

　　　N_s——污泥负荷，$kg/(kg \cdot d)$；

K_2——底物降解常数，1/d；
a——污泥转换系数；
b——衰减系数，1/d；
a'——底物降解中用于产生能量的那一部分比值；
b'——内源呼吸耗氧率，1/d。

通过控制进水水质不变，改变四个不同进水流量的实验，测定不同负荷时的进水水质、池内挥发性污泥浓度、池容、进水流量、出水水质、剩余污泥量、耗氧速率，按式4-37、式4-39和式4-41进行计算。

以污泥负荷 N_s 为纵坐标，出水水质 S_e 为横坐标，绘图所得直线斜率即为 K_2 值，如图4-28所示。

以 $\dfrac{\Delta X_v}{V \cdot X_v}$ 为纵坐标，N_s 为横坐标，绘图所得直线斜率、截距分别为 a、b 值，如图4-29所示。

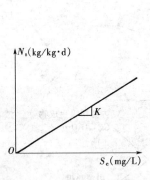

图4-28　N_s 与 S_e 关系曲线

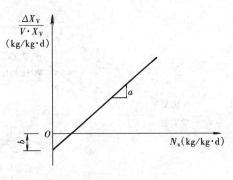

图4-29　$\dfrac{\Delta X_v}{V \cdot X_v}$ 与 N_s 关系曲线

以 $\dfrac{O_2}{V \cdot X_v}$ 为纵坐标，N_s 为横坐标，绘图所得直线斜率、截距分别为 a'、b'，如图4-30所示。

2. 设备及用具

(1) 生物处理设备4套，其中有机玻璃曝气柱 $D = 200mm$，$H = 2.7m$，有机玻璃沉淀池，平面尺 $a \times b = 0.3m \times 0.3m$，$H = 0.2m$，锥部：底面 $0.04m \times 0.04m$，高 $H = 0.2m$，装置如图4-31所示。

(2) 供气系统：空压机、贮气罐、减压阀、输送管路及计量布气装置。

(3) 配水系统：集水池、搅拌器、加压泵、恒位水槽、配水管及计量装

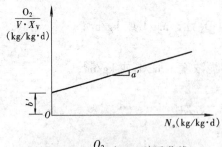

图4-30　$\dfrac{O_2}{V \cdot X_v}$ 与 N_s 关系曲线

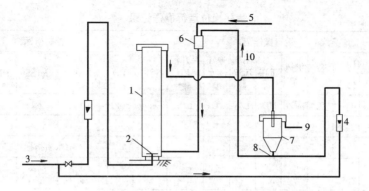

图 4-31　生物处理装置

1—曝气池；2—布气管；3—压缩空气；4—气体转子流量计；5—进水；
6—投配槽；7—沉淀池；8—提升器（三通）；9—出水；10—回流污泥

置。

(4) 污泥耗氧速率测定装置。

(5) 水分快速测定仪、马福炉、定时钟。

(6) BOD_5、COD、SS 等指标分析仪器、玻璃器皿、药品、滤纸、瓷盘等。

3．步骤及记录

(1) 活性污泥培养及驯化，可采用生活污水加入少量粪便水的闷曝法，也可采用连续法培养和驯化。在有条件的地方最好由已运行的活性污泥池接种。

(2) 4 套装置中采用不同进水量，每套装置内污泥浓度保持在 $X_v = 2.5g/L$ 左右，其污泥负荷分别为 0.15、0.30、0.45、0.60 $kgBOD_5/(kgMLSS \cdot d)$ 左右。

(3) 在连续运行数天，运行稳定，污泥浓度基本一致，而且具有一定去除效果作微生物相镜检，菌胶团状态良好，原生动物活跃，柱内污泥浓度正常时，开始进入正式实验。整个运行中，维持 4 套设备 MLVSS 水温、池内溶解氧浓度基本一致。

(4) 每天根据需要及可能的条件进行测定，其中水质分析可取 24h 混合样或三班瞬间样与混合样测定。

1) 进水流量（进水流量少时，可用容积法或计量泵等计量），进、出水 BOD_5、COD、SS 等。

2) 曝气池内混合液 30min 沉降比 SV，污泥浓度 MLSS，挥发性污泥浓度 MLVSS，池内溶解氧 DO，供气量等。

3) 每天排除污泥量及污泥浓度。

4) 曝气池混合液耗氧速率，视人员及条件确定测试次数，逐时测最好。

(5) 24h 连续运行，运行 15~30d 便可结束。

(6) 实验记录分别见表 4-15~表 4-18。

生化岗位运行操作记录　　　　　　　表 4-15

时间	运行操作记录								控制指标				
	进水流量	pH		进水温度	供风量	风压	回流污泥量	曝气池水温	提升污泥用气量	备注	DO	SV	MLSS	MLVSS	备注
		进水	出水											
h	L/h			℃	m³/h	MPa	L/h	℃	L/h		mg/L	%	g/L	g/L
										水质指标				
										水质分析项目	进水(mg/L)	出水(mg/L)	去除率(%)	
										COD				
										BOD$_5$				
										SS				
记事										微生物镜检：				

【注意事项】

(1) 本实验测试内容多、工作量大，参加测试人员也多，实验前必须做好充分准备工作，使每个人熟悉实验目的、实验原理及人员分工情况。

(2) 为保证实验结果准确与可靠，建议 4 套设备同时运行，以此可维持进水水样的一致性，并可加快实验进度。

(3) 操作运行管理人员，至少应每小时进行一次检查，调整进水量、进风量，并进行运行操作记录。

(4) 由于实验设备小，进水量、污泥回流量均小，管路易发生堵塞，操作人员应特别给予重视。

(5) 测定全天混合水样时，逐时所取水样应置于冰箱内保存。

(6) 每天排泥量可用体积法计量，排泥浓度搅匀后取样测定。

污泥性能测定　　　　　　　表 4-16

班次	早班		中班		夜班	
取样时间						
取样地点	曝气池	回流污泥	曝气池	回流污泥	曝气池	回流污泥
SV%						
纸号						
纸重						
纸+泥重						
泥重						
MLSS						

续表

班　次	早　班	中　班	夜　班
SVI			
坩锅号			
坩锅重			
坩锅+灼重			
灼　重			
无机物			
MLSS			
MLVSS/MLSS			

曝气池混合液耗氧速率测定　　　　表 4-17

班　次	早　班	中　班	夜　班
取样时间			
	取样地点		
时间（min）	曝气池中	曝气池中	曝气池中
	DO（mg/L）		
0.0			
0.5			
1.0			
1.5			
2.0			
2.5			
3.0			
3.5			
4.0			
4.5			
5.0			
5.5			
6.0			
6.5			
7.0			
耗氧速率(g/(L·g))			

4. 成果整理

（1）按表 4-18 进行数据整理。

表 4-18 鼓风曝气生化处理实验成果表

日期	班次	进水流量	停留时间		供风量	风压	回流污泥量	回流比	曝气池内水温	SV%		MLSS		SVI		曝气池内泥量	排泥量	池内溶解氧	活性污泥耗氧速率	COD			BOD$_5$			SS			污泥负荷		容积负荷		备注
			曝气池	二沉池						曝气池	回流污泥	曝气池	回流污泥	曝气池	回流污泥					进水	出水	去除率	进水	出水	去除率	进水	出水	去除率	COD	BOD$_5$	COD	BOD$_5$	
		L/h	h		m³/h	MPa	L/h	R	℃	%		g/L		mL/g		kg	kg	mg/L	g/(L·h)	mg/L	mg/L	%	mg/L	mg/L	%	mg/L	mg/L	%	kg/(kg·d)	kg/(kg·d)	kg/(m³·d)	kg/(m³·d)	
	早																																
	中																																
	夜																																
	早																																
	中																																
	夜																																
	早																																
	中																																
	夜																																
	早																																
	中																																
	夜																																
	早																																
	中																																
	夜																																

(2) 底物降解与污泥负荷的关系。

将每组连续运行数据进行归纳整理,可得出一个负荷 N_s 和一个出水水质 S_e。

以 N_s 为纵坐标,S_e 为横坐标,将 4 组结果点绘直线,斜率为 K_2。或者将 4 组数据利用回归分析方法,进行数理统计,求解 K 值。

(3) 污泥增长与污泥负荷关系

将每组连续运行数据,进行整理,以 $\dfrac{\Delta X_v}{VX_v} = \dfrac{1}{\theta_c}$ 为纵坐标,N_s 为横坐标绘图,直线斜率为污泥产率系数 a,纵轴截距为衰减系数 b。或将 4 组数据利用回归分析法求解 a、b 值。

(4) 污泥耗氧量与污泥负荷间的关系

将上述 4 组数据进行数据整理后,以 $\dfrac{O_2}{V \cdot X}$ 为纵坐标,以 N_s 为横坐标,绘图。直线斜率为 a',即底物转换成能量的那一部分比值,与纵坐标截距 b',即污泥内源呼吸系数。

【思考题】

(1) 试推导污泥负荷与底物降解、污泥增长、生化耗氧量间关系式。

(2) 说明系数 K_2、a、b、a'、b' 的含义,及其在生物处理厂(站)设计及运行中的作用。

(3) 温度不同对上述系数有何影响,如何进行修正?

(4) 每天排泥量是否即为剩余污泥量,剩余污泥量应如何计算?

4.7 曝气充氧实验

曝气是活性污泥系统的一个重要环节,它的作用是向池内充氧,保证微生物生化作用所需之氧,同时保持池内微生物、有机物、溶解氧,即泥、水、气三者的充分混合,为微生物降解创造有利条件。因此了解掌握曝气设备充氧性能,不同污水充氧修正系数 α、β 值及其测定方法,不仅对工程设计人员,而且对污水处理厂(站)运行管理人员也至关重要。此外,二级生物处理厂(站)中,曝气充氧电耗占全厂动力消耗 60%~70%,因而高效省能型曝气设备的研制是当前污水生物处理技术领域面临的一个重要课题。因此本实验是水处理实验中一个重要实验项目。

4.7.1 曝气设备清水充氧性能测定实验

1. 目的

(1) 加深理解曝气充氧的机理及影响因素。

(2) 掌握曝气设备清水充氧性能测定的方法。

(3) 测定几种不同形式的曝气设备氧的总转移系数 $K_{La(20)}$、氧利用率 E_A、

动力效率 E_P 等,并进行比较。

2. 原理

曝气是人为地通过一些设备向水中加速传递氧的过程。常用的曝气设备分为机械曝气与鼓风曝气两大类,无论哪一种曝气设备,其充氧过程均属传质过程,氧传递机理为双膜理论,如图 4-32 在氧传递过程中,阻力主要来自液膜,氧传递基本方程式为:

$$\frac{dC}{dt} = K_{La}(C_s - C_b) \tag{4-42}$$

式中　$\frac{dC}{dt}$——液体中溶解氧浓度变化速率,$kgO_2/(m^3 \cdot h)$;

C_s——液膜处饱和溶解氧浓度,mg/L;

C_b——液相主体中溶解氧浓度,mg/L;

$C_s - C_b$——氧传质推动力,mg/L;

K_{La}——氧总转移系数,$K_{La} = \frac{D_L \cdot A}{X_L \cdot V}$,1/h;

D_L——液膜中氧分子扩散系数,m^2/h;

X_L——液膜厚度,m;

A——气、液两相接触面积,m^2;

V——曝气液体积,m^3。

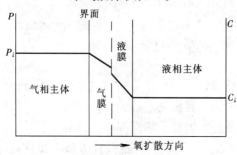

图 4-32　双膜理论模式

由于液膜厚度 X_L 和液体流态有关,而且实验中无法测定与计算,同样气液接触面积 A 的大小也无法测定与计算,故用氧总转移系数 K_{La} 代替。

将式(4-42)积分整理后得曝气设备氧总转移系数 K_{La} 计算式:

$$K_{La} = \frac{1}{t - t_0} \ln \frac{C_s - C_0}{C_s - C_t} \tag{4-43}$$

式中　K_{La}——氧总转移系数,1/min 或 1/h;

t_0、t——曝气时间,min;

C_0——曝气开始时池内溶解氧浓度($t_0 = 0$ 时,$C_0 = 0mg/L$),mg/L;

C_s——曝气池内液体饱和溶解氧值,mg/L;

C_t——曝气某一时刻 t 时,池内液体溶解氧浓度,mg/L。

由上式可知,影响氧传递速率 K_{La} 的因素很多,除了曝气设备本身结构尺寸、运行条件而外,还与水质、水温等有关。为了进行互相比较,以及向设计、使用部门提供产品性能,故产品给出的充氧性能均为清水,标准状态下,即清水(一般多为自来水)一个大气压20℃下的充氧性能。常用指标有氧总转移系数 $K_{La(20)}$、充氧能力 E_L、动力效率 E_P 和氧转移效率 E_A。

曝气设备充氧性能测定实验,一种是间歇非稳态法,即实验时一池水不进不出,池内溶解氧浓度随时间而变;另一种是连续稳态测定法,即实验时池内连续进出水,池内溶解氧浓度保持不变。目前国内外多用间歇非稳态测定法,即向池内注满所需水后,将待曝气之水以无水亚硫酸钠为脱氧剂,氯化钴为催化剂,脱氧至零后开始曝气,液体中溶解氧浓度逐渐提高。液体中溶解氧的浓度 C 是时间 t 的函数,曝气后每隔一定时间 t 取曝气水样,测定水中溶解氧浓度,从而利用上式计算 K_{La} 值,或是以亏氧量($C_s - C_t$)为纵坐标,在半对数坐标纸上绘图,直线斜率即为 K_{La} 值。

3. 设备及用具

(1) 自吸式射流曝气清水充氧设备(见图4-33)。

1)曝气池:钢制 $0.8m \times 1.0m \times 4.3m$。

2)射流曝气设备:喷嘴 $d = 14mm$,喉管 $D = 32mm$,喉管长 $L = 2975mm$。

3)水循环系统:吸水池、塑料泵。

4)计量装置:转子流量计、压力表、真空表、热球式测风仪和秒表。

5)溶解氧测定仪。

6)无水亚硫酸钠、氯化钴。

(2) 穿孔管鼓风曝气清水充氧设备(见图4-34)。

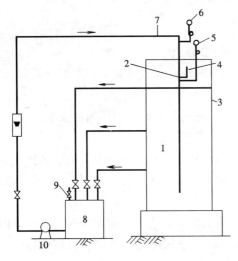

图4-33 自吸式射流曝气清水充氧实验装置
1—曝气水池;2—射流器;3—取样孔;4—进气口;5—真空表;6—压力表;7—温度计;8—吸水池(密封);9—放气口;10—水泵;11—水转子流量计

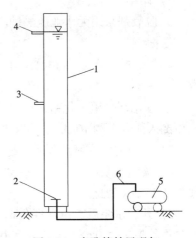

图4-34 穿孔管鼓风曝气清水充氧实验装置
1—有机玻璃曝气柱;2—穿孔管布气;3—取样孔或探头插口;4—溢流孔;5—空压机;6—进气管

1) 有机玻璃柱：$DN150mm$（三套）、$DN200mm$（一套），$H = 3.2m$。
2) 穿孔管布气装置：孔眼 $DN0.5mm$，与垂直线成45°夹角，两排交错排列。
3) 空气压缩机、贮气罐。

(3) 平板叶轮表面曝气清水充氧实验设备（见图4-35）。

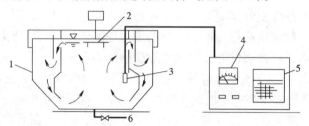

图4-35　平板叶轮表面曝气清水充氧实验装置
1—完全混合合建式曝气池；2—平板叶轮；3—探头；4—溶解氧浓度测定仪；5—记录仪；6—放空管

1) 有机玻璃平板叶轮完全混合式曝气池、电动搅拌机调速器。
2) 溶解氧测定仪、记录仪。

4. 步骤及记录

(1) 自吸式射流曝气设备清水充氧实验步骤

1) 关闭所有阀门，向曝气池内注入清水（自来水）至4.2m，取水样测定水中溶解氧值，并计算池内溶解氧含量 $G = DO \cdot V$。

2) 计算投药量

a. 脱氧剂采用无水亚硫酸钠。

根据　　　　　　　　$2Na_2SO_3 + O_2 = 2Na_2SO_4$

则每次投药量 $g = (1.1 \sim 1.5) \times 8 \cdot G$，1.1~1.5值是为脱氧安全而取的系数。

b. 催化剂采用氯化钴，投加浓度为0.1mg/L，将称得的药剂用温水化开，由池顶倒入池内，约10min后，取水样、测其溶解氧。

3) 当池内水脱氧至零后，打开回水阀门和放气阀门，向吸水池灌水排气。

4) 关闭水泵出水阀门，启动水泵，然后，徐徐打开阀门，至池顶压力表读数为0.15MPa为止。

5) 开启水泵后，由观察孔观察射流器出口处，当有气泡出现时，开始计时，同时每隔1min（前3个间隔）和0.5min（后几个间隔）开始取样，连续取15个水样左右。

6) 计量水量、水压、风速（m/s）（进气管 $d = 32mm$）。

7) 观察曝气时喉管内现象和池内现象。

8) 关闭进气管闸门后，记录真空表读数。

9) 关闭水泵出水阀门，停泵。

(2) 鼓风曝气清水充氧实验步骤

1) 向柱内注入清水至 3.1m 处时，测定水中溶解氧值，计算池内溶氧量 G = DO·V。

2) 计算投药量。

3) 将称得药剂脱氧剂、催化剂用温水化开由柱顶倒入柱内，几分钟后，测定水中溶解氧值。

4) 当水中溶解氧为零后，打开空压机，向贮气罐内充气。空压机停止运行后，打开供气阀门，开始曝气，并记录时间；同时每隔一定时间（1min）取一次样，测定溶解氧值，连续取样 10~15 个；而后，拉长间隔，直至水中溶解氧不再增长（达到饱和）为止；随后，关闭进气阀门。

5) 实验中计量风量、风压、室外温度。并观察曝气时柱内现象。

(3) 平板叶轮表面曝气清水充氧实验步骤

1) 向池内注满清水，按理论加药量的 1.5 倍加入脱氧剂及催化剂。

2) 当溶解氧测定仪的读数或指针为零后，开始启动电机进行曝气，直至池内溶解氧达到稳定值为止。

(4) 记录

1) 自吸式射流曝气设备清水充氧记录见表 4-19。

2) 化学滴定法测定水中溶解氧记录见表 4-20。

3) 溶解氧测定仪与记录仪配用的记录，记录纸自动记录的形式如图 4-36 所示。

自吸式射流曝气清水充氧实验记录 表 4-19

水温	曝气池平面尺寸 (m²)	进水流量 (m³)	进风量			气水比（体积比）
			风速	风速	风量	

进水压力 (MPa)	池内水深 (m)	喷嘴直径 d (mm)	喉管直径 D (mm)	喉管长度 L (mm)	面积比 D^2/d^2	长径比 L/D

水中溶解氧测定记录表 表 4-20

瓶号	取样点	$\overline{V}$ (mL)	V (mL)	DO (mg/L)	瓶号	取样点	$\overline{V}$ (mL)	V (mL)	DO (mg/L)

$Na_2S_2O_3$ (N=   )

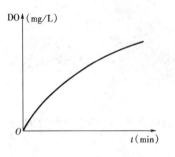

图 4-36 DO 与 t 关系曲线

【注意事项】

(1) 每个实验所用设备、仪器较多，事前必须熟悉设备、仪器的使用方法及注意事项。

(2) 加药时，将脱氧剂与催化剂用温水化开后，从柱或池顶，均匀加入。

(3) 如无溶解氧测定仪，在曝气初期，取样时间间隔宜短。

(4) 实测饱和溶解氧值时，一定要等到溶解氧值稳定后进行。

(5) 水温、风温（送风管内空气温度）宜取开始、中间、结束时实测值的平均值。

5. 成果整理

(1) 参数选用

因清水充氧实验给出的是标准状态下氧总转移系数 $K_{La(20)}$，即清水（本实验用的是自来水）在 1atm，20℃下的充氧性能，而实验过程中曝气充氧的条件并非是 1atm，20℃，但这些条件都对充氧性能有影响，故引入了压力、温度修正系数。

1) 温度修正系数 K

$$K = 1.024^{20-T} \tag{4-44}$$

修正后的氧总转移速率为：

$$K_{La(20)} = K \cdot K_{La(T)} = 1.024^{20-T} \times K_{La(T)} \tag{4-45}$$

此为经验式，它考虑了水温对水的粘滞性和饱和溶解氧值的影响，国内外大多采用此式，本实验也以此进行温度修正。

2) 水中饱和溶解氧值的修正

由于水中饱和溶解氧值受其中压力和所含无机盐种类及数量的影响，所以式 (4-43) 中的饱和溶解氧最好用实测值，即曝气池内的溶解氧达到稳定时的数值。另外也可以用理论公式对饱和溶解氧标准值进行修正。

用埃肯费尔德公式进行修正：

$$P = \frac{P_b}{0.206} + \frac{Q_t}{42} \tag{4-46}$$

式中 P_b——空气释放点处的绝对压力，

$$P_b = P_a + \frac{H}{10 \times 10} \quad (MPa) \tag{4-47}$$

P_a——大气压力，0.1MPa；

H——空气释放点距水面高度，m；

Q_t——空气中氧的克分子百分比。

$$Q_t = \frac{21(1-E_A)}{79+21(1-E_A)} \times 100\% \tag{4-48}$$

E_A——曝气设备氧的利用率，%。

式（4-43）中饱和溶解氧值 C_s 用下式求得：

$$C_{sm} = C_s \cdot P \tag{4-49}$$

式中　C_{sm}——清水充氧实验池内经修正后的饱和溶解氧值，mg/L；

　　　C_s——1atm 下某温度下氧饱和度理论值，mg/L；

　　　P——压力修正系数。

（2）氧总转移系数 $K_{La(20)}$ 是指在标准状态下单位传质推动力的作用下，在单位时间、向单位曝气液体中所充入的氧量。它的倒数 $1/K_{La(20)}$ 单位是时间，表示将满池水从溶解氧为零充到饱和值时所用时间，因此 $K_{La(20)}$ 是反映氧传递速率的一个重要指标。

$K_{La(20)}$ 的计算是首先是根据实验记录，或溶解氧测定记录仪的记录和式（4-43），按表 4-21 计算，或者是在半对数坐标纸上，以 $(C_{sm}-C_t)$ 为纵坐标，以时间 t 为横坐标绘图求 $K_{La(T)}$ 值。

氧总转移系数 $K_{La(T)}$ 计算表　　　　　　　表 4-21

$t-t_0$ (min)	C_t (mg/L)	C_s-C_t (mg/L)	$\dfrac{C_s}{C_s-C_t}$	$\ln\dfrac{C_s}{C_s-C_t}$	$\mathrm{tg}a=\dfrac{1}{t-t_0}$	$K_{La(T)}$ (min)$^{-1}$

求得 $K_{La(T)}$ 值后，利用式（4-45）求得 $K_{La(20)}$ 值。

（3）充氧能力 E_L

充氧能力是反映曝气设备在单位时间内向单位液体中充入的氧量，E_L 可用下式计算：

$$E_L = K_{La(20)} \cdot C_s \quad \text{kgO}_2/(\text{h}\cdot\text{m}^3) \tag{4-50}$$

式中　$K_{La(20)}$——氧总转移系数（标准状态），1/h 或 1/min；

　　　C_s——1atm 下，20℃时氧饱和值，$C_s = 9.17$ mg/L。

（4）动力效率 E_p

E_p 是指曝气设备每消耗一度电时转移到曝气液体的氧量。由此可见，动力效率将曝气供氧与所消耗的动力联系在一起，是一个经济评价指标，它的高低将影响到活性污泥处理厂（站）的运行费用。

$$E_p = \frac{E_L \cdot V}{N} \quad \text{kg}/(\text{kW}\cdot\text{h}) \tag{4-51}$$

式中 N——理论功率,即不计管路损失,不计风机和电机的效率,只计算曝气充氧所耗有用功;

V——曝气池有效体积,m³。

$$N = \frac{Q_b H_b}{102 \times 3.6} \tag{4-52}$$

式中 H_b——风压,m;

Q_b——修正后的气体实际流量,m³/h;

$$Q_b = Q_{b0} \sqrt{\frac{P_{b0} \cdot T_b}{P_b \cdot T_{b0}}} \text{——引自转子流量计说明书。} \tag{4-53}$$

由于供风时计量条件与所用转子流量计标定时的条件相差较大,而要进行如上修正。

式中 Q_{b0}——仪表的刻度流量,m³/h;

P_{b0}——标定时气体的绝对压力,0.1MPa;

T_{b0}——标定时气体的绝对温度,293°T;

P_b——被测气体的实际绝对压力 MPa;

T_b——被测气体的实际绝对温度,273°+ t℃。

(5) 氧的利用率 E_A

$$E_A = \frac{E_L \cdot V}{Q \times 0.28} \times 100\% \tag{4-54}$$

式中 Q——标准状态下(1atm、293°T 时)的气量。

$$Q = \frac{Q_b \cdot P_b \cdot T_a}{T_b \cdot P_a} \tag{4-55}$$

式中 P_a——1atm;

T_a——293°T。

标准状态下 1m³ 空气中所含氧的重量为 0.28kg/m³。

【思考题】

(1) 论述曝气在生物处理中的作用。

(2) 曝气充氧原理及其影响因素是什么?

(3) 温度修正、压力修正系数的意义如何?如何进行公式推导?

(4) 曝气设备类型、动力效率、优缺点是什么?

(5) 氧总转移系数 K_{La} 的意义是什么?怎样计算?

(6) 曝气设备充氧性能指标为何均是清水?标准状态下的值是多少?

(7) 鼓风曝气设备与机械曝气设备充氧性能指标有何不同?

4.7.2 污水充氧修正系数 α、β 值测定实验

1. 目的

(1) 了解测定 α、β 值的实验设备，掌握测试方法。

(2) 进一步加深理解生物处理曝气过程及 α、β 值在设计选用曝气设备时的意义。

2. 原理

由于氧的转移受到水中溶解有机物、无机物等的影响，造成同一曝气设备在同样曝气条件下清水与污水中氧的转移速率不同，水中氧的饱和浓度不同，而曝气设备充氧性能指标又均为清水中之值，为此引入修正系数 α、β 值。

$$\alpha = \frac{K_{Law}}{K_{La}} \tag{4-56}$$

$$\beta = \frac{C_{sw}}{C_s} \tag{4-57}$$

式中 K_{Law}、K_{La}——在曝气设备相同的条件下，污水和清水中曝气充氧时氧总转移系数，1/min 或 1/h；

C_{sw}、C_s——曝气设备向污水中充氧时水中氧的饱和浓度值，同温度下清水中氧饱和浓度理论值，mg/L。

由此可知，α、β 的测定实际上就是分别测定同一曝气设备在清水和污水中充氧的氧总转移系数及溶解氧值。

(1) 对曝气液体内无生物耗氧物质的清水、曝气池的上清液等，曝气池存在如下关系式：

$$\frac{dC}{dt} = K_{La}(C_s - C)$$

(2) 对曝气池混合液曝气充氧时，由于有生物耗氧物质，池内存在如下关系式：

$$\frac{dC}{dt} = K_{Law}(C_{sw} - C) - rx \tag{4-58}$$

式中 $\frac{dC}{dt}$——曝气液体内溶解氧浓度随时间的变化率；

K_{Law}——污水中曝气设备氧总转移系数；

C_{sw}、C——污水中氧饱和浓度及 t 时刻的溶解氧浓度；

r——单位污泥耗氧速率；

x——污泥浓度。

实验采用间歇非稳态方法进行，当水样为污水或曝气池上清液时，在相同条件下按照清水充氧实验方法，分别进行清水与污水充氧实验，求出清水充氧的 K_{La}、C_s 和污水充氧的 K_{Law}、C_{sw}，并按式 (4-56)、式 (4-57) 求出 α、β 值。

当水样为曝气池内混合液时，除在同一条件下先进行数组清水充氧实验，求得曝气设备的清水充氧的 K_{La}、C_s 外，对混合液的实验要利用式（4-58）进行测定。

首先向曝气罐内曝气到罐内溶解氧达到稳定后停止曝气，同时开启搅拌装置，此时由于不曝气，故：

$$K_{Law} \cdot (C_s - C) = 0$$

式（4-58）有如下形式：

$$\frac{dC}{dt} = -rx \tag{4-59}$$

由于罐内活性污泥不断消耗溶解氧，造成溶解氧值的降低，其变化如图 4-37 所示。由式（4-59）可见，直线斜率即为 rx 值，在内源呼吸期，污泥耗氧速率 r 值可看为一常量。

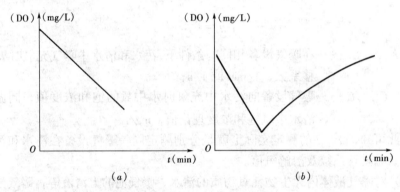

图 4-37 DO ~ t 曲线
(a) 停曝气；(b) 停曝气后又再曝气

当罐内溶解氧值降到 DO = 1 ~ 2mg/L 时，再次曝气，并测定罐内溶解氧值随时间的变化，如图 4-37（b）所示，将式（4-58）变换后得：

$$C = C_{sw} - \left(\frac{dC}{dt} + rx\right)\frac{1}{K_{Law}} \tag{4-60}$$

以 $\frac{dC}{dt} + rx$ 为横坐标，以 C 为纵坐标绘图，直线斜率为 $\frac{1}{K_{Law}}$，截距为 C_{sw}，如图 4-38 示。或用数理统计方法进行回归，求解 K_{Law} 与 C_{sw} 值。

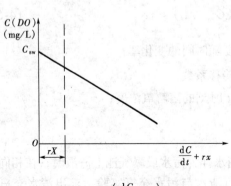

图 4-38 $C \sim \left(\frac{dC}{dt} + rx\right)$ 曲线

3. 设备与用具

实验设备如图4-39所示。

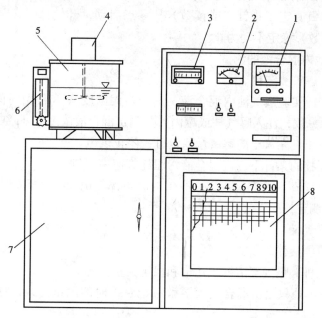

图4-39 α、β测定仪
1—溶氧测定仪；2—搅拌强度计；3—温度控制仪；4—搅拌电机；
5—曝气罐；6—转子流量计；7—鼓风机柜；8—自动记录仪

（1）曝气罐：有机玻璃内径25cm，容积10L，内设工字形布气管，孔径0.75mm，热电偶测温计，搅拌装置，溶解氧测定仪探头等。

（2）仪器控制箱：内有溶解氧测定仪、转子流量计、电压表（控制叶片转速）、温度表、可控硅电压调整器（控制恒温装置）、溶解氧记录仪等。

（3）小型空气压缩机。

4.步骤及记录

（1）方法

采用较为普遍、简单的间歇非稳态的测试法。

（2）步骤

【α值测定步骤】

1）自来水，初次沉淀池进水、出水，二次沉淀池出水的测试。

a.预热溶解氧测定仪，调整溶解氧仪零度、满度。

b.向曝气罐内投加待测曝气液体。

c.测定液体溶解氧值并计算投加无水亚硫酸钠和氯化钴的数量，以消除水中溶解氧。

d.调节叶片转速以满足溶解氧探头所需流速，而后开动风机，充氧，则转子流量计调整所需风量。打开记录仪开关。

e. 当溶解氧测定仪指针（或读数）从零点启动，开始计时，至溶解氧达饱和指针（或读数）稳定不动为止。

2）曝气池内混合液的测试

a. 预热溶解氧测定仪。

b. 取生产或实验曝气池内混合液，其中污泥浓度 X 和停留时间 t 要尽量与生产运行结果一致，注入曝气柱或罐内，并测定混合液浓度 X（g/L）。

c. 开动空压机充氧至溶解氧量稳定时，停止供风。

d. 在有搅拌的条件下，测混合液污泥耗氧速率 r 值。

e. 当溶解氧值下降至 1.0~2.0mg/L 时，再曝气记录溶解氧随时间变化过程。

【β 值的测定】

a. 预热溶氧仪。

b. 加入待测液体。

c. 开动风机，曝气至溶解氧达饱和稳定为止。

实验记录本处只给出混合液无溶解氧记录仪时的测试记录，见表 4-22 和表 4-23。

活性污泥耗氧速率记录　　　　　　　　　表 4-22

序　号	时间（min）	罐内 DO（mg/L）$C_1=$	备　注
1	0.5		
2	1.0		
3	1.5		
4	2.0		
5	3.0		
6	4.0 t	$C_2=$	C_2 应在 1~2mg/L 左右

曝气充氧记录　　　　　　　　　表 4-23

序　号	时间（min）	罐内溶解氧（mg/L）	备　注
1	0		
2	1		
3	2		
4	3		
5	4		
6	5		
7	6		

【注意事项】

(1) 认真调试仪器设备,特别是溶解氧测定仪,要定时更换探头内溶解液,使用前标定零点及满度。

(2) 溶解氧测定仪探头的位置对实验影响较大,要保证位置的固定不变,探头应保持与被测溶液有一定相对流速,一般在 20~30cm/s,测试中应避免气泡和探头直接接触,引起表针(或数显)跳动影响读数。

(3) 应严格控制各项基本实验条件,如水温、搅拌强度、供风风量等,尤其是对比实验更应严格控制。

(4) 所取曝气池混合液浓度,应为正常条件(设计或正常运行)下的污泥浓度。

(5) 罐内液体搅动强度应尽可能与生产池相一致。

5. 成果整理

(1) 利用清水充氧计算方法,分别计算自来水,初次沉淀池进、出水,二次沉淀池出水的 K_{La} 及 C_s 值。

(2) 计算混合液曝气时的 K_{Law} 及 C_{sw} 值。

1) 以时间 t 为横坐标,溶解氧值为纵坐标,将关闭风机后罐内溶解氧值与相应时间一一点绘,如图 4-37(a)所示,直线斜率为 rx 值。

2) 将再次曝气后,各不同时间 t 和相应溶解氧值点绘在上图中,如图 4-37(b)所示,并用作图法求定曲线上各点 C 的切线斜率 $\dfrac{dC}{dt}$ 值,最少 5 个点以上。

3) 以 $\left(\dfrac{dC}{dt}+rx\right)$ 为横坐标,以 C 为纵坐标绘图,直线斜率即为 $\dfrac{1}{K_{Law}}$,纵轴截距即为 C_{sw} 值,如图 4-38 所示。

(3) 根据清水充氧求得的 K_{La}、C_s 和各水样充氧求得的 K_{Law}、C_{sw} 值,可求得:

$$\alpha = \frac{K_{Law}}{K_{La}} \qquad \beta = \frac{C_{sw}}{C_s}$$

【思考题】

(1) α、β 值的测定有何意义?影响 α、β 的因素有哪些?

(2) 测定时,为何使用的混合液浓度及它们的停留时间,要与生产池尽量一致?

(3) 比较同一曝气池混合液及其混合液的上清液所得的 α、β 值是否相同?为什么?

(4) 有机物为何影响 α 值,无机盐类为何影响 β 值?

(5) 推流式曝气池内 α 值沿池长如何变化?

4.8 间歇式活性污泥法(SBR 法)实验

1. 目的

(1) 了解 SBR 法系统的特点。

(2) 加深对 SBR 法工艺及运行过程的认识。

2. 原理

间歇式活性污泥法，又称序批式活性污泥法（Sequencing Bath Reactor Activated Sludge Process，简称 SBR）是一种不同于传统的连续流活性污泥法的活性污泥处理工艺。SBR 法实际上并不是一种新工艺，1914 年英国的 Alden 和 Lockett 首创活性污泥法时，采用的就是间歇式。当时由于曝气器和自控设备的限制该法未能广泛应用。随着计算机的发展和自动控制仪表、阀门的广泛应用，近年来该法又得到了重视和应用。

SBR 工艺作为活性污泥法的一种，其去除有机物的机理与传统的活性污泥法相同，即都是通过活性污泥的絮凝、吸附、沉淀等过程来实现有机污染物的去除；所不同的只是其运行方式。SBR 法具有工艺简单，运行方式也较灵活，脱氮除磷效果好，SVI 值较低，污泥易于沉淀，可防止污泥膨胀，耐冲击负荷和所需费用较低，不需要二沉池和污泥回流设备等优点。

SBR 法系统包含预处理池、一个或几个反应池及污泥处理设施。反应池兼有调节池和沉淀池的功能。该工艺被称为序批间歇式，它有两个含义：(1) 其运行操作在空间上按序排列；(2) 每个 SBR 的运行操作在时间上也是按序进行。

SBR 工作过程通常包括 5 个阶段：进水阶段（加入基质）；反应阶段（基质降解）；沉淀阶段（泥水分离）；排放阶段（排上清液）；闲置阶段（恢复活性）。这 5 个阶段都是在曝气池内完成，从第一次进水开始到第二次进水开始称为一个工作周期。每一个工作周期中的各阶段的运行时间、运行状态可根据污水性质、排放规律和出水要求等进行调整。对各个阶段若采用一些特殊的手段，又可以达到脱氮、除磷、抑制污泥膨胀等目的。SBR 法典型的运行模式见图 4-40。

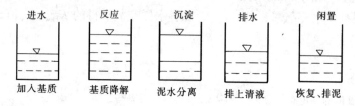

图 4-40　SBR 法典型运行模式

3. 设备及用具

(1) SBR 法实验装置及计算机控制系统 1 套，如图 4-41 所示。

(2) 水泵。

(3) 水箱。

(4) 空气压缩机。

(5) DO 仪。

(6) COD 测定仪或测定装置及相关药剂。

4.8 间歇式活性污泥法（SBR法）实验

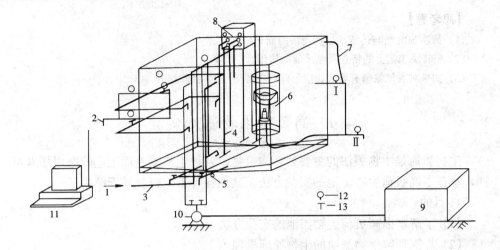

图 4-41 SBR 法实验装置示意
1—进水管；2—排水管；3—空气管；4—曝气管；5—放空管；
6—滗水器；7—排气管；8—液位继电器；9—水箱；10—水泵；
11—计算机；12—电磁阀；13—手动阀

4. 步骤及记录

(1) 打开计算机并设置各阶段控制时间（填入表 4-24 中），启动控制程序。

(2) 水泵将原水送入反应器，达到设计水位后停泵（由水位继电器控制）。

(3) 打开气阀开始曝气，达到设定时间后停止曝气，关闭气阀。

(4) 反应器内的混合液开始静沉，达到设定静沉时间后，阀Ⅰ打开滗水器开始工作，关闭阀Ⅰ打开阀Ⅱ，排出反应器内的上清液。

(5) 滗水器停止工作，反应器处于闲置阶段。

(6) 准备开始进行下一个工作周期。

SBR 法实验记录　　　　　　　　　　　　　　　　表 4-24

进水时间 (h)	曝气时间 (h)	静沉时间 (h)	滗水时间 (h)	闲置时间 (h)	进水 COD (mg/L)	出水 COD (mg/L)

5. 成果整理

计算在给定条件下 SBR 法的有机物去除率 η：

$$\eta = \frac{S_a - S_e}{S_a} \times 100\% \tag{4-61}$$

式中　S_a——进水中有机物浓度，mg/L；
　　　S_e——出水有机物浓度，mg/L。

【思考题】

(1) 简述 SBR 法与传统活性污泥法的同异？
(2) SBR 法工艺上的特点及滗水器的作用。
(3) 如果对脱氮除磷有要求，应怎样调整各阶段的控制时间？

4.9 高负荷生物滤池实验

生物滤池是生物膜法的主要处理构筑物，各种生物膜处理工艺的原理基本相同，掌握了高负荷生物滤池的实验方法，其他各种工艺也就易于解决了。

1. 目的

(1) 了解掌握高负荷生物滤池的实验方法。
(2) 加深理解生物滤池的生物处理机理。
(3) 通过实验求解污水生物滤池处理基本数学模式中常数 n 及 K_0 值。

2. 原理

生物滤池由布水系统、滤床、排水系统所组成，当污水均匀地洒布到滤池表面后，在污水自上而下流经滤料表面时，空气由下而上与污水相向流经滤池，在滤料表面会逐渐形成一层薄而透明的、对有机污染物具有降解作用的粘膜——生物膜。高负荷生物滤池法就是利用生物膜降解水中溶解及胶体有机污染物的一种处理方法。影响处理效果的因素主要有滤料、池深、水力负荷、通风等。1963 年埃肯费尔德假定高负荷生物滤池是一种推流反应器，BOD 的降解遵循一级反应动力学关系式，提出 BOD 去除率和滤池深度、水力负荷之间存在如下的关系式：

$$\frac{S_e}{S_0} = e^{\frac{-K_0 H}{q^n}} \tag{4-62}$$

该式即为生物滤池的基本数学模式，它反映了剩余 BOD 百分数 S_e/S_0 和滤池深 H、水力负荷 q 间的关系。

式中　S_0、S_e——进、出水 BOD 值，mg/L；

　　　　H——滤池深度，m；

　　　　q——水力负荷，m³/(m²·d)；

　　　　n——与滤料特性有关的系数；

　　　　K_0——底物降解速率常数，时间$^{-1}$，反映有机物的降解难易、快慢程度，受温度影响，有如下关系式：

$$K_{0(T)} = K_{0(20)} \cdot 1.035^{T-20} \tag{4-63}$$

当有回流时上式可改写为：

$$\frac{S_e}{S_0} = \frac{e^{-K_0 \frac{H}{q^n}}}{(1+R) - R \cdot e^{-K_0 \frac{H}{q^n}}} \tag{4-64}$$

式中　R——回流比；

其他符号意义同前。

由式（4-62）可见，当公式两侧取对数后可得：

$$\ln \frac{S_e}{S_0} = -\left(\frac{K_0}{q^n}\right)H \tag{4-65}$$

在半对数坐标纸上，以滤池深为横坐标，以 BOD 剩余百分数（$S_e/S_0 \times 100$）为纵坐标绘图，如图 4-42 所示。

每一水力负荷 q 下可得一直线，直线斜率 r 即为 $-\frac{K_0}{q^n}$ 值。即：

$$r = -\frac{K_0}{q^n} = -K_0 \cdot q^{-n}$$

两边取对数：

$$\ln r = -\ln(K_0 \cdot q^{-n}) = -[\ln K_0 + (-n) \cdot \ln q]$$

$$\ln r = -\ln K_0 + n\ln q \tag{4-66}$$

以 $\ln q$ 为横坐标，以 $\ln r$ 值为纵坐标绘图（图 4-43），所得直线斜率即为 n 值。

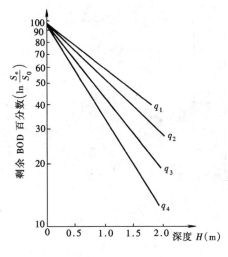

图 4-42　$\frac{S_e}{S_0}$ 与 H 关系曲线

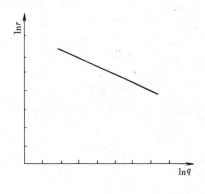

图 4-43　$\ln r$ 与 $\ln q$ 关系曲线

最后，按式（4-65），根据求得的 n 值，计算出各水力负荷下的不同滤料深度处的 H/q^n 值，并与实验所得相应的剩余 BOD 百分比在半对数坐标纸上作图，如图 4-44 所示，所得直线斜率即为 K_0 值。

3. 设备及用具

实验装置如图 4-45 所示。

主要设备

(1) 有机玻璃生物滤池模型，直径 $D = 230$mm，高 $H = 2.2$m，内装瓷环或蜂

窝式滤料 $H = 2.0$ m。

（2）贮水池、沉淀池（钢板或塑料板焊接制成）。

（3）计量泵。

（4）测定 BOD 的玻璃器皿、药剂等。

（5）显微镜。

4. 步骤及记录

（1）生物膜培养：采用接种培养法，将某正常运行的污水处理厂的活性污泥与水样混合后，连续由滤池上部喷洒，经过半个月左右，滤料上即可出现薄而透明的生物膜。当沿滤池深度生物膜的垂直分布、生物膜上的细菌及微型动物所组成的生态系达到了平衡，并对有机物有一定降解能力后，生物膜培养便结束，可进入正式实验阶段。

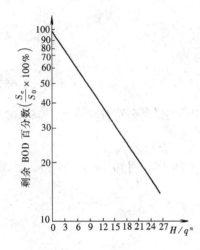

图 4-44　$\dfrac{S_e}{S_0}$ 与 H/q^n 关系曲线

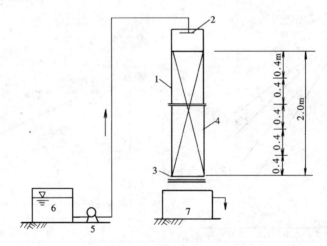

图 4-45　高负荷生物滤池实验装置
1—生物滤池模型；2—旋转布水器；3—格栅；4—取样口；
5—计量泵；6—贮水池；7—沉淀池

（2）选择 4 个不同的水力负荷，当进水 $BOD_5 = 200$ mg/L 左右时，可选 $q = 10 \sim 40$ m³/（m²·d）。

（3）各水力负荷在进入稳定运行后，分别由不同深度的取样口取样，测定进、出水的 BOD_5 值，进水 Q、pH、水温等，连续稳定运行 10d 左右，再改变另一水力负荷。

（4）实验记录如表 4-25 所列。

高负荷生物滤池实验记录　　　　　　　　　表 4-25

日期	进水					出水					
月、日	流量 Q (m^3/h)	pH	BOD_5 (mg/L)	水温 (℃)	pH	BOD_5 (mg/L)					
						$1^\#$	$2^\#$	$3^\#$	$4^\#$	$5^\#$
均 值										

【注意事项】

(1) 生物膜的培养最好采用接种法，当无菌种时，也可由生活污水自行培养，但时间要长些。

(2) 污水可用生活污水或城市污水，也可用某种工业污水。当采用工业污水时，生物膜要经过驯化阶段。

(3) 污水的投加设备可选用计量泵、输液泵、磁性泵等小型污水提升计量设备。

(4) 污水水质尽可能保持稳定。

5. 成果整理

(1) 根据原始记录数据，并按表 4-26 整理计算。

不同水力负荷、不同池深的剩余 BOD 百分数　　　表 4-26

滤池深（m）	水力负荷 q (m^3/($m^2 \cdot d$))			
	q_1	q_2	q_3	q_4
H_1				
H_2				
H_3				
H_4				

(2) 根据式（4-65）绘制不同水力负荷的 $\ln \frac{S_e}{S_0} \sim H$ 的关系曲线，并求出各直线斜率 $\frac{K_0}{q^n}$ 值。

(3) 根据求得的各斜率值 $r = \frac{K_0}{q^n}$，绘制 $\ln \frac{K_0}{q^n} \sim \ln q$ 关系曲线，则直线斜率为 n 值。

(4) 按式（4-65）将求得的 n 值带入并计算各水力负荷时，所需不同池深处的 $\frac{H}{q^n}$ 值和相应的 $\frac{S_e}{S_0}$ 值，见表 4-27。

不同水力负荷不同池深的 H/q^n 及相应 S_e/S_0 值　　　表 4-27

池深（m）	水力负荷 q (m^3/($m^2 \cdot d$))	q^n	H/q^n	S_e/S_0

(5) 绘制 $\ln \frac{S_e}{S_0} \sim \frac{H}{q^n}$ 关系线，则直线斜率为 K_0 值。

【思考题】

(1) 利用有机物生化降解一级反应动力学公式和污水在滤池内与滤料接触时间的经验式推求式 (4-62)。

$$\frac{dS}{dt} = -K'X_vS$$

$$t = C\frac{H}{q^n}$$

(2) 本实验结果与工程设计有何关系?
(3) 影响生物滤池负荷率的因素有哪些? 为什么?
(4) 说明生物滤池数学式中常数 n、K_0 值的意义及影响因素。

4.10 污水处理动态模型实验

污水处理构筑物动态模型实验的目的是配合排水工程教材所讲授的相关内容，使学生能直观了解构筑物型式、内部构造及水在构筑物内的流动轨迹，加深对所学内容的理解。

4.10.1 完全混合型活性污泥法曝气沉淀池实验

1. 目的

(1) 通过观察完全混合型活性污泥法处理系统的运行，加深对该处理系统特点及运行规律的认识。

(2) 通过对模型实验系统的调试和控制，初步培养进行小型模拟实验的基本技能。

(3) 熟悉和了解活性污泥法处理系统的控制方法，进一步理解污泥负荷、污泥龄、溶解氧浓度等控制参数及在实际运行中的作用。

2. 原理

活性污泥法是污水处理的主要方法之一。从国内外的污水处理现状来看，大部分城市污水和几乎所有的有机工业废水都采用活性污泥法来处理。因此，了解和掌握活性污泥处理系统的特点和运行规律以及实验方法是很重要的。

活性污泥法处理系统中完全混合式曝气沉淀池具有抗冲击负荷能力强、曝气池内水质均匀、需氧速率均衡、污泥负荷相等、微生物组成相近和动耗较低等优点，但微生物对有机物降解力低、易产生污泥膨胀、出水水质稍差。

3. 控制参数

对于特定的处理系统在一定的环境下，运行的控制参数有污泥负荷、污水停留时间、曝气池中溶解氧浓度（可用气水比来控制）、污泥排放量等，这些参数也是设计污水处理厂的重要参考数据。在小型的活性污泥实验的运行中，必须严格控制以下几个参数。

(1) 污泥负荷（N_s）

污泥负荷是活性污泥生物处理系统在设计运行上的最主要的一项参数，一般 $N_s = 0.1 \sim 0.4 \mathrm{kgCOD/(kgMLSS \cdot d)}$。

(2) 污泥龄（θ_c）

污泥龄是指曝气池内活性污泥总量与每日排泥量之比，表示活性污泥在曝气池内的平均停留时间，一般可控制在 $2 \sim 10 \mathrm{d}$。

(3) 溶解氧浓度（DO）

一般应控制在 $1.0 \sim 2.5 \mathrm{mg/L}$ 之间。

4. 设备及用具

(1) 完全混合式曝气沉淀池实验装置 1 套（见图 4-46）。

(2) DO 仪 1 台。

(3) 空气压缩机 1 台。

(4) 酸度计 1 台或 pH 试纸。

(5) 气体流量计 1 个，体积法计量水流量容器。

(6) 秒表 1 块。

(7) COD 分析装置或仪器。

(8) 分析天平。

(9) 烘箱。

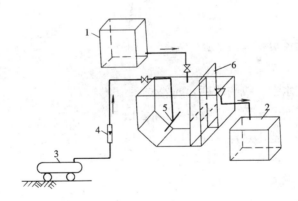

图 4-46　完全混合式曝气沉淀池实验装置
1—高位水箱；2—出水池；3—空压机；4—气体流量计；
5—空气扩散管；6—挡板

5. 步骤及记录

(1) 活性污泥培养和驯化。最好用污水处理厂曝气池内的活性污泥接种，若没有条件时则可自己在实验室内培养。

(2) 将待处理污水注入水箱，将培养好的活性污泥装入曝气池内。调节污泥回流缝大小和挡板高度。

(3) 用容积法调节进水流量，$Q = 0.5 \sim 0.7 \text{mL/s}$。

(4) 观察曝气池中气水混合、沉淀池中污泥沉降过程及污泥通过回流缝回流至曝气池的情况。

(5) 测定曝气池内水温、pH、DO、COD 和 MLSS。

(6) 测定进水、出水的 COD。

(7) 测定剩余污泥浓度。

(8) 将实验记录填入表 4-28。

完全混合型活性污泥法实验记录　　　　　　　表 4-28

水温（℃）	pH	进水流量（mL/s）	曝气池 DO（mg/L）	进水 COD（mg/L）	出水 COD（mg/L）	曝气池 MLSS（mg/L）	剩余污泥浓度（mg/L）

6. 成果整理

根据实验控制条件计算在给定条件（N_s、θ_c）下的有机物去除率 η：

$$\eta = \frac{S_a - S_e}{S_a} \times 100\%$$

$$N_s = \frac{QS_a}{XV}$$

$$\theta_c = \frac{VX}{Q_w X_r}$$

式中　N_s——污泥负荷，kgCOD/（kgMLSS·d）；

　　　Q——污水流量，m^3/d；

　　　S_a——进水中有机物浓度，mg/L；

　　　S_e——沉淀池出水有机物浓度，mg/L；

　　　X——曝气池内悬浮固体浓度，mg/L；

　　　V——曝气池有效容积，m^3；

　　　θ_c——污泥龄，d；

　　　Q_w——剩余污泥排放量，m^3/d；

　　　X_r——剩余污泥浓度，mg/L。

【思考题】

(1) 简述完全混合式活性污泥法处理系统的特点？

(2) 影响完全混合式活性污泥法处理系统的因素有哪些？

(3) 实验装置中两块调节挡板的作用是什么？

4.10.2　生物转盘实验

1. 目的

(1) 了解并掌握生物转盘的构造及工作原理。

(2) 加深对生物转盘净化污水机理的理解。

2. 原理

生物转盘也是生物膜法的一种形式,其净化污水机理是生物转盘盘片在转动过程中,盘片上生长的微生物与空气和污水交替接触,完成从空气中吸收氧气、从污水中吸附有机物的过程。在这过程中微生物将吸附的有机物分解自身得以增殖,污水得以净化。在转动盘片与水之间产生剪切力的作用下,老化的生物膜脱落,生物膜得到更新。

生物转盘具有如下特点:运行稳定、抗冲击负荷能力强、运行方式灵活、出水水质好、产泥量少、动耗低、噪声低、运行维护简单,但低温时处理效果差、不宜处理含有毒性挥发气体的污水。

生物转盘运行时的控制条件:转盘转速 $0.8 \sim 3.0 \text{r/min}$,盘片边缘线速度在 $15 \sim 18 \text{m/min}$ 之间。转轴与槽内水面之间的距离不宜小于 150mm,盘片面积应有 $40\% \sim 45\%$ 浸没在氧化槽内的污水中。

3. 设备及用具

(1) 生物转盘实验装置 1 套(单轴 3 级),如图 4-47 所示。

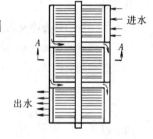

(2) 水箱 1 个。

(3) 水泵 1 台。

(4) 转子流量计、温度计。

(5) 酸度计或 pH 试纸。

(6) COD 测定仪或测定装置及相关药剂。

图 4-47 生物转盘实验装置示意

4. 步骤及记录

(1) 盘片挂膜。接种培养生物膜成功后即可开始实验。

(2) 通电使生物转盘转动,开泵将水箱内的原水经计量打入生物转盘氧化槽内。可根据污水处理程度调节进水流量。

(3) 运行一段时间系统稳定后,分别测定各级的水温,pH 值,进、出水 COD 值。

(4) 将实验数据填入表 4-29 内。

5. 成果整理

计算在给定条件下生物转盘各级有机物去除率 η_i 和总的有机物去除率 η:

$$\eta_i = \frac{S_{ai} - S_{ei}}{S_{ai}} \times 100\%$$

$$\eta = \frac{S_a - S_e}{S_a} \times 100\%$$

式中　S_a——进水有机物浓度，mg/L；

　　　S_e——出水有机物浓度，mg/L；

　　　S_{ai}——第 i 级进水有机物浓度，mg/L；

　　　S_{ei}——第 i 级出水有机物浓度，mg/L。

生物转盘实验记录　　　　　　　　　　　表 4-29

COD（mg/L）				备　注
第1级进水	第1级出水	第2级出水	第3级出水	
				转速： 进水水温： 进水 pH： 出水 pH：

【思考题】

(1) 简述生物转盘净化污水的机理。

(2) 生物转盘构造及运行特点是什么？

(3) 生物转盘的转速过大或过小有什么问题？

4.10.3　塔式生物滤池实验

1. 目的

(1) 了解塔式生物滤池的构造及工作原理。

(2) 通过实验加深对生物膜法处理污水机理和特征的认识。

2. 原理

塔式生物滤池是污水生物处理方法中生物膜法的一种形式，是生物滤池的一种变形。其特点是：塔体高占地面积小、污水处理量大、自然通风能力强、供氧充分、运行费用低、容积负荷高、抗有机物冲击负荷和毒性物质能力强、污泥量少。但其缺点是有机物去除率低、基建投资较大。

3. 设备及用具

(1) 塔式生物滤池实验装置 1 套，$D = 120\text{mm}$，$H = 2.0\text{m}$，如图 4-48 所示。

(2) 贮水箱。

(3) 水泵。

(4) 转子流量计。

(5) 沉淀池。

(6) 温度计、pH 试纸。

(7) COD 测定仪或测定装置和相关药剂。

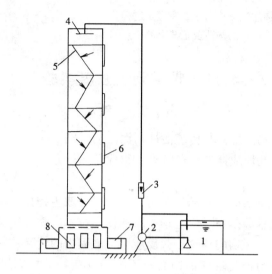

图 4-48 塔式生物滤池实验装置示意
1—水池；2—水泵；3—流量计；4—布水器；5—填料；
6—检查口；7—集水渠；8—通风孔

4. 步骤及记录

(1) 生物膜的培养。约需 15~30d。

(2) 计算确定塔式生物滤池的容积负荷率，启动水泵将原水通过塔顶布水管喷洒到塔内填料上。

(3) 系统运行稳定后测定水温，pH 值，进、出水 COD。

(4) 实验数据记录在表 4-30 内。

塔式生物滤池实验记录 　　　　　　　　　　表 4-30

进水水温 (℃)	进水 pH	进水 COD (mg/L)	塔滤出水 COD (mg/L)	沉淀池出水 COD (mg/L)

5. 成果整理

计算在给定条件下塔式生物滤池有机物去除率 η：

$$\eta = \frac{S_a - S_e}{S_a} \times 100\%$$

式中　　S_a——进水有机物浓度，mg/L；

　　　　S_e——出水有机物浓度，mg/L。

【思考题】

(1) 生物膜法与活性污泥法有哪些区别？

(2) 简述塔式生物滤池净化污水的原理及过程。
(3) 简述塔式生物滤池的构造及工艺上的特点。

4.11 膜生物反应器实验

1. 目的
(1) 了解膜生物反应器与传统活性污泥法的区别。
(2) 掌握膜生物反应器的构造特点、组成及运行方式。

2. 原理

膜反应器（Membrane Reactor）是膜和化学反应或生物化学反应相结合的系统或设备，膜反应技术即是在反应过程中膜的使用技术。膜反应器有以下优点：有效的相间接触；有利平衡的移动；快反应中扩散阻力的消除；反应、分离、浓缩的一体化；热交换与催化反应的组合；不相容反应物的控制接触；副反应的消除；复杂反应体系反应进程的调控；串联或平行多步反应的偶合；催化剂中毒的缓解。

膜反应器的分类方法有：按反应体系分类；按膜的形状分类；按膜的结构和属性分类；按催化剂的形态分类；按物质传递的方式分类。

膜生物反应器（Membrane Bioreactor）最早在微生物发酵工业中应用，在废水处理领域中的应用研究始于20世纪60年代的美国，80年代后由于新型膜材料技术和制造技术的迅速发展，膜生物反应器的研究与开发逐步成为热点，膜分离技术被誉为21世纪的技术。污水处理中的膜生物反应器是指将超滤膜组件或微滤膜组件与生物反应器相结合的处理系统。其特点有：容积负荷高；反应器体积小；污染物去除率高；出水水质好；污泥量极少；泥龄长有一定的脱氮功能。但膜易污染、单位面积的膜透水量小、膜成本较高、一次性投资大。

根据膜组件和生物反应器的组合方式不同膜生物反应器可分为分置式和一体式两大类，如图4-49所示。

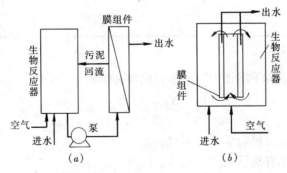

图 4-49 膜生物反应器示意
(a) 分置式 MBR；(b) 一体式 MBR

3. 设备及用具

（1）分置式膜生物反应器和一体式膜生物反应器实验装置各1套，如图4-50所示。

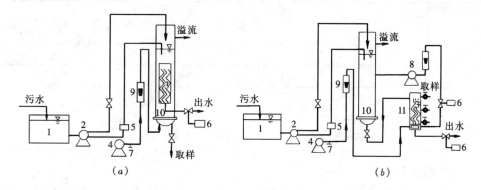

图 4-50　膜生物反应器实验装置
(a) 常规一体式 MBR；(b) 旋流式 MBR
1—调节水箱；2—进水泵；3—膜组件；4—空压机；5—液位自控仪；
6—流量自控装置；7—减压阀；8—循环水泵；9—气体流量计；
10—生物反应器；11—膜分离器

（2）水箱。

（3）水泵。

（4）空气压缩机。

（5）水和气体转子流量计。

（6）时间继电器、电磁阀。

（7）100mL 量筒、秒表。

（8）DO 仪。

（9）污泥浓度计或天平、烘箱。

（10）COD 测定仪或测定装置及相关药剂。

4. 步骤及记录

（1）测定清水中膜的透水量：用容积法测定不同时间膜的透水量。

（2）活性污泥的培养与驯化，污泥达到一定浓度后即可开始实验。

（3）根据一定的气水比、循环水流量和污泥负荷运行条件，测定分置式和一体式膜生物反应器在不同时间膜的透水量及 COD 和 MLSS 值。

（4）改变循环水流量当运行稳定后，测定分置式膜生物反应器膜的透水量、COD 和 MLSS 值。

（5）改变气水比当运行稳定后，测定一体式膜生物反应器膜的透水量和 COD 值和 MLSS。

（6）实验数据分别填入表 4-31 中。

MBR 实验数据　　　　　　　　　　表 4-31

时 间 (min)	进水 COD (mg/L)	一体式 MBR		分置式 MBR	
		透水量 (mL/s)	出水 COD (mg/L)	透水量 (mL/s)	出水 COD (mg/L)
备　注		气水比： MLSS＝　　g/L DO＝　　mg/L		循环流量比： MLSS＝　　g/L DO＝　　mg/L	

5. 成果整理

根据表 4-31 中的实验数据绘制透水量与时间的关系曲线及 COD 去除率与时间的关系曲线。

【思考题】
(1) 简述分置式 MBR 与一体式 MBR 在结构上有何区别？各自有何优缺点？
(2) 影响分置式 MBR 透水量的主要因素有哪些？
(3) 影响一体式 MBR 透水量的主要因素有哪些？
(4) 膜受到污染透水量下降后如何恢复其透水量？

4.12　污水、污泥厌氧消化实验

本项实验用于选择污水、污泥消化处理工艺和确定设计参数，是污水处理的一项重要实验。实验是用小型厌氧发酵罐进行的。可进行不同工艺（如污泥二级、二相、高速消化）、不同条件（如温度、投配比）的污泥厌氧消化实验。还可进行污水厌氧处理实验。

1. 目的
(1) 加深对厌氧消化机理的理解。
(2) 初步掌握使污水、污泥消化设备正常运行的能力。
(3) 掌握厌氧消化实验方法及各项指标的测定分析方法。
(4) 掌握污水厌氧消化实验数据的处理方法。
(5) 对不同消化工艺进行对比实验，确定有机物分解率、产气率与投配比关系（中温常规消化与中温两级消化）。

2. 原理
厌氧消化是在无氧条件下，借助于厌氧菌的新陈代谢使有机物被分解，整个消化过程分二个阶段、三个过程进行，即：
酸性发酵阶段：包括二个过程，一为水解过程——在微生物胞外酶作用下将不溶有机物水解成溶解的和小分子的有机物；二为酸化过程—在产酸菌作用下将复杂的有机物分解为低级有机酸。

碱性发酵阶段：在甲烷菌作用下，将酸性发酵阶段的产物—有机酸等分解为 CH_4、CO_2 等最终产物，这个过程因最终产物是气态的甲烷和二氧化碳等，故又称为气化过程。厌氧消化过程模式如图4-51所示。

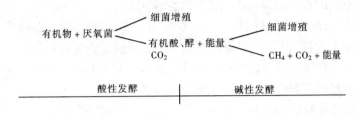

图 4-51　厌氧消化分解过程

在间歇式厌氧消化池内，厌氧消化经历上述的整个过程。消化过程开始后池内 pH 值逐渐降低，在第一阶段基本完毕进入第二阶段后，pH 值又有所上升，同时产气速率不断增大，在 30 天左右达最大值，有机物分解率则不断提高。由于间歇式厌氧消化效率低、占地大，故生产中采用较少，而多采用连续式厌氧消化法，这种方法池内酸性与碱性发酵处于平衡状态。

厌氧消化，由于甲烷的繁殖世代时间长，专一性强，对 pH 值及温度变化的适应性较弱，因此甲烷消化阶段控制着厌氧消化的整个过程。为了保持厌氧消化的正常进行，维持酸碱平衡，应当严格控制厌氧消化环境，主要有以下几点。

(1) 消化池内温度：温度影响消化时间，也影响产气量，如图 4-52 和图 4-53 所示。

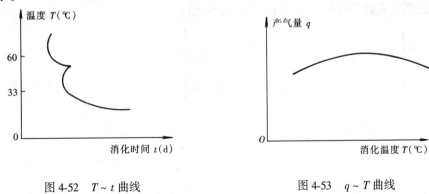

图 4-52　$T \sim t$ 曲线　　　　　　　　图 4-53　$q \sim T$ 曲线

一般中温消化池内温度控制在 33～35℃，高温消化池内温度控制在 55±1℃。

(2) 污泥消化时应注意生污泥的性质，其含水率应在 96%～97%，pH 值应为 6.5～8.0，不应含有有害、有毒物质。

(3) 搅拌作用，既可以间歇搅拌也可以连续搅拌，这一措施对池内温度、有机物及厌氧菌的混合、均匀分布关系重大，同时还具有破碎浮渣层的作用。

(4) 营养，为了使产酸和甲烷二个阶段保持平衡关系，有机物的投加负荷应当适宜，此外还应保持 C/N 在 $(10\sim20):1$ 的范围内，低于此值，不仅会影响消化作用，而且会造成铵盐的过剩积累，抑制消化的进程。

(5) 厌氧条件，甲烷菌是专性厌氧菌，因此绝对厌氧是厌氧消化正常进行的重要条件，空气的进入会抑制厌氧菌的代谢作用。

(6) pH 值，池内应保持在 $6.6\sim7.6$ 之间。要求池内有一定碱度，碱度在 $2000\sim5000\text{mg/L}$ 为佳，当 pH 值偏低时，可投加碳酸氢钠或石灰加以调节。

虽然厌氧消化时厌氧菌代谢产生的能量较少，对有机物分解速率较慢，但是有机物的降解过程仍符合好氧生化反应动力学关系式。

有机物的去除特性可表示为：

$$\frac{S_0 - S_e}{X_v \cdot t} = K_2 S_e \tag{4-67}$$

式中　S_0、S_e——分别为进、出水中有机物浓度 COD 或 BOD_5，mg/L；

　　　X_v——挥发性悬浮固体浓度，mg/L；

　　　K_2——有机物降解反应速度常数，时间$^{-1}$；

　　　t——反应时间。

由于厌氧处理的消化速率主要取决于碱性消化阶段，所以研究对象多是针对碱性消化阶段的各项参数。

在实验设备达到稳定运行后，控制 S_0、X_v 值不变，改变进水流量，使停留时间在一定范围内变化并测定每次出水的 S_e 值。以 S_e 值为横坐标，$\frac{S_0 - S_e}{X_v \cdot t}$ 为纵坐标绘图，直线斜率即为 K_d 值，如图 4-54 示。

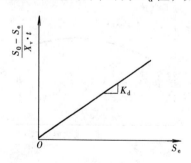

图 4-54　有机物降解关系图示

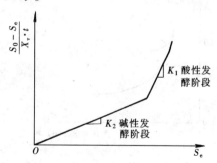

图 4-55　厌氧消化时不同消化阶段降解常数 K 值的确定

但在厌氧处理中，由于厌氧消化时酸性消化与碱性消化的速率不同，所以存在着两条斜率不同的直线，如图 4-55 所示。但工程设计中均采用碱性消化阶段的 K_2 值及其他参数。

厌氧池内挥发性悬浮固体 X_v 为：

$$X_v = \frac{Y \cdot S_r}{1 + K_d \cdot t} \tag{4-68}$$

式中　$S_r = S_0 - S_e$——微生物降解有机物量，mg/L；
　　　Y——产率系数；
　　　K_d——内源呼吸速率。

Y、K_d 系数可由上式变换后求得：

$$\frac{S_r}{X_v} = \frac{1}{Y} + \frac{K_d}{Y}t \tag{4-69}$$

以 $\dfrac{S_0 - S_e}{X_v}$ 为纵坐标，以 t 为横坐标，绘制图 4-56，得两条直线，由于甲烷发酵控制着整个厌氧消化，故以甲烷发酵阶段的 Y、K_d 系数作为工程设计数据使用。

3. 设备及用具

(1) 厌氧消化器。
(2) 厌氧消化自动控制设备。
(3) 贮气罐—肺活量仪，或湿式气体流量计。
(4) 酸度计、水浴、烘箱、坩埚、马弗炉。
(5) 气体分析器。
(6) 脂肪酸、COD、BOD_5、SS 等分析仪器，玻璃器皿及化学药品等。

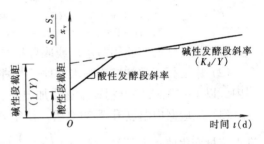

图 4-56　厌氧消化中 Y、K_d 系数图解法

(7) 污水连续流厌氧消化实验装置，如图 4-57 所示。污泥二级厌氧消化实验装置，如图 4-58 所示。

4. 步骤及记录

(一) 污水连续流厌氧消化实验

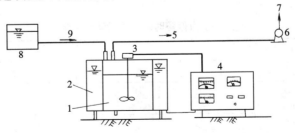

图 4-57　污水连续流厌氧消化实验装置
1—厌氧消化器；2—水浴；3—搅拌装置；4—温度、搅拌控制仪；
5—甲烷气；6—湿式煤气表；7—排气；8—贮水池；9—进水

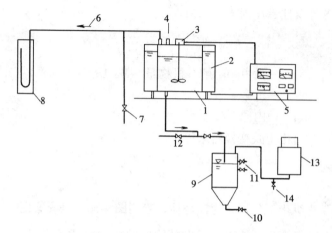

图 4-58 污泥一级与二级消化设备装置图
1—污泥消化罐；2—水浴；3—搅拌器；4—进料口；5—温度、搅拌控制仪；6—甲烷气；7—放气口；8—U型测压管；9—二级消化池；10—排泥；11—上清液排放口；12—取样口；13—贮气罐；14—放气阀

(1) 人工配制实验用污水，或取自某些高浓度有机废水。

(2) 由运行正常的城市污水处理厂的消化池中取够熟泥作为种泥，放入消化器内，以 1~2℃/h 的升温速度逐步加温到 33±1℃。

(3) 反应器内温度升至 33℃ 后，稳定运行 12~24h，而后按实验要求进水，进水流量变化使水力停留时间 t，$\left(t=\dfrac{V}{\theta}\right)$ 约为 0.5、1.0、1.5、2.0、3.0、4.0、8.0、12.0、16、20、24d。

(4) 在产气后即按上述要求连续进、出水，同时连续搅拌。加料速度应控制在 $30 kgBOD_5/(m^3 \cdot d)$ 以下。

(5) 每一档水力停留时间，在消化反应器进入稳定运行后应连续运行 7d 以上。

每天记录、分析进、出水 pH 值，COD（或 BOD_5），产气量，CH_4 含量等。注意池内 pH 值变化，当 pH 值 <6.6 时，应加碱调整 pH 值。记录项目如表 4-32 所列。

某一水力停留时间下厌氧消化记录　　　　　表 4-32

项目内容 \ 时间 t	$t=$ (d)							
	1	2	3	4	5	6	7	8
进水量（L/d）								
进水 COD（mg/L）								
出水 COD（mg/L）								
池内混合液 SS（mg/L）								
池内混合液 VSS（mg/L）								
产气量（L/d）								
甲烷 CH_4 含量（%）								

(二) 污泥厌氧消化实验

(1) 由正常运行的处理厂（站）消化池取熟泥作为种泥，加入消化罐内，以 1～2℃/h 升温速度逐步加温到 33±1℃。

(2) 达到中温（33～35℃）后稳定运行 12～24h，而后按某一投配比 3%～5% 投加生污泥。

(3) 常规法操作运行

1) 每天早 8:00 时开动搅拌装置，搅动 15～20min。

2) 在搅动 10min 后开始排出消化罐内混合液，其体积与投加的生污泥量相同，取泥样进行分析测定。

3) 然后按所要求的投配比，一次投入新泥。

4) 每 4h 搅拌一次，并记录温度、罐内压力、产气量等。

5) 每天上午 10:30 放掉贮气罐内气体，并取样分析气体成分。

(4) 二级消化法运行操作

1) 每天早 8:00 时开始搅动，一级消化池搅拌 15～20min。

2) 在一级消化池开始搅动后，由二级消化池排出上清液，其体积约为排出总量的 3/4，由池底排出消化污泥，其体积为排出总量的 1/4（取上清液底泥及两者按比例混合后的泥样进行化验分析），而后再由一级消化池向二级消化池内排入同体积的污泥，并再排出约 200mL 混合液（作为一级消化污泥样品，用于化验分析）。

3) 按要求并考虑到一级消化池取样体积，向一级消化池内一次投入生污泥。其他操作同常规法。

(5) 当罐内有机物分解率达 40% 左右，产气量在 $10m^3/m^3$ 泥，CH_4 含量达 50% 左右且稳定时，即可进入正式实验。

(6) 四套实验设备两套按常规消化运行、两套按二级消化运行，其投配比为 3%、5%、7%、10%。

(7) 每天取样分析：pH 值、碱度、污泥含水率、有机物含量百分比、脂肪酸、气体成分 COD、BOD_5 和 SS 等。

(8) 实验记录见表 4-33。

【注意事项】

(1) 为保证实验的可比性，生污泥应一次取够，存入冰箱在 2～4℃ 的条件下保存。

(2) 每次配制生污泥，其含水率应相近。

(3) 操作运行中要严防漏气和进气。

(4) 每天应分析脂肪酸值和产气率变化曲线，当出现反常现象时，应及时分析查找原因，采取相应补救措施。

5. 成果整理

污泥消化实验操作记录表 表 4-33

日期		消化控制条件					消化(出泥)成分分析			产气		气体成分		罐内压力 (mmH$_2$O)	有机物分解率 (%)	污泥负荷 (kg/(d·m³))
月	日	消化运行控制条件			进泥成分分析		pH值	挥发性脂肪酸	含水率%	有机物%	总量 (mL)	产气率 (mL/g)	CH$_4$ %	CO$_2$ %			
		温度 (℃)	投配比 (n%)	搅拌 (min)	pH值	含水率%	有机物%										

(一)污水连续流厌氧消化实验成果整理

(1)将实验数据整理分析后,填入表 4-34,并按表 4-35 进行计算分析。

污水厌氧消化实验成果整理表 表 4-34

项目内容	水力停留时间 t (d)									
	0.5	1.0	2.0	3.0	4.0	8.0	12	16	20	24
进水流量 (L/d)										
进水 COD (mg/L)										
出水 COD (mg/L)										
池内混合液 SS (mg/L)										
池内混合液挥发 VSS (mg/L)										
产气量 (L/d)										
CH4 含量 (%)										

污泥厌氧消化成果整理表 表 4-35

停留时间 t (d)	进水 S_0 (COD) (mg/L)	出水 S_e (COD) (mg/L)	$S_0 - S_e$ (mg/L)	X_v (mg/L)	$\dfrac{S_0 - S_e}{X_v}$	$\dfrac{S_0 - S_e}{X_v \cdot t}$	去除 COD (kg/d)	产气量 (m³/d)	产气率 (m³/(kg(COD)·d))

(2)利用线性回归法或作图法求定碱性消化阶段的 K 值。

(3)利用线性回归法或作图法求碱性消化阶段的 Y、K_d 值。

(二)污泥厌氧消化实验成果整理

(1)计算各投配率下每天的污泥负荷、有机物分解率、产气率

1)计算污泥容积负荷 N_s:

$$N_s = \frac{\text{进泥中有机物含量(kg/d)}}{\text{消化池有效容积}(m^3)}$$

2) 计算有机物分解率 η：

$$\eta = 100\left(1 - \frac{\alpha\beta_1}{\alpha_1\beta}\right) \tag{4-70}$$

式中 η——污泥中有机物分解百分数%；
α、α_1——消化与生泥中有机物含量%；
β、β_1——消化与生泥中无机物含量%。

3) 计算产气量 q：

$$q = \frac{\text{产气量(mL/d)}}{\text{进泥中有机物含量(g/d)}}$$

(2) 以污泥负荷或投配率为横坐标，以有机物分解率、产气率、CH_4 成分含量为纵坐标绘图，并加以分析。

(3) 以污泥负荷或投配率为横坐标，以挥发性脂肪、碱度为纵坐标绘图，并加以分析。

(4) 分析比较常规污泥与二级消化污泥含水率。

(5) 分析比较常规污泥与二级消化工艺的优缺点。

【思考题】

(1) 影响厌氧消化的因素有哪些？实验中如何加以控制才能保证正常进行？

(2) 当所要投加的生污泥在实验现场不能每天由运行设备取得时，怎样才能保证污泥样品的一致性？为什么？控制生污泥哪几个指标才能减少对实验的影响？

(3) 试分析有机物分解率、产气率、CH_4 成分随投配率变化的规律及其原因。

(4) 取来熟污泥后加温时，为何要控制加温速度？

4.13 污泥脱水性能实验

比阻与滤叶虽然是小型实验，但对工程实践却具有重要意义。通过这一实验能够测定污泥脱水性能，以此作为选定脱水工艺流程和脱水机械型号的根据，也可作为确定药剂种类、用量及运行条件的依据。

4.13.1 污泥比阻测定实验

1. 目的

(1) 进一步加深理解污泥比阻的概念。

(2) 评价污泥脱水性能。

(3) 选择污泥脱水的药剂种类、浓度、投药量。

2. 原理

污泥经重力浓缩或消化后，含水率约在97%左右，体积大不便于运输。因此一般多采用机械脱水,以减小污泥体积。常用的脱水方法有真空过滤、压滤、离心等方法。

污泥机械脱水是以过滤介质两面的压力差作为动力,达到泥水分离、污泥浓缩的目的。根据压力差来源的不同,分为真空过滤法(抽真空造成介质两面压力差),压缩法(介质一面对污泥加压,造成两面压力差)。

影响污泥脱水的因素较多,主要有:
(1) 污泥浓度,取决于污泥性质及过滤前浓缩程度。
(2) 污泥性质、含水率。
(3) 污泥预处理方法。
(4) 压力差大小。
(5) 过滤介质种类、性质等。

经过实验推导出过滤基本方程式:

$$\frac{t}{V} = \frac{\mu r \omega}{2PA^2} \cdot V + \frac{\mu R_f}{PA} \tag{4-71}$$

式中　t——过滤时间,s;
　　　V——滤液体积,m³;
　　　P——过滤压力,kg/m²;
　　　A——过滤面积,m²;
　　　μ——滤液的动力粘滞度,kg·s/m²;
　　　ω——滤过单位体积的滤液在过滤介质上截流的固体重量,kg/m³;
　　　r——比阻,s²/g 或 m/kg;
　　　R_f——过滤介质阻抗,1/m。

公式给出了在一定压力的条件下过滤,滤液的体积 V 与时间 t 的函数关系,指出了过滤面积 A、压力 P、污泥性能 μ、r 值等对过滤的影响。

污泥比阻 r 是表示污泥过滤特性的综合指标。其物理意义是:单位重量的污泥在一定压力下过滤时,在单位过滤面积上的阻力,即单位过滤面积上滤饼单位干重所具有的阻力,其大小根据过滤基本方程有:

$$r = \frac{2PA^2}{\mu} \cdot \frac{b}{\omega} \quad (\text{m/kg}) \tag{4-72}$$

由上式可知比阻是反映污泥脱水性能的重要指标。但由于上式是由实验推导而来,参数 b、ω 均要通过实验测定,不能用公式直接计算。而 b 为过滤基本方程式 (4-71) 中 $t/V \sim V$ 直线斜率。

$$b = \frac{\mu \omega r}{2PA^2} \tag{4-73}$$

故以定压下抽滤实验为基础,测定一系列的 $t \sim V$ 数据,即测定不同过滤时间 t 时滤液量 V,并以滤液量 V 为横坐标,以 t/V 为纵坐标,所得直线斜率即为 b。

根据定义，按下式可求得 ω 值：

$$\omega = \frac{(Q_0 - Q_y) \cdot C_g}{Q_y} \tag{4-74}$$

式中　Q_0——污泥量，mL；
　　　Q_y——滤液量，mL；
　　　C_g——滤饼中固体物浓度，g/mL。

由（4-72）式可求得 r 值，一般认为比阻为 $10^9 \sim 10^8 \text{s}^2/\text{g}$ 的污泥为难过滤的，在 $(0.5 \sim 0.9) \times 10^9 \text{s}^2/\text{g}$ 的污泥为中等，比阻小于 $0.4 \times 10^9 \text{s}^2/\text{g}$ 的污泥则易于过滤。

在污泥脱水中，往往需要进行化学调节，即向污泥中投加混凝剂的方法降低污泥比阻 r 值，达到改善污泥脱水性能的目的，而影响化学调节的因素，除污泥本身的性质外，一般还有混凝剂的种类、浓度、投加量和化学反应时间。在相同实验条件下，采用不同药剂、浓度、投量、反应时间，可以通过污泥比阻实验选择最佳条件。

3. 设备及用具

(1) 实验装置如图 4-59 所示。
(2) 水分快速测定仪。
(3) 秒表、滤纸。
(4) 烘箱。
(5) $FeCl_3$、$FeSO_4$、$Al_2(SO_4)_3$ 混凝剂。

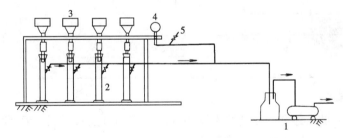

图 4-59　比阻实验装置图
1—真空泵或电动吸引器；2—量筒；3—布氏漏斗；4—真空表；5—放气阀

4. 步骤及记录

(1) 准备待测污泥（消化后的污泥）。
(2) 按表 4-36 所给出的因素、水平表，利用 $L_9(3^4)$ 正交表安排污泥比阻实验。
(3) 按正交表给出的实验内容进行污泥比阻测定，步骤如下：
1) 测定污泥含水率，求其污泥浓度；

测定某消化污泥比阻的因素水平表　　　　　表4-36

水平	因素			
	混凝剂种类	加药浓度重量百分比（%）	加药体积（mL）	反应时间（s）
1	$FeCl_3$	10	9	20
2	$FeSO_4$	5	5	40
3	$Al_2(SO_4)_3$	15	1	60

2）布氏漏斗中放置滤纸，用水喷湿。开动真空泵，使量筒中成为负压，滤纸紧贴漏斗，关闭真空泵；

3）把100mL调节好的泥样倒入漏斗，再次开动真空泵，使污泥在一定条件下过滤脱水；

4）记录不同过滤时间 t 的滤液体积 V 值；

5）记录当过滤到泥面出现龟裂，或滤液达到85mL时，所需要的时间 t。此指标也可以用来衡量污泥过滤性能的好坏；

6）测定滤饼浓度；

7）记录如表4-37所列。

污泥比阻实验记录　　　　　表4-37

时间 t（s）	计量管内滤液 V_1（mL）	滤液量 $V = V_1 - V_0$（mL）	t/V（s/mL）

【注意事项】

（1）滤纸烘干称重，放到布氏漏斗内，要先用蒸馏水湿润，而后再用真空泵抽吸一下，滤纸一定要贴紧不能漏气。

（2）污泥倒入布氏漏斗内有部分滤液流入量筒，所以在正常开始实验时，应记录量筒内滤液体积 V_0 值。

5. 成果整理

（1）将实验记录进行整理，t 与 t/V 相对应。

（2）以 V 为横坐标，以 t/V 为纵坐标绘图，求 b，如图4-60所示。或利用线性回归求解 b 值。

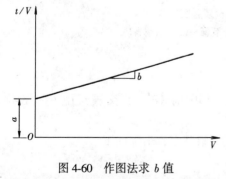

图4-60　作图法求 b 值

(3) 根据 $\omega = \dfrac{C_0 \cdot C_b}{C_b - C_0}$ 求 ω 值。

或 $$\omega = \dfrac{(Q_0 - Q_y) \cdot C_b}{Q_y} \text{ 求 } \omega \text{ 值。}$$

式中 Q_0——过滤污泥量，mL；

      Q_y——滤液量，mL；

      C_b——滤饼浓度，g/mL；

      C_0——原污泥浓度，g/mL。

(4) 按式 (4-72) 求各组污泥比阻值。

(5) 对正交实验结果进行直观分析与方差分析，找出影响的主要因素和较佳条件。

【思考题】

(1) 判断生污泥、消化污泥脱水性能好坏，分析其原因。

(2) 在上述实验结果条件下，重新编排一张正交表，以便通过实验能得到更好的污泥脱水条件。

4.13.2 污泥滤叶过滤实验

1. 目的

(1) 加深理解污泥机械脱水的原理。

(2) 加深理解真空过滤机脱水的原理及脱水过程。

(3) 确定真空过滤机的产率，最佳滤布类型及真空过滤机的运行参数（吸滤时间 t_f，吸干时间 t_d）。

2. 原理

叶片吸滤实验是使用与生产中相同的过滤介质，并模拟真空过滤机的工作过程，即吸滤、吸干、卸饼与淋洗滤布各工序。通过多次不同条件的实验，确定实验污泥的机械脱水性能，以及有关的机械脱水设备的设计、运行参数。此实验方法接近生产实际，结果较为准确，是目前国外常用的实验方法。

3. 设备及用具

(1) 2~3L 烧杯、量筒、真空表、电动吸引器、电磁搅拌器。

(2) 滤叶，为有机玻璃制成，直径 10cm，圆片上开有 ϕ2mm 的小孔。

图 4-61 所示为滤叶实验装置。

4. 步骤及记录

(1) 按表 4-38 给出的因素、水平，利用 L_9 (4^3) 正交表编排实验。

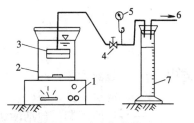

图 4-61 滤叶实验装置

1—电磁搅拌器；2—烧杯；3—过滤叶片；4—调节阀门；5—真空表；6—接电动吸引器；7—量筒

叶片吸滤实验因素、水平表 表 4-38

水平	因素		
	吸滤时间（min）	吸干时间（min）	滤布种类
1	0.5	1.0	a
2	1.0	1.5	b
3	1.5	2.0	c

注：a—尼龙 6501—5226；b—涤纶小帆布；c—尼龙 6501—5236。

(2) 各组叶片吸滤实验步骤

1) 将滤布固定在滤叶上。

2) 按照污泥比阻实验所选定的药剂、浓度配制混凝剂。

3) 测定污泥干固体浓度，量取 2L 污泥注入烧杯中，将烧杯放在磁力搅拌器上。

4) 将配好的混凝剂按所需的投加量投入污泥中，开动磁力搅拌器进行搅拌。

5) 拧紧夹子 1 后，开启电动吸引器，调整真空表至所需真空值，一般为 59 994Pa（450mmHg）。

6) 将滤叶置于烧杯中泥面下 3~5cm 处，打开调节阀门，调整真空度达所需值，开始计时，吸滤 30s。吸滤时应不断搅拌。

7) 30s 后，慢慢提起滤叶，倒置并保持垂直，在大气中持续 60s，吸干滤饼。在整个抽吸过程中，应保持真空值不变。

8) 关闭电动吸引器，让连管内的滤液全部流入量筒内。

9) 剥离全部滤饼，测定其干固体浓度及滤饼总重量，并测定滤液量及悬浮物浓度。

【注意事项】

(1) 一定要将滤布卡紧，准确地测量直径。

(2) 实验中注意调整真空值，保持稳定。

5. 成果整理

(1) 计算过滤产率 q：

$$q = \frac{3600W}{TA} \tag{4-75}$$

式中　q——过滤产率，kg/（m²·h）；

　　　W——滤饼干重，kg；

　　　T——过滤周期（包括滤饼成形、干化、脱落的全部时间），s；

　　　A——过滤叶片面积，m²。

(2) 对正交实验结果进行直观分析与方差分析，指出主要影响因素及较佳脱水条件。

【思考题】
(1) 污泥机械脱水有几种类型？各有何优缺点？
(2) 滤叶实验主要解决什么问题？在工程实践中有何意义？

4.14 气 浮 实 验

气浮实验是研究比重接近于1或小于1的悬浮颗粒与气泡粘附上升，从而起到水质净化作用的规律，测定工程中所需的某些有关设计参数，选择药剂种类、加药量等，以便为设计运行提供一定的理论依据。

1. 目的

(1) 进一步了解和掌握气浮净水方法的原理及其工艺流程。

(2) 掌握气浮法设计参数"气固比"及"释气量"的测定方法及整个实验的操作技术。

2. 原理

气浮法是使空气以微小气泡的形式出现于水中并慢慢自下而上地上升，在上升过程中，气泡与水中污染物质接触，并把污染物质粘附于气泡上（或气泡附于污染物上）从而形成比重小于水的气水结合物浮升到水面，使污染物质从水中分离出去。

产生比重小于水的气、水结合物的主要条件是：

(1) 水中污染物质具有足够的憎水性。

(2) 加入水中的空气所形成气泡的平均直径不宜大于 $70\mu m$。

(3) 气泡与水中污染物质应有足够的接触时间。

气浮净水方法是目前给排水工程中日益广泛应用的一种水处理方法。该法主要用于处理水中比重小于或接近于1的悬浮杂质，如乳化油、羊毛脂、纤维，以及其他各种有机或无机的悬浮絮体等。因此气浮法在自来水厂、城市污水处理厂以及炼油厂、食品加工厂、造纸厂、毛纺厂、印染厂、化工厂等的处理中都有所应用。

气浮法具有处理效果好、周期短、占地面积小以及处理后的浮渣中固体物质含量较高等优点。但也存在设备多、操作复杂、动力消耗大的缺点。

气浮法按水中气泡产生的方法可分为布气气浮法、溶气气浮法和电解气浮法等3种。由于布气气浮一般气泡直径较大，气浮效果较差，而电解气浮气泡直径虽不大但耗电较大，因此在目前应用气浮法的工程中，以加压溶气气浮法最多。

加压溶气气浮法是使空气在一定压力的作用下溶解于水，并达到饱和状态，然后使加压水的压力突然减到常压，此时溶解于水中的空气便以微小气泡的形式从水中逸出可产生供气浮用的合格的微小气泡。

加压溶气气浮法根据进入溶气罐水的来源，又分为无回流系统加压溶气气浮法与有回流系统加压溶气气浮法，目前生产中广泛采用后者。其流程如图 4-62 所示。

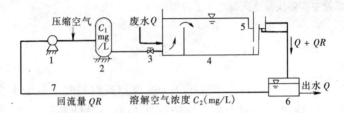

图 4-62　有回流系统加压溶气气浮法
1—加压泵；2—溶气罐；3—减压阀；4—气浮池；5—浮渣槽；
6—贮水池；7—回流水管

影响加压溶气气浮的因素很多，如空气在水中溶解量、气泡直径的大小、气浮时间、水质、药剂种类、加药量、表面活性物质种类和数量等。因此，采用气浮法进行水质处理时，需通过实验测定一些有关的设计运行参数。

本实验主要介绍由加压溶气气浮法求设计参数"气固比"以及测定加压水中空气溶解效率的"释气量"的实验方法。

4.14.1　气固比实验

气固比（A_a/S）是设计气浮系统时经常使用的一个基本参数，是溶解空气重量（A_a）与原水中悬浮固体物重量（S）的比值，无量纲。定义为：

$$a = A_a/S = \frac{\text{减压释放的气体量（kg/d）}}{\text{进水的固体总量（kg/d）}}$$

对于有回流系统的加压溶气气浮法，其气固比可表示如下：

a. 气体以重量浓度 C（mg/L）表示时：

$$A_a/S = R\left(\frac{C_1 - C_2}{S_0}\right) \tag{4-76}$$

b. 气体以体积浓度 C_s（cm³/L）表示时：

$$A_a/S = R\frac{1.2C_s(fP - 1)}{S_0} \tag{4-77}$$

式中　C_1、C_2——分别为系统中 2、7 处气体在水中浓度，mg/L；
　　　R——回流比；
　　　S_0——进水悬浮物浓度，mg/L；
　　　C_s——空气在水中溶解度；以 cm³/L 计，$C = C_s\gamma_a$；
　　　γ_a——空气容重，当 20℃，1 个 atm 时，$\gamma_a = 1164$ mg/L；
　　　P——溶气罐内绝对压力，MPa；
　　　f——比值因素，在溶气罐内压力为 $P = (0.2 \sim 0.4)$ MPa，温度为

20℃时，$f = 0.5$。

气固比不同，水中空气量不同，不仅影响出水水质（SS 值），而且也影响处理成本费用。本实验是改变不同的气固比 A_a/S，测出水 SS 值，并绘制出 A_a/S ~ 出水 SS 关系曲线。由此可根据出水 SS 值确定气浮系统的 A_a/S 值，如图 4-63、图 4-64 所示。

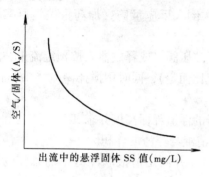

图 4-63 A_a/S ~ SS 曲线   图 4-64 A_a/S ~ 浮渣 η 曲线

3. 实验装置及主要设备

实验装置见图 4-65 所示。

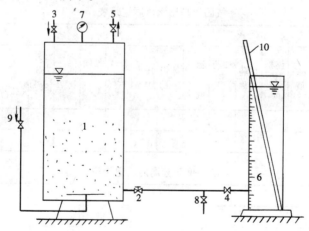

图 4-65 气固比实验装置

1—压力溶气罐；2—减压阀或释放器；3—加压水进水口；
4—入流阀；5—排气口；6—反应量筒（1000 ~ 1500mL）；
7—压力表（1.5 级 0.6MPa）；8—放空阀；9—压缩
空气进气阀；10—搅拌棒

4. 步骤及记录

（1）将某污水加药混凝剂沉淀，然后取压力溶气罐 2/3 倍体积的上清液加入压力溶气罐。

(2) 开进气阀门使压缩空气进入加压溶气罐,待罐内压力达到预定压力时(一般为 0.3~0.4MPa),关进气阀门并静置 10min,使罐内水中溶解空气达到饱和。

(3) 测定加压溶气水的释气量以确定加压溶气水是否合格(一般释气量与理论饱和值之比为 0.9 以上即可)。

(4) 将 500mL 已加药并混合好的某污水倒入反应量筒(加药量按混凝实验定),并测原污水中的悬浮物浓度。

(5) 当反应量筒内已见微小絮体时,开减压阀(或释放器)按预定流量往反应量筒内加溶气水(其流量可根据所需回流比而定),同时用搅拌棒搅拌 0.5min,使气泡分布均匀。

(6) 观察并记录反应筒中随时间而上升的浮渣界面高度并求其分离速度。

(7) 静止分离约 10~30min 后分别记录清液与浮渣的体积。

(8) 打开排放阀门分别排出清液和浮渣,并测定清液和浮渣中的悬浮物浓度。

(9) 按几个不同回流比重复上述实验即可得出不同的气固比与出水水质 SS 值关系。

实验记录见表 4-39 和表 4-40。

气固比与出水水质记录表　　　　　　　　　表 4-39

内容 实验号	原污水					压力溶气水				出水		浮渣	
	水温 (℃)	pH值	体积 V_e (mL)	加药名称	加药量 (%)	悬浮物 (mg/L)	体积 (mL)	压力 (MPa)	释气量 (mL)	气固比 A_a/S	回流比 R	SS (mg/L)	去除率 (%)	体积 (V_1) (mL)	体积 (V_2) (mL)	SS (mg/L)

浮渣高度与分离时间记录表　　　　　　　　　表 4-40

t (min)					
h (cm)					
$H-h$ (cm)					
V_2 (L)					
$V_2/V_1 \times 100\%$					

表 4-39 中气固比为[气体 g/固体 g]即每去除 1 克固体所需的气体重量。一般为了简化计算也可用 L(气体)/g(悬浮物)表示,计算公式如下:

$$A_a/S = \frac{V \cdot a}{SS \cdot Q} \qquad (4-78)$$

式中　A_a——总释气量,L;

S——总悬浮物量，g；
a——单位溶气水的释气量，L/L 水；
V——溶气水的体积，L；
SS——原水中的悬浮物浓度，g/L；
Q——原水体积，L。

5. 成果整理

(1) 绘制气固比与出水水质关系曲线，并进行回归分析。

(2) 绘制气固比浮渣中固体浓度关系曲线。

4.14.2 释气量实验

影响加压溶气气浮的因素很多，其中溶解空气量的多少，释放的气泡直径大小，是重要的影响因素。空气的加压溶解过程虽然遵从亨利定律，但是由于溶气罐形式的不同，溶解时间、污水性质的不同，其过程也有所不同。此外，由于减压装置的不同，溶解气体释放的数量，气泡直径的大小也不同。因此进行释气实验对溶气系统、释气系统的设计、运行均具有重要意义。

1. 实验设备及用具

实验装置如图 4-66 所示。

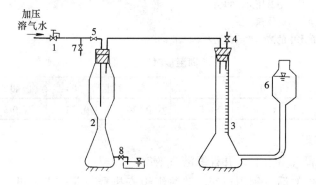

图 4-66 释气量实验装置示意图
1—减压阀或释放器；2—释气瓶；3—气体计量瓶；4—排气阀；
5—入流阀；6—水位调节瓶；7—分流阀；8—排放阀

2. 步骤与记录

(1) 打开气体计量瓶的排气阀，将释气瓶注入清水至计量刻度，上下移动水位调节瓶，将气体计量瓶内液位调至零刻度，然后关闭排气阀。

(2) 当加压溶气罐运行正常后，打开减压阀和分流阀，使加压溶气水从分流口流出，在确认流出的加压溶气正常后，打开入流阀，关闭分流阀，使加压溶气水进入释气瓶内。

(3) 当释气瓶内增加的水达到 100~200mL 后，关减压阀和入流阀并轻轻摇晃释气瓶，使加压溶气水中能释放出的气体全部从水中分离出来。

(4) 打开释气瓶的排放阀，使气体计量瓶中液位降回到计量刻度，同时准确计量排出液的体积。

(5) 上下移动水位调节瓶，使调节瓶中液位与气体计量瓶中的液位处于同一水平线上，此时记录的气体增加量即所排入释放瓶中加压溶气水的释气量 V_2。

实验记录见表 4-41。

$$溶气效率\ \eta = \frac{释气量}{理论释气量} \times 100\%$$

释气量实验记录　　　　　　　　　　　　表 4-41

内容 实验号	加压溶气水				释气	
	压力 (MPa)	体积 (mL)	水温 (℃)	理论释气量 V (mL/L)	释气量 V_1 (mL)	溶气效率 (%)

注：表中理论释气量 $V = K_T P$；释气量 $V_1 = K_T \cdot P \cdot V$ (mL)

式中　P——空气所受的绝对压力，MPa；

　　　V——加压溶气水的体积，L；

　　　K_T——空气在水中的溶解常数，见表 4-42。

不同温度时的 K_T 值　　　　　　　　　　　　表 4-42

温度 (℃)	0	10	20	30	40	50
K_T	0.038	0.029	0.024	0.021	0.018	0.016

3. 成果整理

(1) 完成释气量实验，并计算溶气效率。

(2) 有条件的话，利用正交实验法组织安排释气量实验，并进行方差分析，指出影响溶气效率的主要因素。

【思考题】

(1) 气浮法与沉淀法有什么相同之处？有什么不同之处？

(2) 气固比成果分析中的两条曲线各有什么意义？

(3) 当选定了气固比和工作压力以及溶气效率时，试推出回流比 R 的公式。

4.15　活性炭吸附实验

活性炭吸附是目前国内外应用较多的一种水处理工艺，由于活性炭种类多，可去除物质复杂，因此掌握"间歇"法与"连续流"法确定活性炭吸附工艺设计参数的方法，对水处理工程技术人员至关重要。

1. 目的

(1) 通过实验进一步了解活性炭的吸附工艺及性能，并熟悉整个实验过程的操作。

(2) 掌握用"间歇"法、"连续流"法确定活性炭处理污水的设计参数的方法。

2. 原理

活性炭吸附是目前国内外应用较多的一种水处理手段，由于活性炭对水中大部分污染物都有较好的吸附作用，因此活性炭吸附应用于水处理时往往具有出水水质稳定，适用于多种污水的优点。活性炭吸附常用来处理某些工业污水，在有些特殊情况下也用于给水处理。比如当给水水源中含有某些不易去除而且含量较少的污染物时，当某些偏远小居住区尚无自来水厂需临时安装一小型自来水生产装置时，往往使用活性吸附装置。但由于活性炭的造价较高，再生过程较复杂，所以活性炭吸附的应用尚具有一定的局限性。

活性炭吸附就是利用活性炭的固体表面对水中一种或多种物质的吸附作用，以达到净化水质的目的。活性炭的吸附作用产生于两个方面，一是由于活性炭内部分子在各个方向都受着同等大小的力而在表面的分子则受到不平衡的力，这就使其他分子吸附于其表面上，此为物理吸附；另一个是由于活性炭与被吸附物质之间的化学作用，此为化学吸附。活性炭的吸附是上述二种吸附综合作用的结果。当活性炭在溶液中的吸附速度和解吸速度相等时，达到了动平衡称为活性炭吸附平衡，此时被吸附物质在溶液中的浓度称为平衡浓度。活性炭的吸附能力以吸附量 q_e 表示：

$$q_e = \frac{V(C_0 - C_e)}{m} (\text{mg/g}) \quad (4\text{-}79)$$

式中　q_e——活性炭吸附量，即单位重量的吸附剂所吸附的容质量，mg/g；

V——污水体积，L；

C_0、C_e——分别为吸附前原水中容质浓度和吸附平衡时水中的容质浓度，mg/L；

m——活性炭投量，g。

在温度一定的条件下，活性炭的吸附量随被吸附物质平衡浓度的提高而提高，两者之间的变化曲线称为吸附等温线，通常用弗罗因德利希（FreundLich）经验式加以表达：

$$q_e = K \cdot C_e^{\frac{1}{n}} \quad (4\text{-}80)$$

式中　q_e——活性炭吸附容量，mg/g；

C_e——被吸附物质平衡浓度，mg/L；

K、n——是与溶液的温度、pH 值以及吸附剂和被吸附物质的性质有关的常数。

K、n 值求法：通过间歇式活性炭吸附实验测得 q_e、C_e 值，将式（4-80）取对数后变型为下式：

$$\lg q_e = \lg K + \frac{1}{n}\lg C_e \qquad (4-81)$$

将 q_e、C_e 相应值点绘在双对数坐标纸上，所得直线的斜率为 $\frac{1}{n}$，截距则为 K，如图 4-67 所示。

由于间歇式静态吸附法处理能力低、设备多，故在工程中多采用连续流活性炭吸附法，即活性炭动态吸附法。

采用连续流方式的活性炭层吸附性能可用勃哈特（Bohart）和亚当斯（Adams）所提出的关系式来表达，即：

$$\ln\left[\frac{C_0}{C_B} - 1\right] = \ln\left[\exp\left(\frac{KN_0H}{v}\right) - 1\right] - KC_0 t \qquad (4-82)$$

$$t = \frac{N_0}{C_0 v}H - \frac{1}{C_0 K}\ln\left(\frac{C_0}{C_B} - 1\right) \qquad (4-83)$$

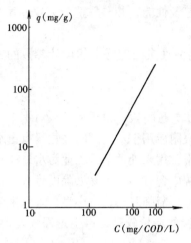

图 4-67 吸附等温线

式中　t——工作时间，h；
　　　v——流速，m/h；
　　　H——活性炭层厚度，m；
　　　K——流速常数，L/(mg·h)；
　　　N_0——吸附容量，即达到饱和时被吸附物质的吸附量，mg/L；
　　　C_0——进水中被吸附物质浓度 mg/L；
　　　C_B——允许出水溶质浓度，mg/L。

当工作时间 $t=0$ 时，能使出水溶质浓度小于 C_B 的炭层理论深度称为活性炭层的临界深度 H_0，其值由上式 $t=0$ 推出：

$$H_0 = \frac{v}{KN_0}\ln\left(\frac{C_0}{C_B} - 1\right) \qquad (4-84)$$

炭柱的吸附容量（N_0）和流速常数（K），可通过连续流活性炭吸附实验并利用式（4-83）$t \sim H$ 线性关系回归或作图法求出。

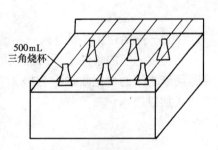

图 4-68 间歇式活性炭吸附实验装置

3. 设备及用具

(1) 间歇式活性炭吸附实验装置如图 4-68 所示。

(2) 连续流活性炭吸附实验装置如图 4-69 所示。

(3) 间歇与连续流实验所需设备及用具:

1) 康氏振荡器一台。
2) 500mL 三角烧杯 6 个。
3) 烘箱。
4) COD、SS 等测定分析装置, 玻璃器皿、滤纸等。
5) 有机玻璃柱 $d = 20 \sim 30mm$, $H = 1.0m$。
6) 活性炭。
7) 配水及投配系统。

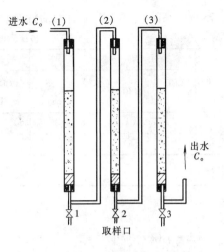

图 4-69 连续流活性炭吸附实验装置

4. 步骤及记录

(1) 间歇式活性炭吸附实验

1) 将某污水用滤布过滤, 去除水中悬浮物, 或自配污水, 测定该污水的 COD、pH、SS 等值。

2) 将活性炭放在蒸馏水中浸 24h, 然后放在 105℃ 烘箱内烘至恒重, 再将烘干后的活性炭压碎, 使其成为能通过 200 目以下筛孔的粉状炭。因为粒状活性炭要达到吸附平衡耗时太长, 往往需要数日或数周, 为了使实验能在短时间内结束, 所以多用粉状炭。

3) 在 6 个 500mL 的三角烧瓶中分别投加 0、100、200、300、400、500mg 粉状活性炭。

4) 在每个三角烧瓶中投加同体积的过滤后的污水, 使每个烧瓶中的 COD 浓度与活性炭浓度的比值在 0.05~5.0 之间 (没有投加活性炭的烧瓶除外)。

5) 测定水温, 将三角烧瓶放在振荡器上振荡, 当达到吸附平衡时即可停止振荡 (振荡时间一般为 30min 以上)。

6) 过滤各三角烧瓶中的污水, 测定其剩余 COD 值, 求出吸附量 x。

实验记录见表 4-43。

(2) 连续流活性炭吸附实验

1) 将某污水过滤或配制一种污水, 测定该污水的 COD、pH、SS、水温等各项指标并记入表 4-44 内。

2) 在内径为 20~30mm, 高为 1000mm 的有机玻璃管或玻璃管中装入 500~

750mm 高的经水洗烘干后的活性炭。

活性炭间歇吸附实验记录 表 4-43

序号	原污水				出水			污水体积（mL）	活性炭投加量（mg）	COD去除率（%）	备注
	COD (mg/L)	pH 值	水温 (℃)	SS (mg/L)	COD (mg/L)	pH	SS (mg/L)				

连续流炭柱吸附实验记录 表 4-44

原水 COD 浓度（mg/L）=　　　　　　允许出水浓度 C_B（mg/L）=
水　　温 T（℃）=　　　　　　　　pH =　　　SS =　　（mg/L）
进流率 q（m³/（m²·h））=　　　　　　滤池 V（m/h）=
炭柱厚（m）H_1 =　　　　H_2 =　　　　H_3 =

工作时间 t (h)	出水水质 (mg/L)		
	柱 1	柱 2	柱 3

3）以 40～200mL/min 的流量（具体可参考水质条件而定），按升流或降流的方式运行（运行时炭层中不应有空气气泡）。本实验装置为降流式。实验至少要用 3 种以上的不同流速 v 进行。

4）在每一流速运行稳定后，每隔 10～30min 由各炭柱取水样，测定出水 COD 值，直至出水 COD 达到进水 COD 的 0.9～0.95 为止。并将结果记于表 4-44 中。

5．成果整理

（1）间歇式活性炭吸附实验

1）按表 4-43 记录的原始数据进行计算。

2）按式（4-79）计算吸附量 q_e。

3）利用 $q \sim C$ 相应数据和式（4-80），经回归分析求出 K、n 值或利用作图法，将 C 和相应的 q 值在双对数坐标纸上绘制出吸附等温线，直线斜率为 $\frac{1}{n}$、截距为 K。

$\frac{1}{n}$ 值越小活性炭吸附性能越好，一般认为当 $\frac{1}{n}$ = 0.1～0.5 时，水中欲去除杂质易被吸附；$\frac{1}{n}$ > 2 时难于吸附。当 $\frac{1}{n}$ 较小时多采用间歇式活性炭吸附操作，当

$\frac{1}{n}$ 较大时，最好采用连续式活性炭吸附操作。

(2) 连续流活性炭吸附实验

1) 求各流速下 K、N_0 值

a. 将实验数据记入表 4-44，并根据 $t \sim C$ 关系确定当出水 COD 浓度等于 C_B 时各柱的工作时间 t_1、t_2、t_3。

b. 根据式（4-83）以时间 t 为纵坐标，以炭层厚 H 为横坐标，点绘 t、H 值，直线截距为：

$$\frac{\ln\left(\dfrac{C_0}{C_B}-1\right)}{K \cdot C_0}$$

斜率为 $N_0/(C_0 \cdot v)$，如图 4-70 示。

c. 将已知 C_0、C_B、v 等数值代入，求出流速常数 K 和吸附容量 N_0 值。

d. 根据式（4-84）求出每一流速下炭层临界深度 d_0 值。

e. 按表 4-45 给出各滤速下炭吸附设计参数 K、H_0、N_0 值，或绘制成如图 4-71 所示的图，以供活性炭吸附设备设计时参考。

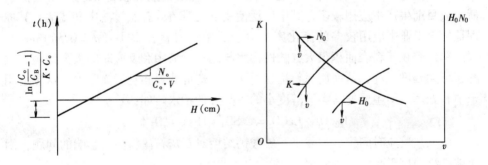

图 4-70 $t \sim H$ 曲线　　　　　图 4-71 v 与 N_0、H_0 和 K 关系曲线

活性炭吸附实验结果　　　　　　　　　表 4-45

流速 v (m/h)	N_0 (mg/L)	K (L/(mg·h))	H_0 (m)

【思考题】

(1) 吸附等温线有什么现实意义，作吸附等温线时为什么要用粉状炭？

(2) 连续流的升流式和降流式运动方式各有什么缺点？

4.16 酸性污水升流式过滤中和及吹脱实验

升流式过滤中和处理酸性污水，是中和处理方法的一种形式，掌握其测定技术，对选择工艺设计参数及运行管理，具有重要意义。

1. 目的

(1) 了解掌握酸性污水过滤中和原理及工艺。

(2) 测定升流式石灰石滤池在不同滤速时的中和效果。

(3) 测定不同形式的吹脱设备（鼓风曝气吹脱、瓷环填料吹脱、筛板塔等）去除水中游离 CO_2 的效果。

2. 原理

机械制造、电镀、化工、化纤等工业生产中排出大量酸性污水，若不加处理直接排放将会造成水体污染，腐蚀管道，毁坏农作物，危害渔业生产，破坏污水生物处理系统的正常运行。目前常用的处理方法有：酸、碱污水混合中和，药剂中和，过滤中和。

由于过滤中和法设备简单、造价低、不需药剂配制和投加系统、耐冲击负荷，故目前生产中应用较多，其中广泛使用的是升流式膨胀过滤中和滤池，其原理是化学工业中应用较多的流化床。由于所用滤料直径很小（$d = 0.5 \sim 3\text{mm}$），因此单位容积滤料表面积很大，酸性污水与滤料所需中和反应时间大大缩短，故滤速可大幅度提高，从而使滤料呈悬浮状态，造成滤料相互碰撞摩擦，这更适用于中和处理后所生成的盐类溶解度小的一类酸性污水。如：

$$H_2SO_4 + CaCO_3 = CaSO_4 + H_2O + CO_2 \uparrow$$

该工艺反应时间短，并减小了硫酸钙结垢对石灰石滤料活性影响的问题，因而被广泛地用于酸性污水处理。

由于中和后出水中含有大量 CO_2，使污水 pH 值偏低，为提高污水中 pH 值，可采用吹脱法为后处理。

3. 设备及用具

(1) 升流式滤池：有机玻璃管，内径 $DN70\text{mm}$，有效高 $H = 2.3\text{m}$，内装石灰石滤料，粒径 $d = 0.5 \sim 3\text{mm}$，起始装填高度约 1m。

(2) 吹脱设备：有机玻璃管，内径 $DN100\text{mm}$，有效高 $H = 2.3\text{m}$，分别为鼓风曝气式，瓷环填料式，筛板塔式。

(3) 防腐水池、塑料泵、循环管路。

(4) 空气系统：空压机一台，布气管路。

(5) 计量设备：转子流量计 LZB—25，LZB—10，气用 LZB—4。

(6) 水样测定设备：pH 计，酸度滴定设备，游离 CO_2 测定装置及有关药品，玻璃器皿。

(7) 配制浓度约 2g/L 的硫酸溶液。

实验装置如图 4-72 示。

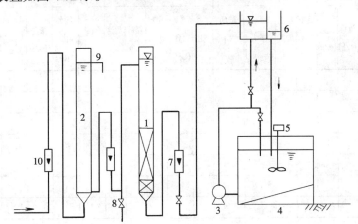

图 4-72 酸性污水中和、吹脱实验装置
1—升流式滤柱；2—吹脱柱；3—水泵；4—配水池；5—搅拌器；
6—恒位水箱；7—水转子流量计；8—排水、取样口；9—出水口；
10—气体转子流量计；11—压缩空气

4. 步骤及记录

(1) 每组实验时，选定 4 种滤速 40（50），60（70），80（90），100（110） m/h，进行中和实验。

(2) 自配硫酸溶液，浓度约 1.5~2g/L，搅拌均匀，取水样测定 pH 值、酸度。

(3) 将搅拌均匀之酸性污水，打入升流式滤池，用截门调整滤速至要求值，待稳定流动 10min 后，取中和后出水水样一瓶约 300~400mL，取满不留空隙，测 pH 值、酸度、游离 CO_2 含量。

(4) 将中和后出水或先排掉一部分再引入到不同吹脱设备内，用闸门调整风量到合适程度（控制 5m^3 气/m^3 水左右）进行吹脱。中和出水取样 5min 后，再取吹脱后水样一瓶约 300~400mL，取满不留空隙，测定 pH、酸度、游离 CO_2。

(5) 改变滤速，重复上述实验。

(6) 各组可采用不同滤速，整理实验成果时，可利用各组测试数据。

(7) 记录如表 4-46 所示。

【注意事项】

(1) 配制硫酸污水时，应先将池内水放到计算位置，而后慢慢加入所需浓硫酸，并慢慢加以搅动，注意不要烧伤手、脚及衣服。

(2) 取样时，取样瓶一定要装满，不留空隙，以免气体逸出和溶入，影响测定结果。

中 和 实 验 记 录　　　　　　　　表 4-46

组号	原水样 酸度 (mg/L)	酸性水		石灰石滤料			中和后出水			吹脱水		气量		吹脱后出水			
		pH	流量 (L/h)	滤速 (m/h)	装填高 h_1 (cm)	膨胀高 h_2 (cm)	膨胀率 K (h_2/h_1)	酸度 C_1 (mg/L)	pH	游离 CO_2 (mg/L)	中和效率 %	流量 (L/h)	流速 (m/h)	气量 (m^3/h)	气水比 (V_1/V_2)	酸度 (mg/L)	pH	CO_2	吹脱效率 %

5．成果整理

（1）根据实验记录计算出膨胀率、中和效率、气水比和吹脱效率。

（2）以滤速为横坐标，出水 pH 值、酸度为纵坐标绘图。

（3）分析实验中所观察到的现象。

【思考题】

(1) 说明酸性污水处理的原理，写出本实验化学反应方程式。

(2) 叙述酸性污水处理的方法。

(3) 升流式石灰石滤池处理酸性污水的优缺点及存在问题是什么？

(4) 酸性污水中和处理对进水硫酸浓度是否有要求？原因是什么？

附录　实验用数据表和图

附表 1　常用正交实验表

(1) L_4 (2^3)

实验号	列号		
	1	2	3
1	1	1	1
2	1	2	2
3	2	1	2
4	2	2	1

(2) L_8 (2^7)

实验号	列号						
	1	2	3	4	5	6	7
1	1	1	1	1	2	1	1
2	1	1	1	2	1	2	2
3	1	2	2	1	2	2	2
4	1	2	2	2	1	1	1
5	2	1	2	1	2	1	2
6	2	1	2	2	1	2	1
7	2	2	1	1	2	2	1
8	2	2	1	2	1	1	2

(3) L_{16} (2^{15})

实验号	列号														
	1	2	3	4	5	6	7	8	9	10	11	12	13	14	15
1	1	1	1	1	1	1	1	1	1	1	1	1	1	1	1
2	1	1	1	1	1	1	1	2	2	2	2	2	2	2	2
3	1	1	1	2	2	2	2	1	1	1	1	2	2	2	2
4	1	1	1	2	2	2	2	2	2	2	2	1	1	1	1
5	1	2	2	1	1	2	2	1	1	2	2	1	1	2	2
6	1	2	2	1	1	2	2	2	2	1	1	2	2	1	1
7	1	2	2	2	2	1	1	1	1	2	2	2	2	1	1
8	1	2	2	2	2	1	1	2	2	1	1	1	1	2	2
9	2	1	2	1	2	1	2	1	2	1	2	1	2	1	2
10	2	1	2	1	2	1	2	2	1	2	1	2	1	2	1
11	2	1	2	2	1	2	1	1	2	1	2	2	1	2	1
12	2	1	2	2	1	2	1	2	1	2	1	1	2	1	2
13	2	2	1	1	2	2	1	1	2	2	1	1	2	2	1
14	2	2	1	1	2	2	1	2	1	1	2	2	1	1	2
15	2	2	1	2	1	1	2	1	2	2	1	2	1	1	2
16	2	2	1	2	1	1	2	2	1	1	2	1	2	2	1

(4) $L_{12}(2^{11})$

实验号	列 号										
	1	2	3	4	5	6	7	8	9	10	11
1	1	1	1	2	2	1	2	1	2	2	1
2	2	1	2	1	2	1	1	2	2	2	2
3	1	2	2	2	2	2	1	2	2	1	1
4	2	2	1	1	2	2	2	2	1	2	1
5	1	1	2	2	1	2	2	1	2	2	2
6	2	1	2	1	1	2	2	1	2	1	1
7	1	2	1	1	1	1	2	2	2	1	2
8	2	2	1	2	1	2	1	1	2	2	2
9	1	1	1	1	2	2	1	1	1	1	2
10	2	1	1	2	1	1	1	2	1	1	1
11	1	2	2	1	1	1	1	1	2	1	1
12	2	2	2	2	2	1	2	1	1	1	2

(5) $L_9(3^4)$

实验号	列 号			
	1	2	3	4
1	1	1	1	1
2	1	2	2	2
3	1	3	3	3
4	2	1	2	3
5	2	2	3	1
6	2	3	1	2
7	3	1	3	2
8	3	2	1	3
9	3	3	2	1

(6) $L_{27}(3^{13})$

实验号	列 号												
	1	2	3	4	5	6	7	8	9	10	11	12	13
1	1	1	1	1	1	1	1	1	1	1	1	1	1
2	1	1	1	1	2	2	2	2	2	2	2	2	2
3	1	1	1	1	3	3	3	3	3	3	3	3	3
4	1	2	2	2	1	1	1	2	2	2	3	3	3
5	1	2	2	2	2	2	2	3	3	3	1	1	1
6	1	2	2	2	3	3	3	1	1	1	2	2	2
7	1	3	3	3	1	1	1	3	3	3	2	2	2
8	1	3	3	3	2	2	2	1	1	1	3	3	3
9	1	3	3	3	3	3	3	2	2	2	1	1	1
10	2	1	2	3	1	2	3	1	2	3	1	2	3
11	2	1	2	3	2	3	1	2	3	1	2	3	1
12	2	1	2	3	3	1	2	3	1	2	3	1	2
13	2	2	3	1	1	2	3	2	3	1	3	1	2
14	2	2	3	1	2	3	1	3	1	2	1	2	3

续表

实验号	列号												
	1	2	3	4	5	6	7	8	9	10	11	12	13
15	2	2	3	1	3	1	2	1	2	3	2	3	1
16	2	3	1	2	1	2	3	3	1	2	2	3	1
17	2	3	1	2	2	3	1	1	2	3	3	1	2
18	2	3	1	2	3	1	2	2	3	1	1	2	3
19	3	1	3	2	1	3	2	1	3	2	1	3	2
20	3	1	3	2	2	1	3	2	1	3	2	1	3
21	3	1	3	2	3	2	1	3	2	1	3	2	1
22	3	2	1	3	1	3	2	2	1	3	3	2	1
23	3	2	1	3	2	1	3	3	2	1	1	3	2
24	3	2	1	3	3	2	1	1	3	2	2	1	3
25	3	3	2	1	1	3	2	3	2	1	2	1	3
26	3	3	2	1	2	1	3	1	3	2	3	2	1
27	3	3	2	1	3	2	1	2	1	3	1	3	2

(7) $L_{18}(6 \times 3^6)$

实验号	列号						
	1	2	3	4	5	6	7
1	1	1	1	1	1	1	1
2	1	2	2	2	2	2	2
3	1	3	3	3	3	3	3
4	2	1	1	2	2	3	3
5	2	2	2	3	3	1	1
6	2	3	3	1	1	2	2
7	3	1	2	1	3	2	3
8	3	2	3	2	1	3	1
9	3	3	1	3	2	1	2
10	4	1	3	3	2	2	1
11	4	2	1	1	3	3	2
12	4	3	2	2	1	1	3
13	5	1	2	3	1	3	2
14	5	2	3	1	2	1	3
15	5	3	1	2	3	2	1
16	6	1	3	2	3	1	2
17	6	2	1	3	1	2	3
18	6	3	2	1	2	3	1

(8) $L_{18}(2 \times 3^7)$

实验号	列号							
	1	2	3	4	5	6	7	8
1	1	1	1	1	1	1	1	1
2	1	1	2	2	2	2	2	2
3	1	1	3	3	3	3	3	3
4	1	2	1	1	2	2	3	3

续表

实验号	列号							
	1	2	3	4	5	6	7	8
5	1	2	2	2	3	3	1	1
6	1	2	3	3	1	1	2	2
7	1	3	1	2	1	3	2	3
8	1	3	2	3	2	1	3	1
9	1	3	3	1	3	2	1	2
10	2	1	1	3	3	2	2	1
11	2	1	2	1	1	3	3	2
12	2	1	3	2	2	1	1	3
13	2	2	1	2	3	1	3	2
14	2	2	2	3	1	2	1	3
15	2	2	3	1	2	3	2	1
16	2	3	1	3	2	3	1	2
17	2	3	2	1	3	1	2	3
18	2	3	3	2	1	2	3	1

(9) $L_{18}(4 \times 2^4)$

实验号	列号				
	1	2	3	4	5
1	1	1	1	1	1
2	1	2	2	2	2
3	2	1	1	2	2
4	2	2	2	1	1
5	3	1	2	1	2
6	3	2	1	2	1
7	4	1	2	2	1
8	4	2	1	1	2

(10) $L_{16}(4^5)$

实验号	列号				
	1	2	3	4	5
1	1	1	1	1	1
2	1	2	2	2	2
3	1	3	3	3	3
4	1	4	4	4	4
5	2	1	2	3	4
6	2	2	1	4	3
7	2	3	4	1	2
8	2	4	3	2	1
9	3	1	3	4	2
10	3	2	4	3	1
11	3	3	1	2	4
12	3	4	2	1	3
13	4	1	4	2	3
14	4	2	3	1	4
15	4	3	2	4	1
16	4	4	1	3	2

(11) $L_{16}(4^3 \times 2^6)$

实验号	列号								
	1	2	3	4	5	6	7	8	9
1	1	1	1	1	1	1	1	1	1
2	1	2	2	1	1	2	2	2	2
3	1	3	3	2	2	1	1	2	2
4	1	4	4	2	2	2	2	1	1
5	2	1	2	2	2	1	2	1	2
6	2	2	1	2	2	2	1	2	1
7	2	3	4	1	1	1	2	2	1
8	2	4	3	1	1	2	1	1	2
9	3	1	3	1	2	2	2	2	1
10	3	2	4	1	2	1	1	1	2
11	3	3	1	2	1	2	2	1	2
12	3	4	2	2	1	1	1	2	1
13	4	1	4	2	1	2	1	2	2
14	4	2	3	2	1	1	2	1	1
15	4	3	2	1	2	2	1	1	1
16	4	4	1	1	2	1	2	2	2

(12) $L_{16}(4^4 \times 2^3)$

实验号	列号						
	1	2	3	4	5	6	7
1	1	1	1	1	1	1	1
2	1	2	2	2	1	2	2
3	1	3	3	3	2	1	2
4	1	4	4	4	2	2	1
5	2	1	2	3	2	2	1
6	2	2	1	4	2	1	2
7	2	3	4	1	1	2	2
8	2	4	3	2	1	1	1
9	3	1	3	4	1	2	2
10	3	2	4	3	1	1	1
11	3	3	1	2	2	2	1
12	3	4	2	1	2	1	2
13	4	1	4	2	2	1	2
14	4	2	3	1	2	2	1
15	4	3	2	4	1	1	1
16	4	4	1	3	1	2	2

(13) $L_{16}(4^2 \times 2^9)$

实验号	列号										
	1	2	3	4	5	6	7	8	9	10	11
1	1	1	1	1	1	1	1	1	1	1	1
2	1	2	1	1	1	2	2	2	2	2	2
3	1	3	2	2	2	1	1	1	2	2	2

续表

实验号	列号										
	1	2	3	4	5	6	7	8	9	10	11
4	1	4	2	2	2	2	2	2	1	1	1
5	2	1	1	2	2	1	2	2	1	2	2
6	2	2	1	2	2	2	1	1	2	1	1
7	2	3	2	1	1	1	2	2	2	1	1
8	2	4	2	1	1	2	1	1	1	2	2
9	3	1	2	1	2	2	1	2	2	1	2
10	3	2	2	1	2	1	2	1	1	2	1
11	3	3	1	2	1	2	1	2	1	2	1
12	3	4	1	2	1	1	2	1	2	1	2
13	4	1	2	2	1	2	2	1	2	2	1
14	4	2	2	2	1	1	1	2	1	1	2
15	4	3	1	1	2	2	1	1	1	1	2
16	4	4	1	1	2	1	1	2	2	2	1

(14) $L_{16}(4 \times 2^{12})$

实验号	列号												
	1	2	3	4	5	6	7	8	9	10	11	12	13
1	1	1	1	1	1	1	1	1	1	1	1	1	1
2	1	1	1	1	1	2	2	2	2	2	2	2	2
3	1	2	2	2	2	1	1	1	1	2	2	2	2
4	1	2	2	2	2	2	2	2	2	1	1	1	1
5	2	1	1	2	2	1	1	2	2	1	1	2	2
6	2	1	1	2	2	2	2	1	1	2	2	1	1
7	2	2	2	1	1	1	1	2	2	2	2	1	1
8	2	2	2	1	1	2	2	1	1	1	1	2	2
9	3	1	2	1	2	1	2	1	2	1	2	1	2
10	3	1	2	1	2	2	1	2	1	2	1	2	1
11	3	2	1	2	1	1	2	1	2	2	1	2	1
12	3	2	1	2	1	2	1	2	1	1	2	1	2
13	4	1	2	2	1	1	2	2	1	1	2	2	1
14	4	1	2	2	1	2	1	1	2	2	1	1	2
15	4	2	1	1	2	1	2	2	1	2	1	1	2
16	4	2	1	1	2	2	1	1	2	1	2	2	1

(15) $L_{25}(5^6)$

实验号	列号					
	1	2	3	4	5	6
1	1	1	1	1	1	1
2	1	2	2	2	2	2
3	1	3	3	3	3	3
4	1	4	4	4	4	4
5	1	5	5	5	5	5
6	2	1	2	3	4	5

续表

实验号	列 号					
	1	2	3	4	5	6
7	2	2	3	4	5	1
8	2	3	4	5	1	2
9	2	4	5	1	2	3
10	2	5	1	2	3	4
11	3	1	3	5	2	4
12	3	2	4	1	3	5
13	3	3	5	2	4	1
14	3	4	1	3	5	2
15	3	5	2	4	1	3
16	4	1	4	2	5	3
17	4	2	5	3	1	4
18	4	3	1	4	2	5
19	4	4	2	5	3	1
20	4	5	3	1	4	2
21	5	1	5	4	3	2
22	5	2	1	5	4	3
23	5	3	2	1	5	4
24	5	4	3	2	1	5
25	5	5	4	3	2	1

(16) L_{12} (3×2^4)

实验号	列 号				
	1	2	3	4	5
1	2	1	1	1	2
2	2	2	1	2	1
3	2	1	2	2	2
4	2	2	2	1	1
5	1	1	1	2	2
6	1	2	1	1	1
7	1	1	2	1	1
8	1	2	2	1	2
9	3	1	1	1	1
10	3	2	1	1	2
11	3	1	2	2	1
12	3	2	2	2	2

(17) L_{12} (6×2^2)

实验号	列 号		
	1	2	3
1	1	1	1
2	2	1	2
3	1	2	2

续表

实验号	列 号		
	1	2	3
4	2	2	1
5	3	1	2
6	4	1	1
7	3	2	1
8	4	2	2
9	5	1	1
10	6	1	2
11	5	2	2
12	6	2	1

附表2 离群数据分析判断表

(1) 克罗勃 (Grubbs) 检验临界值 T_a 表

m	显著性水平 α				m	显著性水平 α			
	0.05	0.025	0.01	0.005		0.05	0.025	0.01	0.005
3	1.153	1.155	1.155	1.155	26	2.681	2.841	3.029	3.157
4	1.463	1.481	1.492	1.496	27	2.698	2.859	3.049	3.178
5	1.672	1.715	1.749	1.764	28	2.714	2.876	3.068	3.199
					29	2.730	2.893	3.085	3.218
					30	2.745	2.908	3.103	3.236
6	1.822	1.887	1.944	1.973	31	2.759	2.024	3.119	3.253
7	1.938	2.020	2.097	2.139	32	2.773	2.938	3.135	3.270
8	2.032	2.126	2.221	2.274	33	2.786	2.952	3.150	3.286
9	2.110	2.315	2.323	2.387	34	2.799	2.965	3.164	3.301
10	2.176	2.290	2.410	2.482	35	2.811	2.979	3.178	3.316
					36	2.823	2.991	3.191	3.330
11	2.234	2.355	2.485	2.564	37	2.835	3.003	3.204	3.343
12	2.285	2.412	2.550	2.636	38	2.846	3.014	3.216	3.356
13	2.331	2.462	2.607	2.699	39	2.857	3.025	3.288	3.369
14	2.371	2.507	2.659	2.755	40	2.866	3.036	3.240	3.381
15	2.409	2.549	2.705	2.806	41	2.877	3.046	3.251	3.393
					42	2.887	3.057	3.261	3.404
					43	2.896	3.067	3.271	3.415
16	2.443	2.585	2.747	2.852	44	2.905	3.075	3.282	3.425
17	2.475	2.620	2.785	2.894	45	2.914	3.085	3.292	3.435
18	2.504	2.650	2.821	2.932	46	2.923	3.094	3.302	3.445
19	2.532	2.681	2.854	2.968	47	2.931	3.103	3.310	3.455
20	2.557	2.709	2.884	2.001	48	2.940	3.111	3.319	3.464
					49	2.948	3.120	3.329	3.474
					50	2.956	3.128	3.336	3.483
21	2.580	2.733	2.912	3.031	60	3.025	3.199	3.411	3.560
22	2.603	2.758	2.939	3.060	70	3.082	3.257	3.471	3.622
23	2.624	2.781	2.963	3.087	80	3.130	3.305	3.521	3.673
24	2.644	2.802	2.987	3.112	90	3.171	3.347	3.563	3.716
25	2.663	2.822	3.009	3.135	100	3.207	3.383	3.600	3.754

(2) Cochran 最大方差检验临界 C_α 表

m	$n=2$		$n=3$		$n=4$		$n=5$		$n=6$	
	$\alpha=0.01$	$\alpha=0.05$	$\alpha=0.01$	$\alpha=0.05$	$\alpha=0.01$	$\alpha=0.05$	$\alpha=0.01$	$\alpha=0.05$	$\alpha=0.01$	$\alpha=0.05$
2	—	—	0.995	0.975	0.979	0.939	0.959	0.906	0.937	0.877
3	0.993	0.967	0.942	0.871	0.883	0.798	0.834	0.745	0.793	0.707
4	0.968	0.906	0.864	0.768	0.781	0.684	0.721	0.629	0.676	0.590
5	0.928	0.841	0.788	0.684	0.696	0.598	0.633	0.544	0.588	0.506
6	0.883	0.781	0.722	0.616	0.626	0.532	0.564	0.480	0.520	0.445
7	0.838	0.727	0.664	0.561	0.568	0.480	0.508	0.431	0.466	0.397
8	0.794	0.680	0.615	0.516	0.521	0.438	0.463	0.391	0.423	0.360
9	0.754	0.638	0.573	0.478	0.481	0.403	0.425	0.358	0.387	0.329
10	0.718	0.602	0.536	0.445	0.447	0.373	0.393	0.331	0.357	0.303
11	0.684	0.570	0.504	0.417	0.418	0.348	0.366	0.308	0.332	0.281
12	0.653	0.541	0.475	0.392	0.392	0.326	0.343	0.288	0.310	0.262
13	0.624	0.515	0.450	0.371	0.369	0.307	0.322	0.271	0.291	0.246
14	0.599	0.492	0.427	0.352	0.349	0.291	0.304	0.255	0.274	0.232
15	0.575	0.471	0.407	0.335	0.332	0.276	0.288	0.242	0.259	0.220
16	0.553	0.452	0.388	0.319	0.316	0.262	0.274	0.230	0.246	0.208
17	0.532	0.434	0.372	0.305	0.301	0.250	0.261	0.219	0.234	0.198
18	0.514	0.418	0.356	0.293	0.288	0.240	0.249	0.209	0.223	0.189
19	0.496	0.403	0.343	0.281	0.276	0.230	0.238	0.200	0.214	0.181
20	0.480	0.389	0.330	0.270	0.265	0.220	0.229	0.192	0.205	0.174
21	0.465	0.377	0.318	0.261	0.255	0.212	0.220	0.185	0.197	0.167
22	0.450	0.365	0.307	0.252	0.246	0.204	0.212	0.178	0.189	0.160
23	0.437	0.354	0.297	0.243	0.238	0.197	0.204	0.172	0.182	0.155
24	0.425	0.343	0.287	0.235	0.230	0.191	0.197	0.166	0.176	0.149
25	0.413	0.334	0.278	0.228	0.222	0.185	0.190	0.160	0.170	0.144
26	0.402	0.325	0.270	0.221	0.215	0.179	0.184	0.155	0.164	0.140
27	0.391	0.316	0.262	0.215	0.209	0.173	0.179	0.150	0.159	0.135
28	0.382	0.308	0.255	0.209	0.202	0.168	0.173	0.146	0.154	0.131
29	0.372	0.300	0.248	0.203	0.196	0.164	0.168	0.142	0.150	0.127
30	0.363	0.293	0.241	0.198	0.191	0.159	0.164	0.138	0.145	0.124
31	0.355	0.286	0.235	0.193	0.186	0.155	0.159	0.134	0.141	0.120
32	0.347	0.280	0.229	0.188	0.181	0.151	0.155	0.131	0.138	0.117
33	0.339	0.273	0.224	0.184	0.177	0.147	0.151	0.127	0.134	0.114
34	0.332	0.267	0.218	0.179	0.172	0.144	0.147	0.124	0.131	0.111
35	0.325	0.262	0.213	0.175	0.168	0.140	0.144	0.121	0.127	0.108
36	0.318	0.256	0.208	0.172	0.165	0.137	0.140	0.118	0.124	0.106
37	0.312	0.251	0.204	0.168	0.161	0.134	0.137	0.116	0.121	0.103
38	0.306	0.246	0.200	0.164	0.157	0.131	0.134	0.113	0.119	0.101
39	0.300	0.242	0.196	0.161	0.154	0.129	0.131	0.111	0.116	0.099
40	0.294	0.237	0.192	0.158	0.151	0.126	0.128	0.108	0.114	0.097

附表3 F 分 布 表

(1) ($\alpha = 0.05$)

n_2 \ n_1	1	2	3	4	5	6	7	8	9	10	12	15	20	60	∞
1	161.4	199.5	215.7	224.6	230.2	234.0	236.8	238.9	240.5	241.9	243.9	245.9	248.0	252.2	254.3
2	18.51	19.00	19.16	19.25	19.3	19.33	19.35	19.37	19.38	19.40	19.41	19.43	19.45	19.48	19.50
3	10.13	9.55	9.28	9.12	9.01	8.94	8.89	8.85	8.81	8.79	8.74	8.70	8.66	8.57	8.53
4	7.71	6.94	6.59	6.39	6.26	6.16	6.09	6.04	6.00	5.96	5.91	5.86	5.80	5.69	5.63
5	6.61	5.79	5.41	5.19	5.05	4.95	4.88	4.82	4.77	4.74	4.68	4.62	4.56	4.43	4.36
6	5.99	5.14	4.76	4.53	4.39	4.28	4.21	4.15	4.10	4.06	4.00	3.94	3.87	3.74	3.67
7	5.59	4.74	4.35	4.12	3.97	3.87	3.79	3.37	3.68	3.64	3.57	3.51	3.44	3.30	3.23
8	5.32	4.46	4.07	3.84	3.69	3.58	3.50	3.44	3.39	3.35	3.28	3.22	3.15	3.01	2.93
9	5.12	4.26	3.86	3.63	3.48	3.37	3.29	3.23	3.18	3.14	3.07	3.01	2.94	2.79	2.71
10	4.96	4.10	3.71	3.48	3.33	3.22	3.14	3.07	3.02	2.98	2.91	2.85	2.77	2.62	2.54
11	4.84	3.98	3.59	3.36	3.20	3.09	3.01	2.95	2.90	2.85	2.79	2.72	2.65	2.49	2.40
12	4.75	3.89	3.49	3.26	3.11	3.00	2.91	2.85	2.80	2.75	2.69	2.62	2.54	2.38	2.30
13	4.67	3.81	3.41	3.18	3.03	2.92	2.83	2.77	2.71	2.67	2.60	2.53	2.46	2.30	2.21
14	4.60	3.74	3.34	3.11	2.96	2.85	2.76	2.70	2.65	2.60	2.53	2.46	2.39	2.22	2.13
15	4.54	3.68	3.29	3.06	2.90	2.79	2.71	2.64	2.59	2.54	2.43	2.40	2.33	2.16	2.07
16	4.49	3.63	3.24	3.01	2.85	2.74	2.66	2.59	2.54	2.49	2.42	2.35	2.28	2.11	2.01
17	4.45	3.59	3.20	2.96	2.81	2.70	2.61	2.55	2.49	2.45	2.38	2.31	2.23	2.06	1.96
18	4.41	3.55	3.16	2.93	2.77	2.66	2.58	2.51	2.46	2.41	2.34	2.27	2.19	2.02	1.92
19	4.38	3.52	3.13	2.90	2.74	2.63	2.54	2.48	2.42	2.38	2.31	2.23	2.16	1.98	1.88
20	4.35	3.49	3.10	2.87	2.71	2.60	2.51	2.45	2.39	2.35	2.28	2.20	2.12	1.95	1.84
21	4.32	3.47	3.07	2.84	2.68	2.57	2.49	2.42	2.37	2.32	2.25	2.18	2.10	1.92	1.81
22	4.30	3.44	3.05	2.82	2.66	2.55	2.46	2.40	2.34	2.30	2.23	2.15	2.07	1.89	1.78
23	4.28	3.42	3.03	2.80	2.64	2.53	2.44	2.37	2.32	2.27	2.20	2.13	2.05	1.86	1.76
24	4.26	3.40	3.01	2.78	2.62	2.51	2.42	2.36	2.30	2.25	2.18	2.11	2.03	1.84	1.73
25	4.24	3.39	2.99	2.76	2.60	2.49	2.40	2.34	2.28	2.24	2.16	2.09	2.01	1.82	1.71
30	4.17	3.32	2.92	2.69	2.53	2.42	2.33	2.27	2.21	2.16	2.09	2.01	1.93	1.74	1.62
40	4.08	3.23	2.84	2.61	2.45	2.34	2.25	2.18	2.12	2.08	2.00	1.92	1.84	1.64	1.51
60	4.00	3.15	2.76	2.53	2.37	2.25	2.17	2.10	2.04	1.99	1.92	1.84	1.75	1.53	1.39
120	3.92	3.07	2.68	2.45	2.29	2.17	2.09	2.02	1.96	1.91	1.83	1.75	1.66	1.43	1.25
∞	3.84	3.00	2.60	2.37	2.21	2.10	2.01	1.94	1.88	1.83	1.75	1.67	1.57	1.32	1.00

(2) ($\alpha = 0.01$)

n_2 \ n_1	1	2	3	4	5	6	7	8	9	10	12	15	20	60	∞
1	4052	4999.5	5403	5625	5764	5859	5928	5982	6022	6056	6106	6157	6209	6313	6366
2	98.50	99.00	99.17	99.25	99.30	99.33	99.36	99.37	99.39	99.40	99.42	99.43	99.45	99.48	99.50
3	34.12	30.82	29.46	23.71	28.24	27.91	27.67	27.49	27.35	27.23	27.05	26.37	26.69	26.32	26.13
4	21.20	18.00	16.69	15.98	15.52	15.21	14.98	14.80	14.66	14.55	14.37	14.20	14.02	13.65	13.46
5	16.26	13.27	12.06	11.39	10.97	10.67	10.46	10.29	10.16	10.05	9.89	9.72	9.55	9.20	9.02

续表

n_2	n_1													
	1	2	3	4	5	6	7	8	9	10	12	15	20	60	∞
6	13.75	10.92	9.78	9.15	8.75	8.47	8.26	8.10	7.98	7.87	7.72	7.56	7.40	7.06	6.88
7	12.25	9.55	8.45	7.85	7.46	7.19	6.99	6.84	6.72	6.62	6.47	6.31	6.16	5.82	5.65
8	11.26	8.65	7.59	7.01	6.65	6.37	6.18	6.03	5.91	5.81	5.67	5.52	5.36	5.03	4.86
9	10.56	8.02	6.99	6.42	6.06	5.80	5.61	5.47	5.35	5.26	5.11	4.96	4.81	4.48	4.31
10	10.04	7.56	9.55	5.99	5.64	5.39	6.20	5.06	4.94	4.85	4.71	4.56	4.41	4.08	3.91
11	9.65	7.21	6.22	5.67	6.32	5.07	4.89	4.74	4.63	4.54	4.40	4.25	4.10	3.78	3.60
12	9.33	6.93	5.95	5.41	5.06	4.82	4.64	4.50	4.39	4.30	4.16	4.01	3.86	3.54	3.36
13	9.07	9.70	5.74	5.21	4.86	4.62	4.44	4.30	4.19	4.10	3.96	3.82	3.66	3.34	3.17
14	8.86	6.51	5.56	5.04	4.69	4.46	4.28	4.14	4.03	3.94	3.80	3.66	3.51	3.18	3.00
15	8.68	6.36	5.42	4.89	4.56	4.32	4.14	4.00	3.89	3.80	3.67	3.52	3.37	3.05	2.87
16	8.53	6.23	5.29	4.77	4.44	4.20	4.03	3.89	3.78	3.69	3.55	3.41	3.26	2.93	2.75
17	8.40	6.11	5.18	4.67	4.34	4.10	3.93	3.79	3.68	3.59	3.46	3.31	3.16	2.83	2.65
18	8.29	6.01	5.09	4.58	4.25	4.01	3.84	3.71	3.60	3.51	3.37	3.23	3.08	2.75	2.57
19	8.18	5.93	5.01	4.50	4.17	3.94	3.77	3.63	3.52	3.43	3.30	3.15	3.00	2.67	2.49
20	8.10	5.85	4.94	4.43	4.10	3.87	3.70	3.56	3.46	3.37	3.23	3.09	2.94	2.61	2.45
21	8.02	5.78	4.87	4.37	4.04	3.81	3.64	3.51	3.40	3.31	3.17	3.03	2.88	2.55	2.36
22	7.95	5.72	4.82	4.31	3.99	3.76	3.59	3.45	3.35	3.26	3.12	2.98	2.83	2.50	2.31
23	7.88	5.66	4.76	4.26	3.94	3.71	3.54	3.41	3.30	3.21	3.07	2.93	2.78	2.45	2.26
24	7.82	5.61	4.72	4.22	3.90	3.67	3.50	3.36	3.26	3.17	3.03	2.89	2.74	2.40	2.21
25	7.77	5.57	4.68	4.18	3.85	3.63	3.46	3.32	3.22	3.13	2.99	2.85	2.70	2.36	2.17
30	7.56	5.39	4.51	4.02	3.70	3.47	3.30	3.17	3.07	2.98	2.84	2.70	2.55	2.21	2.01
40	7.31	5.18	4.31	4.83	3.51	3.29	3.12	2.99	2.89	2.80	2.66	2.52	2.37	2.02	1.80
60	7.08	4.98	4.13	3.65	3.34	3.12	2.95	2.82	2.72	2.63	2.50	2.35	2.20	1.84	1.60
120	6.85	4.79	3.95	3.48	3.17	2.96	2.79	2.66	2.56	2.47	2.34	2.19	2.03	1.66	1.38
∞	6.63	4.61	3.78	3.32	3.02	2.80	2.64	2.51	2.41	2.32	2.18	2.04	1.88	1.47	1.00

附表4 相关系数检验表

$n-2$	5%	1%	$n-2$	5%	1%	$n-2$	5%	1%
1	0.997	1.000	16	0.468	0.590	35	0.325	0.418
2	0.950	0.990	17	0.456	0.575	40	0.304	0.393
3	0.878	0.959	18	0.444	0.561	45	0.288	0.372
4	0.811	0.917	19	0.433	0.549	50	0.273	0.354
5	0.754	0.874	20	0.423	0.537	60	0.250	0.325
6	0.707	0.834	21	0.413	0.526	70	0.232	0.302
7	0.666	0.798	22	0.404	0.515	80	0.217	0.283
8	0.632	0.765	23	0.396	0.505	90	0.205	0.267
9	0.602	0.735	24	0.388	0.496	100	0.195	0.254
10	0.576	0.708	25	0.381	0.487	125	0.174	0.228
11	0.553	0.684	26	0.374	0.478	150	0.159	0.208
12	0.532	0.661	27	0.367	0.470	200	0.138	0.181
13	0.514	0.641	28	0.361	0.463	300	0.113	0.148
14	0.497	0.623	29	0.355	0.456	400	0.098	0.128
15	0.482	0.606	30	0.349	0.449	1000	0.062	0.081

附表5　氧在蒸馏水中的溶解度（饱和度）

水温 T (℃)	溶解度 (mg/L)	水温 T (℃)	溶解度 (mg/L)	水温 T (℃)	溶解度 (mg/L)	水温 T (℃)	溶解度 (mg/L)
0	14.62	8	11.87	16	9.95	24	8.53
1	14.23	9	11.59	17	9.74	25	8.38
2	13.84	10	11.33	18	9.54	26	8.22
3	13.48	11	11.08	19	9.35	27	8.07
4	13.13	12	10.83	20	9.17	28	7.92
5	12.80	13	10.60	21	8.99	29	7.77
6	12.48	14	10.37	22	8.83	30	7.63
7	12.17	15	10.15	23	8.63		

参 考 文 献

1 孙丽欣主编. 水处理工程应用实验. 哈尔滨：哈尔滨工业大学出版社，2002
2 许保玖，龙腾锐主编. 当代给水与废水处理原理. 北京：高等教育出版社，2000
3 常青编著. 水处理絮凝学. 北京：化学工业出版社，2003
4 张统主编. 间歇式活性污泥及污水处理技术及工程实例. 北京：化学工业出版社，2002
5 张可方主编. 水处理实验技术. 广州：暨南大学出版社，2003
6 严煦世，范瑾初主编. 给水工程（第四版）. 北京：中国建筑工业出版社，1999
7 张自杰主编. 排水工程（第四版）. 北京：中国建筑工业出版社，2000
8 许保玖著. 给水处理理论. 北京：中国建筑工业出版社，2000
9 张树国，李咏梅译. 膜生物反应器污水处理技术. 北京：化学工业出版社，2003
10 张自杰主编. 废水处理理论与设计. 北京：中国建筑工业出版社，2003
10 刘广立，赵广英译. 膜技术在水和废水处理中的应用. 北京：化学工业出版社，2003
11 中国科学院数学研究所统计组编. 常用数理统计方法. 北京：科学出版社，1979
12 陈永秉著. 数理统计浅说. 北京：农业出版社，1981
13 中国环境监测总站编写组. 环境水质监测质量保证手册. 北京：化学工业出版社，1998
14 同济大学给排水教研室译. 水污染控制实验. 上海：上海科学技术出版社，1981

高等学校给水排水工程专业指导委员会规划推荐教材

征订号	书 名	作 者	定价(元)	备 注
12223	全国高等学校土建类专业本科教育培养目标和培养方案及主干课程教学基本要求——给水排水工程专业	高等学校土建学科教学指导委员会给水排水工程专业指导委员会	17.00	
13101	水质工程学	李圭白 张杰	63.00	国家级"十五"规划教材
10305	给水排水管网系统	严煦世等	30.40	国家级"十五"规划教材
10304	水资源利用与保护	李广贺等	33.40	国家级"十五"规划教材
12605	建筑给水排水工程(第五版)	王增长等	36.00	土建学科"十五"规划教材
12167	水处理实验技术(第二版)	李燕城等	22.00	土建学科"十五"规划教材
10303	水工艺设备基础	黄廷林等	30.00	土建学科"十五"规划教材
10306	城市水工程概论	李圭白等	20.30	土建学科"十五"规划教材
11163	土建工程基础	沈德植等	28.00	土建学科"十五"规划教材
13496	城市水系统运营与管理	陈卫等	39.00	土建学科"十五"规划教材
10302	水工程经济	张勤等	39.40	土建学科"十五"规划教材
12607	水工程法规	张智等	32.00	土建学科"十五"规划教材
12606	水工程施工	张勤等	43.00	土建学科"十五"规划教材
12166	城市水工程建设监理	王季震等	24.00	土建学科"十五"规划教材
10355	有机化学(第二版)	蔡素德等	23.50	土建学科"十五"规划教材
13464	水源工程与管道系统设计计算	杜茂安等	19.00	土建学科"十五"规划教材(给水排水工程专业设计丛书)
13465	水处理工程设计计算	韩洪军等	36.00	土建学科"十五"规划教材(给水排水工程专业设计丛书)
13466	建筑给水排水工程设计计算	李玉华等	30.00	土建学科"十五"规划教材(给水排水工程专业设计丛书)

以上为已出版的指导委员会规划推荐教材。欲了解更多信息,请登陆中国建筑工业出版社网站:www.cabp.com.cn 查询。

在使用本套教材的过程中,若有何意见或建议,可发 Email 至: jiaocai@cabp.com.cn。